エンジニアのための
有限要素法入門
基礎から応用へ

野原 勉 著

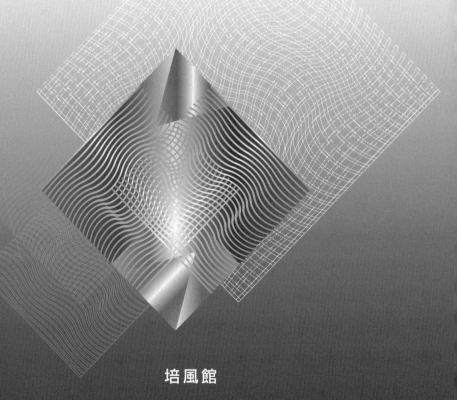

培風館

本書の無断複写は，著作権法上での例外を除き，禁じられています。
本書を複写される場合は，その都度当社の許諾を得てください。

はじめに

　本書は，初学者に対する有限要素法の入門書であるとともに，現場ですでに有限要素解析に携わっているエンジニアに対する解説書でもあります。

　多くのエンジニアにとって，有限要素法は建築物などの構造解析，機器の伝熱状態の把握，航空機翼などの空力や流体シミュレーションなどいわゆる CAE (Computer Aided Engineering)[1] の代表的なツールとなっています。一方，応用数学者は偏微分方程式の数値解法と理解しているでしょう。数学者はクーラント (Courant, R.) による論文が有限要素法の起源と思っているかもしれませんが，これには異論を唱えるエンジニアも多いのではないでしょうか。

　まず，本論に入るまえに有限要素法が開発された歴史を，主に構造力学の視点から振り返ってみましょう ([42], [72])。1941 年にヘレニコフ (Hrennikoff, A.)([56]) が，また，1943 年にマックヘンリー (McHenry, D.)([76]) がエンジニアリングの構造解析の分野で，はりと棒の格子状の構造を使って連続体の応力解析を行ったのが嚆矢です。数学の分野では 1943 年にクーラント ([40]) が変分法を用いて応力を構成することを提案[2] しましたが，その重要性はすぐには認識されず，そのアイデアは忘れ去られてしまいました。1953 年，レヴィー (Levy, S.)([70], [71])[3] は**変位法** (displacement methods) が定性的な構造解析に有用であることを示唆しましたが，彼のたてた方程式の計算は，当時ではとても手に負えるものではなく，変位法が受け入れられるようになるためには，高速コンピュータの到来を待たざるをえませんでした。

　1954 年，アルギリス (Argyris, J.H.) とケルセイ (Kelsey, S.)([24], [25]) は

---

1) コンピュータ支援エンジニアリングまたは計算機支援工学などと訳されますが，これらの学術的な意味合いよりも現場感覚に近い "CAE" そのものでよぶことが慣例になっています。
2) これが，数学者の有限要素法の起源とするよりどころです。著者は，発案者はもちろん立派ですが，その良いアイデアを実用化し熟成させ，現実の製品に適用し，社会を豊かにすべく貢献することがきわめて重要と思っています。
3) 確率論の Paul P. Lévy とは異なる人物。

i

エネルギー原理を使い行列構造解析法を開発し，エネルギー原理が有限要素法において重要な役割を果たすことを示しました．

2次元要素を最初に扱ったのは，タナー (Turner, M.J.)([92]) のグループで，1956年でした．彼らは，トラスやはり，さらには平面応力における2次元3角形や長方形要素の要素剛性行列を誘導し，構造全体の全体剛性行列を得るための今日では**直接剛性法** (direct stiffness methods) といわれる手続きの概略を確立しました．1950年代初頭の高速デジタルコンピュータの発達と相まって，タナーの成果は剛性方程式に行列表現を導入して，有限要素法の未来を明るいものにしました．**有限要素** (finite elements) という言葉は1960年にクロー (Clough, R.W.)([37]) が，3角形と長方形要素に対して平面上での応力解析に使ったのが最初です[4]．

長方形平板の曲げ要素剛性行列はメロシュ (Melosh, R.J.)([78]) により 1961年に開発されました．その後，グラフトン (Grafton, P.E.) とストローム (Strome, D.R.)([48]) により，非対称シェルや圧力容器などの局面をもったシェルの曲げ要素剛性行列の開発へと発展しました (1963年)．

有限要素法の3次元問題への拡張は，4面体の剛性行列の開発を必要としましたが，これはマーティン (Martin, H.C., 1961)([74])，ギャラファー (Gallagher, R.H., 1962)([44])，メロシュ (1963)([79]) によりなされています．その他の3次元要素は，アルギリス (1964)([26]) により研究されています．非対称個体の特殊なケースは，クローとラシッド (Rashid,Y., 1965)([38])，ウイルソン (Wilson, E.L., 1965)([96]) により考察されています．

1960年初頭まで有限要素法の開発のほとんどは微小ひずみ，微小変位，弾性素材，静荷重を扱っていました．しかし，タナーら (1960)([93]) は，大きなたわみや熱解析，また，ギャラファーら (1962)([44]) は材料の非線形性について考察していました．**座屈** (buckling) 問題はギャラファーとパドログにより1963年最初に扱われています ([45])．ジーンキヴィッツ (Zienkiewicz, O.C., 1968) ら ([101]) は手法を粘弾性問題に拡張しています．アーカー (Archer, J.S., 1965)([23]) は，構造解析ではりや棒のような質量が分散した系の解析に有効な整合質量行列の開発において動解析を考察しました．

メロシュ (1963)([79]) は，有限要素法を変分原理により実現しましたが，これにより有限要素法は非構造問題への応用としても使われるようになりました．

---

[4] 間違いなく，クローは有限要素法創始者の一人です．

はじめに

軸のねじれ，流体の流れ，熱伝導などの場の問題は，ジーンキヴィッツとチェン (Cheung, Y.K., 1965)([99])，マーティン (1968)([75])，ウイルソンとニッケル (Nickel, R.E., 1966)([97]) により解かれています．

有限要素法のさらなる拡張は，**重み付き残差法** (weighted residual methods) の適応により可能になり，スザボー (Szabo, B.A.) とリー (Lee, G.C., 1969)([87]) により構造解析に使われる弾性方程式が導出されました．その後，ジーンキヴィッツとパレク (Parekh, C.J., 1970)([100]) により過渡的な場の問題に応用されて，直接法と変分法では困難であり適用が不可能なとき，重み付き残差法が適切であることが認識されました．例えばリネス (Lyness, J.F., 1977) ら ([73]) は重み付き残差法を磁場の決定に適用しています．ベリイチェコ (Belytschko, T., 1976)([27], [28]) は，大きな変位で非線形な動的挙動に関連した問題を考察し，システム方程式を解く数値解法を改良しています．

有限要素法の比較的新しい応用分野は，医療や環境をはじめ生物工学の分野 ([57], [63])，あるいは，マイクロ波加熱 ([16], [94])，腐食 ([9])，プラズマ ([90], [91])，電解加工 ([80]) などがありますが，非線形材料，非線形形状などの複雑性の取り扱いは未解決な部分も多く，これらの困難さにより，この分野はまだ発展途上です．

以上のように，1950 年代初頭から現在まで，多くの進展が有限要素法に応用され，複雑な工学問題を解いてきました．エンジニアはもとより，応用数学者やその他の科学者たちも疑うことなく技術開発を継続し，新しい応用先に適用するのは間違いないでしょう．

さて，本書の構成はつぎのようになっています．まず，第 I 部 基礎編 第 1 章では，構造力学の基本である連結バネ系について述べ，さらに非線形バネについて考察しています．第 2, 3 章では，棒やはりの振動のモーダル解析を実施しています．つぎの第 4 章では，構造物の構造解析には欠かせないトラス構造とラーメン構造の振動解析を取り上げました．第 5 章は，非圧縮性渦なしの流体について解説し円柱まわりの流れ場の有限要素解析を扱っています．第 6 章では，有限要素法による微分方程式の一般的な解法をポアソン方程式を例にあげ解説し，同時に時間方向の積分についても述べています．

続く第 II 部 発展編の第 7 章は，楕円型偏微分方程式の有限要素近似を誤差解析の立場から解説しています．第 8 章は，流体解析の本丸であるナビエ–ストー

クス方程式を取り上げ，2次元キャビティ流れや円柱まわりの非定常流れについて有限要素解析を実施しています．第9章では，生物系の題材から近年話題になっている細胞性粘菌の走化性動態モデルについて解説し，二組からなる連立偏微分方程式を有限要素法によって解析し，現象を抽出しています．

第III部 附録 A および B では，有限要素法の数学理論の基礎となるベクトルと行列および関数解析の基礎事項を解説し，附録 C では，発展編で使用した有限要素解析汎用ソフトウェアである COMSOL Multiphysics[*] の基本的な使い方を熱方程式を題材として解説し，さらに常微分方程式自励系の相図やホップ分岐図などへの有限要素解析の応用，および最近の事例として電気化学やプラズマプロセスを扱っています．最後の附録 D では，本書で扱った微分方程式を一覧できるようにまとめてあります．

本書の読み方については，まず，初学者は附録の数学的知識を適宜確認しながら基礎編を通読することを勧めます．その後，発展編に進まれるのが望まれます．また，有限要素解析に携わっている現場のエンジニアの方々は，自らの業務と直結した興味のあるところから読みはじめていただいて結構です．特に，数学的な裏づけが欲しいエンジニアは第6章，第7章を中心にして，附録を参照しながら読んでいただきたいと思います．さらに，大学の2単位の講義に本書を利用するときには，全13章から構成されていますので，章の順を追って進講すればよいでしょう．しかし，構造力学と流体力学にあてる比重はそれぞれの専門により調整することが考えられます．なお，著者が懸念する箇所には，随所に脚注が付してありますが，読者においては読み飛ばしても差し支えありません．

では，読者の皆様がよき有限要素解析へ飛翔されますように．

著 者

---

[*] COMSOL Multiphysics はスウェーデン COMSOL AB の登録商標です．

目　次

記　号　表　　viii

第Ⅰ部　基　礎　編

1. 構造力学——変位法　　3
　1.1　バネの変位　3
　1.2　連結バネ系の構造力学　5
　1.3　非線形バネ　9

2. モーダル解析——その1　　12
　2.1　棒の縦振動　12
　2.2　棒の縦振動の有限要素解析　14
　2.3　棒の縦振動の解析解　28
　2.4　変　分　法　30

3. モーダル解析——その2　　36
　3.1　はりの横振動　36
　3.2　はりのたわみの解析解　47

4. トラス構造とラーメン構造の振動解析　　51
　4.1　2つの棒部材より構成された簡単なトラス構造　52
　4.2　ラーメン構造　57
　4.3　トラス構造とラーメン構造の構造力学　63

5. 非圧縮性渦なし流体の解析　　65
　5.1　準　　備　66
　5.2　渦なしの流れ　67

5.3　非圧縮性渦なしの流体　69
　5.4　流　　線　69
　5.5　複素ポテンシャル　71
　5.6　円柱まわりの流れ場　72

6. 有限要素法による微分方程式の解法　76
　6.1　問題の設定　76
　6.2　近似関数と重み付き残差法　77
　6.3　要素方程式　79
　6.4　近似方程式の導出　80

第II部　発　展　編

7. 楕円型偏微分方程式の有限要素近似　99
　7.1　楕円型問題の弱解　99
　7.2　有限要素法にひそむアイデア　109
　7.3　区分的に線形な基底関数　110
　7.4　自己共役楕円型問題　118
　7.5　剛性行列の計算と構成　122
　7.6　ガラーキンの直交性　127
　7.7　エネルギーノルムでの最良誤差の上限　136
　7.8　双対性による事後誤差解析　147

8. ナビエ–ストークス方程式　153
　8.1　ナビエ–ストークス方程式の有限要素解析　153
　8.2　2次元キャビティ流れ　161
　8.3　円柱まわりの2次元流れ　165
　8.4　円柱まわりの非定常流れ　168

9. 細胞性粘菌の走化性動態解析　173
　9.1　ケラー–シーゲル方程式　173
　9.2　ケラー–シーゲル方程式の線形解析　176
　9.3　ケラー–シーゲル方程式の非線形計算　179
　9.4　非線形解析　183

第III部 附　録

A. ベクトルと行列　　195
　A.1　ベクトルと行列の演算　　195
　A.2　行列式と逆行列　　197
　A.3　ベクトルの1次独立と行列の階数　　199
　A.4　固有値と固有ベクトル　　200
　A.5　2次形式　　202

B. 関数空間　　203
　B.1　連続関数空間　　203
　B.2　可積分関数の空間　　205
　B.3　ソボレフ空間　　208

C. COMSOL Multiphysics の利用　　214
　C.1　COMSOL Multiphysics と Java　　214
　C.2　Java によるプログラムコード　　220
　C.3　その他への応用例　　226

D. 本書で扱った微分方程式　　240

おわりに　　245
参考文献　　247
索　引　　253

記 号 表

ここで読者の便宜のため，本書で使用した主な記号について以下の **(A1)**~**(A6)** にまとめておきます．

(A1) 一般的に用いる主な数学記号

$H.O.T.$	高次項 (higher order term)
$i = \sqrt{-1}$	虚数単位
$\mathcal{O}(h)$	ランダウ (Landau) の漸近近似を表す記号で，ビッグ–オー (Big-oh) と読む．x_0 に十分近い任意の x に対して $\|f(x)\| \leq C\|h(x)\|$ となる定数 C が存在するなら，$f = \mathcal{O}(h)$ $(x \to x_0)$ と表す．
$o(h)$	ランダウの漸近近似を表す記号で，リトル–オー (Little-oh) と読む．もし，$\lim_{x \to x_0} \frac{\|f(x)\|}{\|h(x)\|} = 0$ ならば $f = o(h)$ $(x \to x_0)$ と表す．
Δ	微少量または差分，あるいは，ラプラシアン $\Delta := \sum_{i=1}^{n} \frac{\partial^2}{\partial x_i^2}$ を表す．
δx	変数 x の微少量
$\|\cdot\|$	絶対値，多重指数 (B.1 節)，セミノルム (B.3 節)
$f := g$	左辺 f を右辺 g で定義する．
■	証明の終わりを示す．
□	例の終わりを示す．
◇	注意の終わりを示す．

(A2) 集合に関する主な記号

$\mathbb{N}$	自然数の集合
$\mathbb{R}$	実数の集合
$\mathbb{R}^n$	n 次元ユークリッド (Euclid) 空間
(a, b)	開区間，または，内積
$[a, b]$	閉区間
$\partial\Omega$	領域 Ω の境界
$\bar{\Omega}$	$\bar{\Omega} = \Omega \cup \partial\Omega$ であり，Ω の閉包
$\setminus$	差集合

記号表

(A3) 行列，ベクトルに関する主な記号

I, E	単位行列
$\det A$	行列 A の行列式
$\operatorname{diag} A$	行列 A が対角行列
$\operatorname{rank} A$	行列 A の階数
A^{-1}	行列 A の逆行列
A^T	行列 A の転置
$\dim V$	ベクトル空間 V の次元であり，ベクトル空間 V に含まれる 1 次独立なベクトルの最大個数
$\operatorname{div} v$	ベクトル場 $v(u,v,w)$ の発散 $\operatorname{div} v = \frac{\partial u}{\partial x} + \frac{\partial v}{\partial y} + \frac{\partial w}{\partial z}$
$\operatorname{grad} \phi$	スカラー場 $\phi(x,y,z)$ の勾配 $\operatorname{grad} \phi = \begin{pmatrix} \frac{\partial \phi}{\partial x} \\ \frac{\partial \phi}{\partial y} \\ \frac{\partial \phi}{\partial z} \end{pmatrix}$
$\boldsymbol{i}, \boldsymbol{j}, \boldsymbol{k}$	3 次元空間 (x,y,z) の各座標の単位ベクトル
$\operatorname{rot} v$	ベクトル場 $v(u,v,w)$ の回転 $\operatorname{rot} v = \begin{pmatrix} \frac{\partial w}{\partial y} - \frac{\partial v}{\partial z} \\ \frac{\partial u}{\partial z} - \frac{\partial w}{\partial x} \\ \frac{\partial v}{\partial x} - \frac{\partial u}{\partial y} \end{pmatrix}$
$\operatorname{span}(v_1, v_2, \ldots, v_n)$	ベクトルの組 $X = \{v_1, v_2, \ldots, v_n\}$ によって張られる部分空間を表す。ベクトル空間 V のベクトル v_i ($i = 1, 2, \ldots, n$) の 1 次結合の全体を示し，$\operatorname{span} X$ とも書く。
∇	grad と同義

(A4) 関数に関する主な記号

$\operatorname*{ess.sup}\limits_{x \in \Omega} \|u(x)\|$	$\|u\|$ の本質的上限。Ω において，正定値 M が存在し，ほとんどすべての x で $\|u(x)\| \leq M$ となる最小値 M のこと。
$\inf\limits_{x \in \Omega} u(x)$	関数 u の領域 Ω における下限
$\sup\limits_{x \in \Omega} u(x)$	関数 u の領域 Ω における上限
$\operatorname{supp} u$	Ω で定義された連続関数 u の台。$x \in \Omega$ で $u(x) \neq 0$ の閉包を示す。
$\operatorname{sgn}(x)$	符号関数 $\operatorname{sgn}(x) = \begin{cases} 1, & x > 0 \text{ の場合} \\ 0, & x = 0 \text{ の場合} \\ -1, & x < 0 \text{ の場合} \end{cases}$
u_+	$\max(u, 0)$

(A5) 微分に関する主な記号

$\dfrac{du}{dx}, u'$	関数 $u = u(x)$ の x に関する微分
$\dot{u}$	関数 u が特に時間 t の関数の場合,$\dfrac{du}{dt}$ の代わりにしばしば $\dot{u}$ と表す.同様に,$\ddot{u}\left(\equiv \dfrac{d^2 u}{dt^2}\right)$ と表す.
$\dfrac{\partial u}{\partial x}$	多変数関数 u の x に関する偏微分.しばしば u_x とも表す.
D^α	多重指数を $\alpha = (\alpha_1, \ldots, \alpha_n)$ として $D^\alpha = \left(\dfrac{\partial}{\partial x_1}\right)^{\alpha_1} \cdots \left(\dfrac{\partial}{\partial x_n}\right)^{\alpha_n}$ を表す.
$\dfrac{D}{Dt}$	実質微分 (8.1 節参照).

(A6) 関数空間に関する主な記号 ($\Omega \subset \mathbb{R}^n$ として)

$C(\Omega)$	定義域 Ω 上で連続である関数の集合
$C(\bar{\Omega})$	$C(\Omega)$ の関数で,Ω の任意な有界閉部分集合で一様連続である関数の集合 (一様連続性はティーツ (Tietze) の拡張定理による ([8]))
$C^k(\Omega)$	Ω 上で k 回連続微分可能な関数の集合
$C_0^k(\Omega)$	台が Ω の有界閉部分集合であり,$C^k(\Omega)$ にある関数の集合
$W_p^k(\Omega), H^k(\Omega)$ など	ソボレフ空間 (B.3 節参照) ($k = 0, 1, 2, \ldots; 1 \leq p \leq \infty$)
$L_p(\Omega)\ (p \geq 1)$	ルベーグ積分可能で $\|u\|_{L_p(\Omega)} < \infty$ となる関数 u の集合.ここで,$\|u\|_{L_p(\Omega)} := \left(\displaystyle\int_\Omega |u(x)|^p\, dx\right)^{1/p}$.特に,$\|u\|_{L_\infty(\Omega)} = \underset{x \in \Omega}{\mathrm{ess.sup}}|u(x)|$

第Ⅰ部

基 礎 編

1. 構造力学——変位法

1.1 バネの変位

　この節では，まず初歩的なバネの変位を考えましょう。少しやさしすぎるかもしれませんが，これが基本になりますのでしっかりおさえておきましょう。まず，図 1.1 をみてください。上の図は一端を固定したバネ定数 $k\,(>0)$ の線形バネ[1]に，外部より力を加えないときの自由な状態を表しています。バネの自由長を ℓ とします。下図はこのバネに外部から力 F を加えたときの状態を示しています。F を引張力とすると，バネは伸びて $\ell + \Delta x\ (\Delta x > 0)$ となります。$\Delta x < 0$ ならば力は圧縮力となり，バネは縮みます。したがって，Δx の正負を考えれば，F は引張力，圧縮力のどちらにもなり，図のような書き方で一般性を失うことはありません。

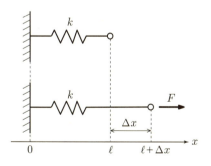

図 1.1　線形バネの力の釣り合い

---

1) 非線形バネについては後ほど述べますが，実際上の応用としてはほとんどの場合に線形バネですみます。

さて，図 1.1 下図の力の釣り合いを考えます．バネは減衰を含まず理想的なものとし，そのバネ定数を k とする**フックの法則** (Hooke's law) に従うと仮定すれば

$$F = k\bigl((\ell + \Delta x) - \ell\bigr)$$
$$= k\Delta x \tag{1.1}$$

が成立します．したがって，いま，線形バネのバネ定数 k と加えた力 F がわかれば，(1.1) よりバネの平衡状態からの変位 Δx は直ちに，

$$\Delta x = \frac{F}{k} \tag{1.2}$$

とわかります．このようにバネの自然長 ℓ は外力による変位には関係しないので，以後この自然長は考えないことにします．

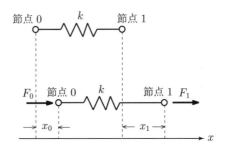

図 1.2 自由両端の線形バネの力の釣り合い

ここで，図 1.1 を一般化し図 1.2 とします．すなわち，バネの両端を自由端にします．バネの両端に付番し，左右の**節点** (node) をそれぞれ 0, 1 とします．節点 0 に力 F_0，節点 1 に力 F_1 を加えてそのときの節点の平衡状態からの変位をそれぞれ x_0, x_1 と記します．このとき，つぎの力の釣り合いが成り立ちます．節点 0 では

$$F_0 = k(x_0 - x_1)$$

が成り立ち，同様に節点 1 では

$$F_1 = k(-x_0 + x_1)$$

が成立します．これらをまとめると

1.2 連結バネ系の構造力学

$$\begin{pmatrix} k & -k \\ -k & k \end{pmatrix} \begin{pmatrix} x_0 \\ x_1 \end{pmatrix} = \begin{pmatrix} F_0 \\ F_1 \end{pmatrix} \quad (1.3)$$

と書くことができます．一般的に書くと

$$K = \begin{pmatrix} k & -k \\ -k & k \end{pmatrix}, \quad X = \begin{pmatrix} x_0 \\ x_1 \end{pmatrix}, \quad F = \begin{pmatrix} F_0 \\ F_1 \end{pmatrix}$$

とおいて

$$KX = F \quad (1.4)$$

と書き，K を**要素剛性行列** (element stiffness matrix) といいます．もし，節点 0 を固定端とすれば，すなわち，$x_0 = 0$ ならば (1.4) の第 1 行より $-kx_1 = F_0$ を得て，同様にして第 2 行より $kx_1 = F_1$ を得て，これらを足すと $F_0 + F_1 = 0$ となり，x_1 の伸び (縮み) により F_0 と F_1 の力の釣り合いがとれていることを表しています．

1.2 連結バネ系の構造力学

1.2.1 直列結合

　線形バネを直列結合したときの外力による変位を求めましょう．図 1.3 を参照してください．同上図は外力のない平衡状態を示しています．要素番号を $i\ (i = 0, 1)$ とし，バネ定数を k_i とします．節点は要素 i に対して左側を i，右側を $i+1$ と付番します．バネの自然長を ℓ_i としましたが，これは前にも述べたように変位を求める問題には関係しません．外力 F を加えたときが同下図です．外力を加える位置を節点 2 とし，それぞれのバネに加わる力を F_j^i と書きます[2]．左端を $j = 0$，右端を $j = 1$ で表しましょう．各バネの変位を x_{i+1} とします．このとき，バネ 0 に対して (1.3) より

$$\begin{pmatrix} k_0 & -k_0 \\ -k_0 & k_0 \end{pmatrix} \begin{pmatrix} x_0 \\ x_1 \end{pmatrix} = \begin{pmatrix} F_0^0 \\ F_1^0 \end{pmatrix} \quad (1.5)$$

が成り立ちます．同様にして，バネ 1 に対してつぎが成立します．

---

[2] 上付き添字が要素番号，下付き添字が局所的な節点番号を表します．

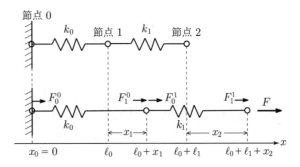

図 1.3　直列結合したバネ系の力の釣り合い

$$\begin{pmatrix} k_1 & -k_1 \\ -k_1 & k_1 \end{pmatrix} \begin{pmatrix} x_1 \\ x_2 \end{pmatrix} = \begin{pmatrix} F_0^1 \\ F_1^1 \end{pmatrix} \tag{1.6}$$

(1.5) と (1.6) を合成し，系全体の力の釣り合い式を構成するとつぎのようになります．

$$\begin{pmatrix} k_0 & -k_0 & 0 \\ -k_0 & k_0+k_1 & -k_1 \\ 0 & -k_1 & k_1 \end{pmatrix} \begin{pmatrix} x_0 \\ x_1 \\ x_2 \end{pmatrix} = \begin{pmatrix} F_0^0 \\ 0 \\ F \end{pmatrix} \tag{1.7}$$

上式で $F_1^0 + F_0^1 = 0, F_1^1 = F$ となることに注意しましょう．上式の左辺 3×3 の行列を**全体剛性行列** (global stiffness matrix) といいます．境界条件[3]である $x_0 = 0$ を (1.7) に代入すると未知数 x_1, x_2 に関してつぎの方程式を得ます．

$$\begin{pmatrix} k_0+k_1 & -k_1 \\ -k_1 & k_1 \end{pmatrix} \begin{pmatrix} x_1 \\ x_2 \end{pmatrix} = \begin{pmatrix} 0 \\ F \end{pmatrix} \tag{1.8}$$

(1.8) の左辺 2×2 行列は明らかに正則であり，したがって，求める変位 x_1, x_2 は

$$\begin{aligned} \begin{pmatrix} x_1 \\ x_2 \end{pmatrix} &= \begin{pmatrix} k_0+k_1 & -k_1 \\ -k_1 & k_1 \end{pmatrix}^{-1} \begin{pmatrix} 0 \\ F \end{pmatrix} \\ &= \begin{pmatrix} \dfrac{F}{k_0} \\ \dfrac{k_0+k_1}{k_0 k_1} F \end{pmatrix} \end{aligned} \tag{1.9}$$

---

[3]　節点 0 は固定端ですから当然，$x_0 = 0$ となります．

1.2 連結バネ系の構造力学

のように求まります。

●**問題 1.1** 図 1.3 において，$k_0 = k_1$ としたときの直列合成バネ定数を求めなさい。

●**問題 1.2** 図 1.4 の 3 個のバネを直列結合した系において，節点 3 に外力 F を負荷したとき，節点 1, 2, 3 の変位を求めなさい。

図 1.4　3 個のバネを直列結合した系の力の釣り合い

●**問題 1.3** 図 1.5 の 3 個のバネを直列結合した系で両端を固定し，節点 1 に外力 F を負荷したときの節点 1, 2 の変位を求めなさい。

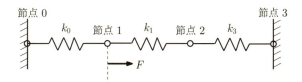

図 1.5　3 個のバネを直列結合した系の力の釣り合い：両端固定

1.2.2 並列結合

つぎに，線形バネを図 1.6 のように並列結合した場合を考えましょう。記号の添字などの規則性は図 1.3 と同様です。このとき，バネ $i = 0, 1, 2$ に対してそれぞれつぎの力の釣り合い式が成り立ちます。

$$\begin{pmatrix} k_0 & -k_0 \\ -k_0 & k_0 \end{pmatrix} \begin{pmatrix} x_0 \\ x_2 \end{pmatrix} = \begin{pmatrix} F_0^0 \\ F_1^0 \end{pmatrix}$$

$$\begin{pmatrix} k_1 & -k_1 \\ -k_1 & k_1 \end{pmatrix} \begin{pmatrix} x_0 \\ x_1 \end{pmatrix} = \begin{pmatrix} F_0^1 \\ F_1^1 \end{pmatrix} \quad (1.10)$$

$$\begin{pmatrix} k_2 & -k_2 \\ -k_2 & k_2 \end{pmatrix} \begin{pmatrix} x_1 \\ x_2 \end{pmatrix} = \begin{pmatrix} F_0^2 \\ F_1^2 \end{pmatrix}$$

ここで

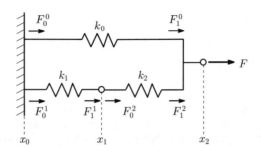

図 1.6 並列結合したバネ系の力の釣り合い (x_i は変位を示す)

$$F_1^1 + F_0^2 = 0 \quad \text{および} \quad F_1^0 + F_1^2 = F$$

となることに注意しながら，これらを合成すると系全体の力の釣り合い式がつぎのように得られます．

$$\begin{pmatrix} k_0+k_1 & -k_1 & -k_0 \\ -k_1 & k_1+k_2 & -k_2 \\ -k_0 & -k_2 & k_0+k_2 \end{pmatrix} \begin{pmatrix} x_0 \\ x_1 \\ x_2 \end{pmatrix} = \begin{pmatrix} F_0^0 + F_0^1 \\ 0 \\ F \end{pmatrix} \quad (1.11)$$

上式に境界条件 $x_0 = 0$ を代入すれば，求める変位 x_1, x_2 の満たす方程式は

$$\begin{pmatrix} k_1+k_2 & -k_2 \\ -k_2 & k_0+k_2 \end{pmatrix} \begin{pmatrix} x_1 \\ x_2 \end{pmatrix} = \begin{pmatrix} 0 \\ F \end{pmatrix} \quad (1.12)$$

となり，これより

$$\begin{pmatrix} x_1 \\ x_2 \end{pmatrix} = \begin{pmatrix} \dfrac{k_2}{k_0(k_1+k_2)+k_1k_2}F \\ \dfrac{k_1+k_2}{k_0(k_1+k_2)+k_1k_2}F \end{pmatrix} \quad (1.13)$$

を得ます．

●**問題 1.4** (1.13) を (1.11) に代入して $F_0^0 + F_0^1 = -F$ (固定端には加えた力の反力が働いている) となることを確かめなさい．

●**問題 1.5** 図 1.6 において $k_0 = k_1$ とし，さらに $k_2 \to \infty$ (すなわち，同じ 2 個のバネの並列結合) としたときの合成バネ定数を求めなさい．

1.3 非線形バネ

現実の構造解析ではほとんど使うことはありませんが、ここでは非線形バネについて考えましょう。バネに F の力を加えたとき、バネの変位 x と F の関係式が

$$kx = F$$

となるのが線形バネです。ここで、k はバネ定数を表し、正の定数です。これに対して非線形バネの特性は例えば、つぎのようになります。

$$k_\ell x + k_n x^3 = F$$

ここで、k_ℓ は正の定数ですが、k_n は正負ともにとりうる定数で、一般的に、$|k_n| \ll k_\ell$ となります。k_n が正のとき**硬性バネ** (hard spring)、負のとき**軟性バネ** (soft spring) といいます。軟性バネのとき興味ある現象が起きますのでここで取り上げましょう。上式をあらためてつぎのように書きます。

$$k_1 x - k_3 x^3 = F \tag{1.14}$$

ここで、$k_1 > 0$, $k_3 > 0$ とします。(1.14) の関係を図示したものが図 1.7 です。外力 F がないときには、すなわち (1.14) で $F = 0$ としたときの根 x は $x = 0, \pm\sqrt{k_1/k_3}$ となり、バネの自然長が 3 種類存在することになります。同図の原点 O と $A_\pm$ です。正の力 F を負荷し、その大きさを増大させると原点 O に対応する根は B まで行き、その変位は 0 から B_x まで大きくなります。さらに F の大きさを増大させると根は B から C に移り、変位は B_x から負の変

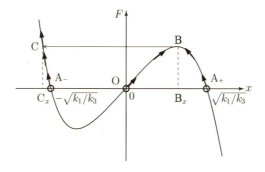

図 1.7 (1.14) の非線形バネ特性：自然長が 3 種類存在する

位 C_x に転移します。その後も F を増大させると，根は C からさらに上方へ移動し，その結果変位は C_x からさらに負側に移動します。根が A_+ の位置にあるときには，F の増大とともに，根の移動は $A_+ \to B \to C$ となり，対応する変位は $A_+ \to B_x \to C_x$ となります。同様に，根が A_- のときには，$A_- \to C$ となり，変位は $A_- \to C_x$ のように変化します。負の力 F を負荷した場合も同様ですので，これは読者の課題とします。

●問題 **1.6** 図 1.7 で，外部からの力 F を負にした場合の 3 種類の変位の変化を考察しなさい。

さて，図 1.2 でバネ特性を (1.14) としたとき (1.3) に相当する式はつぎのようになります。

$$\begin{pmatrix} k_1 & -k_1 \\ -k_1 & k_1 \end{pmatrix} \begin{pmatrix} x_0 \\ x_1 \end{pmatrix} + k_3 \begin{pmatrix} -(x_0-x_1)^3 \\ (x_0-x_1)^3 \end{pmatrix} = \begin{pmatrix} F_0 \\ F_1 \end{pmatrix} \quad (1.15)$$

(1.14) のバネ特性を 2 個直列結合したときの系全体の方程式[4]はつぎのようになります (図 1.3 参照)。

$$\begin{pmatrix} k_1^0 & -k_1^0 & 0 \\ -k_1^0 & k_1^0+k_1^1 & -k_1^1 \\ 0 & -k_1^1 & k_1^1 \end{pmatrix} \begin{pmatrix} x_0 \\ x_1 \\ x_2 \end{pmatrix} + \begin{pmatrix} -k_3^0(x_0-x_1)^3 \\ k_3^0(x_0-x_1)^3 - k_3^1(x_1-x_2)^3 \\ k_3^1(x_1-x_2)^3 \end{pmatrix} = \begin{pmatrix} F_1^0 \\ 0 \\ F_2^1 \end{pmatrix}$$
$$(1.16)$$

(1.16) に固定端の条件 $x_0 = 0$ を代入すると，変位 x_1, x_2 に関する方程式

$$\begin{pmatrix} k_1^0+k_1^1 & -k_1^1 \\ -k_1^1 & k_1^1 \end{pmatrix} \begin{pmatrix} x_1 \\ x_2 \end{pmatrix} + \begin{pmatrix} -k_3^0 x_1^3 - k_3^1(x_1-x_2)^3 \\ k_3^1(x_1-x_2)^3 \end{pmatrix} = \begin{pmatrix} 0 \\ F \end{pmatrix}$$
$$(1.17)$$

を得ます。これより x_1, x_2 を求めればよいのですが，線形の場合のように簡単には解けません。(1.17) をよく見ると，すなわち，第 1 行目と第 2 行目を足すと

$$k_1^0 x_1 - k_3^0 x_1^3 = F$$

が得られます。上式は x_1 を未知数とする 3 次方程式ですので，F の絶対値が

---

[4] バネ定数 k の肩の数字はバネの要素番号を示し，添字は 1 が線形部分，3 が非線形部分の定数を表しています。

1.3 非線形バネ

図 1.7 で点 B より小さいときには,実根[5] x_1 は 3 個 (重根含む) 求まり,それ以外では実根は 1 個となります。これらの根 x_1 を (1.17) の第 1 行目の式に代入すれば対応する x_2 が求まりますが,x_2 に関してもやはり 3 次式になり,実根の個数は k_1^1, k_3^1 の値によって変わってきます。

●問題 1.7 　$k_1^0 = k_1^1 = 1, k_3^0 = k_3^1 = 0.1$ として F の大きさを変えて x_1, x_2 の変位を求めなさい。(ヒント:x_1 の実根が 3 個のときには,それぞれの実根に対して x_2 の実根が 3 個求まり,したがって,(x_1, x_2) という変位の組は 9 種類存在することになります。また,x_1 の実根が 1 個のときには,x_2 の実根も 1 個となります。)

トラス構造やラーメン構造の構造力学は第 4 章の中で扱います。

---

[5] 3 次方程式の根は複素根まで考えれば必ず 3 個になりますが,いまは実際の変位を扱っているので実根しか考えていません。

2. モーダル解析——その1

　この章では，構造物の振動を有限要素法によりどのようにしてとらえるのか解説します。粗く言えば，例えば，航空機の機体振動は，図 2.1 に示した直線の交点での運動により近似しようとするものです。

2.1 棒の縦振動

　この節では，棒 (bar) の縦振動[1](longitudinal vibration) を扱います。棒とはせん断応力 (shearing force) を無視できる十分に細長い部材のことであり[2]，

　図 2.1　火星飛行探査機：羽ばたき型。機体表面に有限要素メッシュを切ったところ。火星表面を移動するローバー型探査機は走行速度が遅いため飛行型が考えられている。羽ばたき型はその一つ。(橋口真宜氏のご厚意による。)

---

1) 軸方向の振動のことをいいます。
2) 長さ ℓ，半径 r の丸棒表面のせん断応力 τ は $\tau = Gr(\phi/\ell)$ で表されます。ここに，G はせん断弾性係数で，ϕ はねじれ角です。ここで，ϕ がごくわずかで，また，ℓ が十分大きいときには τ は無視できます。同様に，曲げ応力も棒部材では無視します。

2.1 棒の縦振動

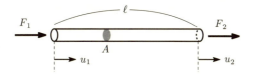

図 2.2 長さ ℓ, 断面積 A の棒部材

棒部材における内力は軸力だけとなり，したがって，軸方向の縦振動のみを扱えばよいことになります。

棒の縦振動の静的挙動は，バネの力学挙動と同じようなものになります。まず，物理的な考察より (1.4) に相当する関係式を導いてみましょう。

図 2.2 の棒部材 (長さ ℓ, 断面積 A) において，両端に負荷された力 F_1, F_2 が釣り合っているとします。まず，外力 F_1 は応力 σ_1 とその断面積 A の積ですから

$$F_1 = A\sigma_1$$

と書くことができます。これに，フックの法則により**ヤング率** (Young's modulus) E と**歪み** (strain) ε_1 を用いて

$$= AE\varepsilon_1$$

となり，さらに，歪み ε_1 を節点変位 $u_1 - u_2$ と全長 ℓ の比の

$$= AE\frac{u_1 - u_2}{\ell} \tag{2.1}$$

を得ます。同様に，外力 F_2 はつぎのように書けます。

$$F_2 = AE\frac{u_2 - u_1}{\ell} \tag{2.2}$$

(2.1) と (2.2) より

$$\begin{pmatrix} F_1 \\ F_2 \end{pmatrix} = \frac{AE}{\ell} \begin{pmatrix} 1 & -1 \\ -1 & 1 \end{pmatrix} \begin{pmatrix} u_1 \\ u_2 \end{pmatrix} \tag{2.3}$$

が得られます[3]。変位と力の関係を剛性行列で表したわけです。

(2.3) は 2.2.1 項で導く (2.19) と同じになりますが，高次要素や多次元問題では，次章で扱う手順でなければ剛性行列を得ることはできません。

---

[3] $F_1 + F_2 = 0$ (力の釣り合い関係式) となっていることに注意しましょう。

では，連続体である棒を要素1つとして解析した場合と，要素を3つに増やしたときの比較を行いながら，有限要素法によるモーダル解析[4]を具体的に実行していきましょう．

2.2 棒の縦振動の有限要素解析

2.2.1 要素数1の場合

まず，要素数が1つの場合を解析します．図 2.3 のように，片側の端点が固定されている長さ ℓ の棒で節点を両端にとります．したがってこの場合，1つの要素となります．このような棒の縦方向 (図に示す x 方向) の振動を考えます．節点1に対する変位 (**節点変位 (nodal displacement)** といいます) を $u_1(t)$，同様に節点2に対する節点変位を $u_2(t)$ と表します．節点は x 方向の決められた位置ですからこれらの節点変位は，時間 t だけの関数となります．要素数を1つにしたときには，縦方向の振動はこれらの2つの節点変位で表すことができ，これらの節点変位をこれから求めていきます．

さて，この棒の静的 (定常的な変位で，時間的に変化しない状態) な変位は

$$EA\frac{\mathrm{d}^2 u(x)}{\mathrm{d}x^2} = 0, \quad 0 \leq x \leq \ell \tag{2.4}$$

という方程式を満足することを思い出しましょう[5]．ここで，E は棒のヤング率[6]，A は断面積です．(2.4) より直ちに

$$u(x) = c_1 x + c_2 \tag{2.5}$$

と求まります．この段階では，c_1, c_2 は積分定数ですが，つぎのような考え方で時間 t の関数と考えます．すなわち，$u_1(t)$ は $x=0$ での節点変位ですから，(2.5) より

$$u(0) = u_1(t) = c_2, \quad t \geq 0 \tag{2.6}$$

---

[4] 古い用語では姿態解析といっている書物もあります．

[5] 図 2.3 の棒の縦振動 $u(t,x)$ の支配方程式は，$\rho\dfrac{\partial^2 u}{\partial t^2} - E\dfrac{\partial^2 u}{\partial x^2} = 0$ です．この解析解を 2.3 節に示します．

[6] 単位は $\dfrac{N}{m^2}$ です．

2.2 棒の縦振動の有限要素解析

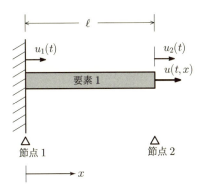

図 2.3 長さ ℓ の棒の片側端点固定の縦振動:要素数 1,節点数 2

を得て,したがって,$c_2 = u_1(t)$ となります。同様に,$x = \ell$ での節点変位 $u_2(t)$ はつぎのように書くことができます。

$$u(\ell) = u_2(t) = c_1\ell + u_1(t), \quad t \geq 0 \tag{2.7}$$

これより,

$$c_1 = \frac{u_2(t) - u_1(t)}{\ell}$$

を得ます。これらの c_1, c_2 を (2.5) に代入したものを $u(t,x)$ の近似とします。すなわち,

$$\begin{aligned} u(t,x) &= \frac{u_2(t) - u_1(t)}{\ell}x + u_1(t) \\ &= \left(1 - \frac{x}{\ell}\right)u_1(t) + \frac{x}{\ell}u_2(t) \end{aligned} \tag{2.8}$$

となり,u_1, u_2 がわかれば,(2.8) が求める棒の縦振動になります[7]。係数 $1-\frac{x}{\ell}, \frac{x}{\ell}$ は,解 $u(t,x)$ の空間分布を決定するので,**形状関数** (shape functions) といわれます。

つぎに,棒の運動エネルギー $T(t)$ と歪みエネルギー $V(t)$ を求め,オイラー–ラグランジェ方程式より棒の有限要素数 1 の運動方程式を求めます。

---

[7] (2.8) の第 1 行目の "=" は要素数 1 の縦振動と解釈します。連続系の棒の縦振動では,もちろん,"≈" です。

運動エネルギー $T(t)$　　一般に，密度が ρ の物体の運動エネルギー T はつぎのように書くことができます．

$$T = \frac{1}{2}\int_\Omega \rho \left(\frac{\mathrm{d}u}{\mathrm{d}t}\right)^2 \mathrm{d}\Omega \tag{2.9}$$

ここに，Ω は考察対象の領域を表しています．図 2.3 の領域 Ω は長さ ℓ で断面積が A ですから，(2.9) は具体的にはつぎのようになります[8]．

$$T = \frac{1}{2}\int_0^\ell \int_A \rho \left(\frac{\partial u(t,x)}{\partial t}\right)^2 \mathrm{dsd}x \tag{2.10}$$

ここで，ρ は x に関して一定とします．(2.8) より，近似速度は

$$\frac{\partial u(t,x)}{\partial t} = \left(1 - \frac{x}{\ell}\right)\dot{u}_1(t) + \frac{x}{\ell}\dot{u}_2(t) \tag{2.11}$$

となります．ここで，$\dot{u}_1(t) = \dfrac{\mathrm{d}u_1}{\mathrm{d}t}(t), \dot{u}_2(t) = \dfrac{\mathrm{d}u_2}{\mathrm{d}t}(t)$ です．

$$\frac{\partial u}{\partial t} = \begin{pmatrix} 1 - \dfrac{x}{\ell} & \dfrac{x}{\ell} \end{pmatrix} \begin{pmatrix} \dot{u}_1 \\ \dot{u}_2 \end{pmatrix}$$

より，

$$\left(\frac{\partial u}{\partial t}\right)^2 = \begin{pmatrix} \dot{u}_1 & \dot{u}_2 \end{pmatrix} \begin{pmatrix} \left(1 - \dfrac{x}{\ell}\right)^2 & \dfrac{x}{\ell}\left(1 - \dfrac{x}{\ell}\right) \\ \dfrac{x}{\ell}\left(1 - \dfrac{x}{\ell}\right) & \left(\dfrac{x}{\ell}\right)^2 \end{pmatrix} \begin{pmatrix} \dot{u}_1 \\ \dot{u}_2 \end{pmatrix}$$

を (2.10) に代入し，積分を計算すると

$$M = \frac{A\rho\ell}{6}\begin{pmatrix} 2 & 1 \\ 1 & 2 \end{pmatrix} \tag{2.12}$$

と表し，$u(t) = ((u_1(t)\ u_2(t)))^T$ と表記すれば，(2.10) はつぎのように書くことができます．

$$T(t) = \frac{1}{2}\dot{u}^T M \dot{u} \tag{2.13}$$

M は有限要素数 1 の**質量行列** (mass matrix) といわれるものです．

[8)] ここで，u_i は時間と空間の 2 変数の関数ですから，偏微分になることに注意しましょう．

2.2 棒の縦振動の有限要素解析

つぎに歪みエネルギー $V(t)$ を求めます。

<u>歪みエネルギー $V(t)$</u>　　1次元の歪みエネルギー V は

$$V = \frac{1}{2}\int_\Omega \sigma\varepsilon \, \mathrm{d}\Omega \tag{2.14}$$

のように求めることができます。ここに，σ と ε は応力と歪みを表し，また，Ω は考察対象の領域を表しています。1次元における応力–歪み関係式はヤング率 E を用いて

$$\sigma = E\varepsilon \tag{2.15}$$

と表され，また，歪み–変位 (u) 関係式は

$$\varepsilon = \frac{\mathrm{d}u}{\mathrm{d}x} \tag{2.16}$$

ですから，これらより (2.14) は

$$V = \frac{1}{2}\int_\Omega E\Big(\frac{\mathrm{d}u}{\mathrm{d}x}\Big)^2 \mathrm{d}\Omega \tag{2.17}$$

となります。$\frac{\mathrm{d}u}{\mathrm{d}x}$ は (2.8) より

$$\frac{\partial u}{\partial x} = \frac{1}{\ell}\begin{pmatrix} -1 & 1 \end{pmatrix}\begin{pmatrix} u_1 \\ u_2 \end{pmatrix}$$

であるから，

$$\Big(\frac{\partial u}{\partial x}\Big)^2 = \frac{1}{\ell^2}\begin{pmatrix} u_1 & u_2 \end{pmatrix}\begin{pmatrix} 1 & -1 \\ -1 & 1 \end{pmatrix}\begin{pmatrix} u_1 \\ u_2 \end{pmatrix}$$

となり，したがって，(2.17) はつぎのように書くことができます。

$$V = \frac{1}{2}\int_\Omega \frac{E}{\ell^2}\begin{pmatrix} u_1 & u_2 \end{pmatrix}\begin{pmatrix} 1 & -1 \\ -1 & 1 \end{pmatrix}\begin{pmatrix} u_1 \\ u_2 \end{pmatrix}\mathrm{d}\Omega$$

ここで，考察対象である図 2.3 の領域 Ω は長さ ℓ で断面積が A ですから

$$= \frac{1}{2}\int_0^\ell \int_A \frac{E}{\ell^2}\begin{pmatrix} u_1 & u_2 \end{pmatrix}\begin{pmatrix} 1 & -1 \\ -1 & 1 \end{pmatrix}\begin{pmatrix} u_1 \\ u_2 \end{pmatrix}\mathrm{d}s\mathrm{d}x$$

$$= \frac{1}{2}\begin{pmatrix} u_1 & u_2 \end{pmatrix}\frac{EA}{\ell}\begin{pmatrix} 1 & -1 \\ -1 & 1 \end{pmatrix}\begin{pmatrix} u_1 \\ u_2 \end{pmatrix} \tag{2.18}$$

となります。したがって，

$$K = \frac{EA}{\ell}\begin{pmatrix} 1 & -1 \\ -1 & 1 \end{pmatrix} \tag{2.19}$$

とおくと，歪みエネルギーは

$$V(t) = \frac{1}{2}u^T K u \tag{2.20}$$

と表すことができます．ここに K は有限要素数 1 の**剛性行列** (stiffness matrix) といわれるものです．

<u>運動方程式の導出</u>　　運動エネルギー $T(t)$ と歪みエネルギー $V(t)$ より，**ラグランジアン** (Lagrangian) L は

$$L = T - V = \frac{1}{2}\dot{u}^T M \dot{u} - \frac{1}{2}u^T K u \tag{2.21}$$

となり，オイラー–ラグランジェ方程式[9]　$\dfrac{\mathrm{d}}{\mathrm{d}t}\left(\dfrac{\partial L}{\partial \dot{u}_i}\right) - \dfrac{\partial L}{\partial u_i} = f_i$ より，系の運動方程式が得られます．ここに，右辺の f_i は外力で，いまは外力は考えていないので $f_i = 0$ です．さらに，図 2.3 では，節点 1 においては固定されているので，$u_1(t) = 0, \dot{u}_1(t) = 0$ が要請されます．したがって，この場合，ラグランジアン L は

$$L = \frac{1}{2}\frac{A\rho\ell}{3}\dot{u}_2^2 - \frac{1}{2}\frac{EA}{\ell}u_2^2 \tag{2.22}$$

となり，この L をオイラー–ラグランジェ方程式に代入すると，つぎの $u_2(t)$ に関する運動方程式を得ます．

$$\frac{A\rho\ell}{3}\ddot{u}_2(t) + \frac{EA}{\ell}u_2(t) = 0 \tag{2.23}$$

<u>運動方程式の解 (初期値解)</u>　　(2.23) はいわゆるバネ–マス系の方程式 (6.4 節の例 6.3) と同じになることに注意しましょう．さて，$\omega = \dfrac{1}{\ell}\sqrt{\dfrac{3E}{\rho}}$ とおくと，(2.23) は

$$\ddot{u}_2(t) + \omega^2 u_2(t) = 0 \tag{2.24}$$

となり[10]，ここで，初期値を $u_0 = u_2(0)$, $u_{00} = \dot{u}_2(0)$ とすると，(2.24) の

---

9) 2.4.2 項を参照してください．
10) 断面積 A は不要となることに注意しましょう．

2.2 棒の縦振動の有限要素解析

解は

$$u_2(t) = \sqrt{u_0^2 + \left(\frac{u_{00}}{\omega}\right)^2} \sin(\omega t + \alpha) \tag{2.25}$$

と簡単に解くことができます。ω は振動の角周波数[11]を表し，$\alpha = \tan^{-1}\dfrac{\omega u_0}{u_{00}}$ です。

<u>棒の縦振動の近似解</u>　　したがって，以上より (2.25) を (2.8) に代入することにより，図 2.3 の片側端点固定の要素数 1 とした棒の縦振動の近似解はつぎのように書くことができます。

$$u(t, x) = \sqrt{u_0^2 + \left(\frac{u_{00}}{\omega}\right)^2}\, \frac{x}{\ell} \sin(\omega t + \alpha) \tag{2.26}$$

棒の部材を鋳鉄[12]として，そのパラメータ[13]を $E = 152.3 \times 10^9\,[\mathrm{N/m^2}]$ (152.3 [GPa])，$\rho = 7870\,[\mathrm{kg/m^3}]$ に設定し，さらに，初期値として $u_0 = 1/1000$ [m][14]，$u_{00} = 0\,[\mathrm{m/s}]$ としたときの縦振動の様子を図示すると図 2.4 のようになります[15]。重要な点は，固有振動数が[16] $\omega = \dfrac{1}{\ell}\sqrt{\dfrac{3E}{\rho}} \fallingdotseq 7619\,[\mathrm{rad/s}]$ となることです。この値は，次節で要素数 3 とした場合とともに解析解の値と比較します。

●問題 2.1　図 2.3 で，節点 2 において，外力 f (x 方向で定数) がはたらいている場合を考察しなさい。(ヒント：この場合，$u_2(t)$ に関する運動方程式は

$$\frac{A\rho\ell}{3}\ddot{u}_2(t) + \frac{EA}{\ell}u_2(t) = f \tag{2.27}$$

---

11) 角振動数ともいいます。
12) 機械や建築土木の構造材料には，鉄系の材料であれば鋼材 (縦弾性係数は概ね 206 [GPa]) が一般的に用いられます。ここでは，やや特殊な鋳鉄を用いましたが，構造材料にはあまり向いていないことに注意しましょう。
13) ここでは有効数字 4 桁で計算していますが，材料力学の分野では，有効数字は高々 3 桁までが一般的です。よくコントロールされて作られた材料でも，強度や破壊の値にかなりのばらつきがでるためです。
14) いささか大きな値ですが，理解しやすくするためです。実際には，初期値をあまりにも大きくすると，その初期状態で部材は塑性変形 (永久変形) して，もとの状態に戻らなくなります。$u_0 = 1/1000$ [m] とする部材の応力 σ は $\sigma = \dfrac{E}{\ell}u_0 = 152.3\,[\mathrm{MPa}]$ となり，この部材の降伏応力 (約 250 [MPa] 程度) を考えると，部材の応力と降伏応力が同程度となり現実的な初期値ではないことに注意しましょう。
15) 通常のモーダル解析では，図 2.4 のようなグラフまで求めることはしません。
16) 正確には，固有角振動数。固有振動数 f は $f = \omega/2\pi \fallingdotseq 1213\,[\mathrm{Hz}]$。なお，固有周波数と固有振動数は同義語ですが，固有周波数はあまり使われません。

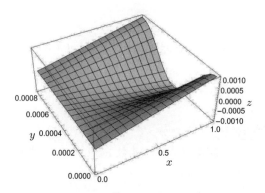

図 2.4 図 2.3 における有限要素数 1 の縦振動の近似解：棒のパラメータは $E = 152.3 \times 10^9$ [N/m^2] (152.3 [GPa]), $\rho = 7870$ [kg/m^3], $\ell = 1$ [m] とし，初期値は，$u_0 = 1/1000$ [m], $u_{00} = 0$ [m/s] としたときの様子を示しています．x 軸が棒の空間座標，y 軸が時間，z 軸が縦振動の変位です．

となり，この解は

$$u_2(t) = \sqrt{\left(u_0 - \frac{\ell}{EA}f\right)^2 + \left(\frac{u_{00}}{\omega}\right)^2} \sin(\omega t + \alpha) + \frac{\ell}{EA}f \quad (2.28)$$

と求めることができます．また，定常状態における変位は，$u_2 = \dfrac{\ell}{EA}f$ となります．）

2.2.2 要素数 3 の場合

つぎに，要素数を増やして 3 にした場合の解析をしましょう．図 2.5 にその概念図を示します．要素は均等に分割するとし，したがって，その長さは各々 $\dfrac{\ell}{3}$ となります．節点 i ($i = 1, 2, 3, 4$) に対する節点変位を $u_i(t)$ とします．この

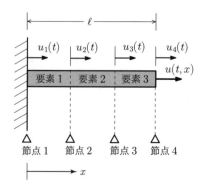

図 2.5 長さ ℓ の棒の片側端点固定の縦振動：要素数 3，節点数 4

2.2 棒の縦振動の有限要素解析

とき,棒の静的な縦振動変位は

$$EA\frac{\mathrm{d}^2 u_i(x)}{\mathrm{d}x^2} = 0, \quad \frac{\ell}{3}(i-1) \leq x \leq \frac{\ell}{3}i, \quad i=1,2,3 \quad (2.29)$$

を満たします。$u_i(x)$ は要素 i の変位を示しています。これより

$$u_i(x) = c_{i1}x + c_{i2}, \quad 0 \leq x \leq \frac{\ell}{3} \quad (2.30)$$

となり [17],要素数が 1 のときと同じ手続き,すなわち,

$$u_1(x)|_{x=0} = u_1(t) = c_{12}, \quad u_1(x)|_{x=\ell/3} = u_2(t) = \frac{\ell}{3}c_{11} + u_1(t) \quad (2.31)$$

により

$$u_1(t,x) = \left(1 - \frac{3}{\ell}x\right)u_1(t) + \frac{3}{\ell}xu_2(t), \quad 0 \leq x \leq \frac{\ell}{3} \quad (2.32)$$

と近似します。同様に $u_2(t,x), u_3(t,x)$ についてもつぎのように近似します。

$$u_2(t,x) = \left(1 - \frac{3}{\ell}x\right)u_2(t) + \frac{3}{\ell}xu_3(t) \quad (2.33)$$

$$u_3(t,x) = \left(1 - \frac{3}{\ell}x\right)u_3(t) + \frac{3}{\ell}xu_4(t) \quad (2.34)$$

上の 2 式においても,x の範囲は $0 \leq x \leq \frac{\ell}{3}$ であることに注意しましょう。この場合の形状関数は $1 - \frac{3}{\ell}x$ と $\frac{3}{\ell}x$ になります。

さて,運動エネルギーと歪みエネルギーを前項と同様に求めます。運動エネルギーは各要素の運動エネルギーの和になるので,つぎのように表すことができます。

$$T(t) = \sum_{i=1}^{3} T_i(t) \quad (2.35)$$

ここで,$T_i(t)$ は

$$T_i(t) = \frac{1}{2}\int_0^{\ell/3} A\rho \left(\frac{\partial u_i(t,x)}{\partial t}\right)^2 \mathrm{d}x \quad (2.36)$$

で得られるので,これに $u_i(t,x)$ の近似 (2.32)〜(2.34) を代入し

---

17) 各要素で x の座標系が異なることに注意しましょう。

$$T_i(t) = \frac{A\rho\ell}{36} \begin{pmatrix} u_i \\ u_{i+1} \end{pmatrix}^T \begin{pmatrix} 2 & 1 \\ 1 & 2 \end{pmatrix} \begin{pmatrix} u_i \\ u_{i+1} \end{pmatrix} \tag{2.37}$$

を得ます．これを (2.35) に代入すると最終的につぎを得ます．

$$T(t) = \frac{A\rho\ell}{36} \begin{pmatrix} \dot{u}_1 \\ \dot{u}_2 \\ \dot{u}_3 \\ \dot{u}_4 \end{pmatrix}^T \begin{pmatrix} 2 & 1 & 0 & 0 \\ 1 & 4 & 1 & 0 \\ 0 & 1 & 4 & 1 \\ 0 & 0 & 1 & 2 \end{pmatrix} \begin{pmatrix} \dot{u}_1 \\ \dot{u}_2 \\ \dot{u}_3 \\ \dot{u}_4 \end{pmatrix} \tag{2.38}$$

同様に，歪みエネルギーについて計算します．全歪みエネルギーは

$$V(t) = \sum_{i=1}^{3} V_i(t) \tag{2.39}$$

ですが，各 $V_i(t)$ は

$$V_i(t) = \frac{1}{2} \int_0^{\ell/3} EA \left(\frac{\partial u_i(t,x)}{\partial x} \right)^2 dx \tag{2.40}$$

で得られるので，

$$V_i(t) = \frac{3EA}{2\ell} \begin{pmatrix} u_i \\ u_{i+1} \end{pmatrix}^T \begin{pmatrix} 1 & -1 \\ -1 & 1 \end{pmatrix} \begin{pmatrix} u_i \\ u_{i+1} \end{pmatrix} \tag{2.41}$$

となり，最終的に

$$V(t) = \frac{3EA}{2\ell} \begin{pmatrix} u_1 \\ u_2 \\ u_3 \\ u_4 \end{pmatrix}^T \begin{pmatrix} 1 & -1 & 0 & 0 \\ -1 & 2 & -1 & 0 \\ 0 & -1 & 2 & -1 \\ 0 & 0 & -1 & 1 \end{pmatrix} \begin{pmatrix} u_1 \\ u_2 \\ u_3 \\ u_4 \end{pmatrix} \tag{2.42}$$

を得ます．(2.38) および (2.42) よりラグランジアン $L = T - V$ を求めオイラー–ラグランジェ方程式を構成します．$\frac{d}{dt}\frac{\partial L}{\partial \dot{u}_i}$ と $\frac{\partial L}{\partial u_i}$ を求めると，それぞれつぎのようになります．

$$\frac{d}{dt} \begin{pmatrix} \frac{\partial L}{\partial \dot{u}_1} \\ \frac{\partial L}{\partial \dot{u}_2} \\ \frac{\partial L}{\partial \dot{u}_3} \\ \frac{\partial L}{\partial \dot{u}_4} \end{pmatrix} = \frac{A\rho\ell}{18} \begin{pmatrix} 2 & 1 & 0 & 0 \\ 1 & 4 & 1 & 0 \\ 0 & 1 & 4 & 1 \\ 0 & 0 & 1 & 2 \end{pmatrix} \begin{pmatrix} \ddot{u}_1 \\ \ddot{u}_2 \\ \ddot{u}_3 \\ \ddot{u}_4 \end{pmatrix} \tag{2.43}$$

2.2 棒の縦振動の有限要素解析

$$\begin{pmatrix} \frac{\partial L}{\partial u_1} \\ \frac{\partial L}{\partial u_2} \\ \frac{\partial L}{\partial u_3} \\ \frac{\partial L}{\partial u_4} \end{pmatrix} = \frac{3EA}{\ell} \begin{pmatrix} 1 & -1 & 0 & 0 \\ -1 & 2 & -1 & 0 \\ 0 & -1 & 2 & -1 \\ 0 & 0 & -1 & 1 \end{pmatrix} \begin{pmatrix} u_1 \\ u_2 \\ u_3 \\ u_4 \end{pmatrix} \quad (2.44)$$

(2.43) と (2.44) よりオイラー–ラグランジェ方程式を構成すると，つぎの支配方程式を得ることができます．

$$M\ddot{u} + Ku = 0 \quad (2.45)$$

ここで，

$$u = u(t) = \begin{pmatrix} u_2(t) \\ u_3(t) \\ u_4(t) \end{pmatrix}$$

$$M = \frac{A\rho\ell}{18} \begin{pmatrix} 4 & 1 & 0 \\ 1 & 4 & 1 \\ 0 & 1 & 2 \end{pmatrix}, \quad K = \frac{3EA}{\ell} \begin{pmatrix} 2 & -1 & 0 \\ -1 & 2 & -1 \\ 0 & -1 & 1 \end{pmatrix}$$
(2.46)

ですが，節点 1 の端点は固定されていることより，その変位，速度，加速度はともに 0 であることを使っていることに注意してください．したがって，方程式 (2.45) の未知関数は $u_2 \sim u_4$ だけで十分です．この M を**全体質量行列** (global mass matrix)，K を**全体剛性行列** (global stiffness matrix) といいます．

外力を F としたときの定常状態は

$$Ku = F \quad (2.47)$$

となり，これより定常状態の変位 u_s は

$$u_\mathrm{s} = K^{-1} F \quad (2.48)$$

で求めることができます．

<u>局所要素行列による合成法</u>　さて，上では要素数 1 の場合と同じようにして運動エネルギー，歪みエネルギーを求めオイラー–ラグランジェ方程式より要素数 3 の運動方程式 (2.45) を求めました．しかし，要素数が大きいときにはこの方法ではきわめて煩雑になります．そこで，局所要素行列の重ね合わせによる合成法をここで紹介しましょう．

要素数 1 の基本要素行列である質量行列と剛性行列は (2.12) と (2.19) です

が，ここにもう一度書いておきましょう．

$$M = \frac{A\rho\ell}{6}\begin{pmatrix} 2 & 1 \\ 1 & 2 \end{pmatrix}, \quad K = \frac{EA}{\ell}\begin{pmatrix} 1 & -1 \\ -1 & 1 \end{pmatrix} \quad (2.49)$$

(2.49) は，要素数が1の場合であり，要素数が3に相当する質量行列，剛性行列を求めるには式中の ℓ を $\frac{\ell}{3}$ に変更すればよいわけです．これらを $M_{1/3}, K_{1/3}$ とします．すなわち，

$$M_{1/3} = \frac{A\rho\ell}{18}\begin{pmatrix} 2 & 1 \\ 1 & 2 \end{pmatrix}, \quad K_{1/3} = \frac{3EA}{\ell}\begin{pmatrix} 1 & -1 \\ -1 & 1 \end{pmatrix} \quad (2.50)$$

よって，局所変位 u_1, u_2 に対応する方程式はつぎのようになります．

$$\frac{A\rho\ell}{18}\begin{pmatrix} 2 & 1 \\ 1 & 2 \end{pmatrix}\begin{pmatrix} \ddot{u}_1 \\ \ddot{u}_2 \end{pmatrix} + \frac{3EA}{\ell}\begin{pmatrix} 1 & -1 \\ -1 & 1 \end{pmatrix}\begin{pmatrix} u_1 \\ u_2 \end{pmatrix} = \begin{pmatrix} 0 \\ 0 \end{pmatrix} \quad (2.51)$$

局所変位 u_2, u_3 および u_3, u_4 に対応する方程式もそれらの質量行列，剛性行列は (2.50) で表すことができるので，

$$\frac{A\rho\ell}{18}\begin{pmatrix} 2 & 1 \\ 1 & 2 \end{pmatrix}\begin{pmatrix} \ddot{u}_2 \\ \ddot{u}_3 \end{pmatrix} + \frac{3EA}{\ell}\begin{pmatrix} 1 & -1 \\ -1 & 1 \end{pmatrix}\begin{pmatrix} u_2 \\ u_3 \end{pmatrix} = \begin{pmatrix} 0 \\ 0 \end{pmatrix} \quad (2.52)$$

$$\frac{A\rho\ell}{18}\begin{pmatrix} 2 & 1 \\ 1 & 2 \end{pmatrix}\begin{pmatrix} \ddot{u}_3 \\ \ddot{u}_4 \end{pmatrix} + \frac{3EA}{\ell}\begin{pmatrix} 1 & -1 \\ -1 & 1 \end{pmatrix}\begin{pmatrix} u_3 \\ u_4 \end{pmatrix} = \begin{pmatrix} 0 \\ 0 \end{pmatrix} \quad (2.53)$$

となります．(2.51)〜(2.53) を重ね合わせることにより，つぎが得られます．

$$\frac{A\rho\ell}{18}\begin{pmatrix} 2 & 1 & 0 & 0 \\ 1 & 4 & 1 & 0 \\ 0 & 1 & 4 & 1 \\ 0 & 0 & 1 & 2 \end{pmatrix}\begin{pmatrix} \ddot{u}_1 \\ \ddot{u}_2 \\ \ddot{u}_3 \\ \ddot{u}_4 \end{pmatrix} + \frac{3EA}{\ell}\begin{pmatrix} 1 & -1 & 0 & 0 \\ -1 & 2 & -1 & 0 \\ 0 & -1 & 2 & -1 \\ 0 & 0 & -1 & 1 \end{pmatrix}\begin{pmatrix} u_1 \\ u_2 \\ u_3 \\ u_4 \end{pmatrix} = \begin{pmatrix} 0 \\ 0 \\ 0 \\ 0 \end{pmatrix}$$
(2.54)

上式の行列は全体質量行列と全体剛性行列になっており，それぞれ (2.43) と (2.44) で求めたものと等しくなっていることがわかります．なお，(2.50) の行列を (要素数3の) **局所質量行列** (local mass matrix) と **局所剛性行列** (local stiffness matrix) ということもあります．節点1の端点が固定されている，すなわち，$u_1 = 0, \ddot{u}_1 = 0$ を使えば (2.54) より (2.45) と (2.46) を得ることができます．

2.2 棒の縦振動の有限要素解析

このように局所要素行列による合成法は，エネルギーをもとにした厳密な方法に比べて，簡易に結果を導くことができます．この事実が有限要素法の核になっています．

<u>固有値解析</u>　さて，モーダル解析では (2.45) の固有値解析をして，自由振動の周波数を求めます．いま，(2.45) は線形ですから解を $u(t) = \varphi e^{i\omega t}$ (φ と ω はともに定数) と仮定して，これを代入すると

$$(-\omega^2 M + K)\varphi e^{i\omega t} = 0$$

を得ます．この式において，$e^{i\omega t}$ の項は任意の t について $e^{i\omega t} \neq 0$ ですから $(-\omega^2 M + K)\varphi = 0$ となります．これより，有意な φ を得るには

$$\det(K - \omega^2 M) = 0 \tag{2.55}$$

でなければならず，したがって，(2.55) を ω について解けば固有振動数を求めることができます．要素数 1 の場合と同様に鋳鉄のパラメータ (ヤング率 E, 密度 ρ) を使い (2.55) を ω について解くと $\omega_1 \fallingdotseq 6989\,[\mathrm{rad/s}]$, $\omega_2 \fallingdotseq 22858\,[\mathrm{rad/s}]$, $\omega_3 \fallingdotseq 41468\,[\mathrm{rad/s}]$ と求まります．この ω_j を第 j モード (the j-th mode) の周波数といいます．もっとも低い周波数が第 1 モードとなります[18]．

<u>要素数 3 の場合の縦振動の解</u>　では，ここから (2.45) を解いて要素数 3 の場合の縦振動解を求めていきましょう．問題を再度書いておきます．解くべき方程式は

$$M\ddot{u} + Ku = 0$$

であり，求めるべき未知関数は u で，係数行列はつぎのとおりです．

$$u = \begin{pmatrix} u_2(t) \\ u_3(t) \\ u_4(t) \end{pmatrix}, \quad M = \frac{A\rho\ell}{18}\begin{pmatrix} 4 & 1 & 0 \\ 1 & 4 & 1 \\ 0 & 1 & 2 \end{pmatrix}, \quad K = \frac{3EA}{\ell}\begin{pmatrix} 2 & -1 & 0 \\ -1 & 2 & -1 \\ 0 & -1 & 1 \end{pmatrix}$$

以下では線形代数の初等的な知識を使います．行列 M は明らかに正則行列ですからその逆行列 M^{-1} が存在し，したがって，所与の方程式をつぎのように書くことができます．

$$\ddot{u} + M^{-1}Ku = 0 \tag{2.56}$$

---

[18]　一般に，構造物では外力との共振現象を避けるため，構造物自体の自由振動数を求めます．

ここで, 行列 $M^{-1}K$ の対角化[19] を行います。$M^{-1}K$ の固有値を λ_i $(i=1,2,3)$ とし, その対応する固有ベクトルを p_i $(i=1,2,3)$ とします。この固有ベクトル p_i を使い, 行列 $P=(p_1\ p_2\ p_3)$ をつくります。さて, ここでつぎの変数変換を行います。

$$u = Pv \tag{2.57}$$

この変数変換により, (2.56) は

$$\ddot{v} + \Lambda v = 0 \tag{2.58}$$

となります[20]。ここに, Λ は

$$\Lambda = P^{-1}M^{-1}KP = \mathrm{diag}(\omega_1^2, \omega_2^2, \omega_3^2) \tag{2.59}$$

と書くことができます。したがって, 方程式 $M\ddot{u}+Ku=0$ は3つの独立した

$$\ddot{v}_j + \omega_{j-1}^2 v_j = 0, \quad j=2,3,4 \tag{2.60}$$

という方程式になり, この解は容易に

$$v_j(t) = c_{j1}\mathrm{e}^{i\omega_{j-1}t} + c_{j2}\mathrm{e}^{-i\omega_{j-1}t} \tag{2.61}$$

と解くことができます。ここで c_{j1}, c_{j2} は初期条件により決まる定数です。初期値は $v(0) = P^{-1}u(0), \dot{v}(0) = P^{-1}\dot{u}(0)$ より決めることができます。

有限要素数1の場合と同じ棒のパラメータ $E=152.3\times 10^9$ [N/m^2] (152.3 [GPa]), $\rho=7870$ [kg/m^3], $\ell=1$ [m] を使い, 初期値を $u_2(t)|_{t=0} = 1/3 \times 1/1000$ [m], $u_3(t)|_{t=0} = 2/3 \times 1/1000$ [m], $u_4(t)|_{t=0} = 1/1000$ [m], $\frac{du_2(t)}{dt}|_{t=0} = \frac{du_3(t)}{dt}|_{t=0} = \frac{du_4(t)}{dt}|_{t=0} = 0$ [m/s] としたとき[21] の縦振動の様子を図2.6および図2.7に示します。次節で示す解析解の結果の図2.8, 図2.9と比較してみれば, 要素数が高々3でもかなりの近似が得られていることがわかります。なお, このときの固有振動数は $\omega_1 \fallingdotseq 6989$ [rad/s], $\omega_2 \fallingdotseq 22858$ [rad/s], $\omega_3 \fallingdotseq 41468$ [rad/s] と求まります。ちなみに, 解析解の固有振動数は $\omega_1 \fallingdotseq 6910$ [rad/s], $\omega_2 \fallingdotseq 20730$ [rad/s], $\omega_3 \fallingdotseq 34550$ [rad/s] となり, 要素数1のときと比べ, 要素数3にしたときのほうが解析解の周波数に近くなっていることがわかります (表2.1参照)。

---

[19] 詳しくは, 附録A.4節を参照してください。
[20] $P^{-1}P = I$ となることに注意しましょう。
[21] 初期値は自由に選べますが, $u_4(t)|_{t=0} = 1/1000$ [m] とすれば, $u_3(t)|_{t=0}, u_2(t)|_{t=0}$ は上のようにするのが自然です。

2.2 棒の縦振動の有限要素解析

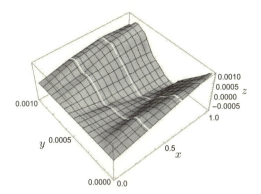

図 2.6　図 2.5 における有限要素数 3 の縦振動の近似解：棒のパラメータは $E = 152.3 \times 10^9 \,[\mathrm{N/m^2}]$ (152.3 [GPa])，$\rho = 7870 \,[\mathrm{kg/m^3}]$，$\ell = 1 \,[\mathrm{m}]$ とし，初期値は，$u_2(t)|_{t=0} = 1/3 \times 1/1000 \,[\mathrm{m}]$，$u_3(t)|_{t=0} = 2/3 \times 1/1000 \,[\mathrm{m}]$，$u_4(t)|_{t=0} = 1/1000 \,[\mathrm{m}]$，$\frac{du_2(t)}{dt}|_{t=0} = \frac{du_3(t)}{dt}|_{t=0} = \frac{du_4(t)}{dt}|_{t=0} = 0 \,[\mathrm{m/s}]$ としたときの様子を示しています．x 軸が棒の空間座標，y 軸が時間，z 軸が縦振動の変位です．グラフ中の白線は要素の切れ目を表しています．

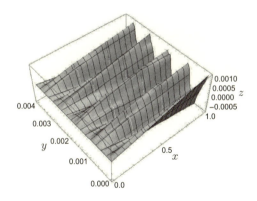

図 2.7　図 2.6 を時間に関して約 4/1000 [s] まで延長してシミュレーションしたもの．

表 2.1　近似解と解析解の固有振動数の比較：単位は [rad/s]．(注：解析解を 2.3 節に示します．)

	要素数 1 の固有振動数	要素数 3 の固有振動数	解析解の固有振動数
第 1 モード	7619	6989	6910
第 2 モード	—	22858	20730
第 3 モード	—	41468	34550

●問題 2.2　図2.5で，節点4において，外力 f (x方向で定数) がはたらいている場合を考察しなさい。(ヒント：この場合，(2.45) に相当する運動方程式は

$$M\ddot{u} + Ku = F \tag{2.62}$$

となり，ここで，$F = \begin{pmatrix} 0 & 0 & f \end{pmatrix}^T$ であり，M と K は (2.46) に同じです。上で説明した同じ手続きにより

$$\ddot{v} + \Lambda v = \widehat{F} \tag{2.63}$$

が得られます。ここに，$\widehat{F} = P^{-1}M^{-1}F$ です。)

2.3　棒の縦振動の解析解

図2.3の棒の縦振動 $u(t,x)$ の支配方程式およびその**境界条件** (boundary conditions, BCと略) と**初期条件** (initial conditions, ICと略) を書くと，つぎのようになります。

$$\rho \frac{\partial^2 u}{\partial t^2} - E \frac{\partial^2 u}{\partial x^2} = 0, \quad t > 0, \, 0 < x < \ell \tag{2.64}$$

$$\text{BC}: u(t,0) = 0, \quad \frac{\partial u(t,\ell)}{\partial x} = 0 \tag{2.65}$$

$$\text{IC}: u(0,x) = f(x), \quad \frac{\partial u(0,x)}{\partial t} = g(x) \tag{2.66}$$

この方程式 (2.64) は，**変数分離法** (separation of variables) により解くことができます。以下にその概略を解説します[22]。まず，未知関数 u を

$$u(t,x) = V(t)\varphi(x) \tag{2.67}$$

と書き，(2.67) を (2.64) に代入すると

$$\frac{\rho}{E}\frac{1}{V}\frac{\mathrm{d}^2 V}{\mathrm{d}t^2} = \frac{1}{\varphi}\frac{\mathrm{d}^2 \varphi}{\mathrm{d}x^2} = -\lambda \tag{2.68}$$

を得ます。第1式は t だけの関数であり，また，第2式は x だけの関数ですから，これらは定数となり，右辺のようにおくことができます。ここで，$\lambda > 0$ としています[23]。(2.68) の第2式は

---

[22]　詳しくは [15] などを参照してください。
[23]　$\lambda \leq 0$ とすると，$V(t)$ は時間とともに増大する関数となり，現実の物理現象とは異なるため，そのような解には興味がないということです。

2.3 棒の縦振動の解析解

$$\frac{\mathrm{d}^2\varphi}{\mathrm{d}x^2} = -\lambda\varphi, \quad 0 < x < \ell \tag{2.69}$$

となり，境界条件 (2.65) を考慮すると $\sqrt{\lambda} = \dfrac{(2n+1)\pi}{2\ell}$ を得て，つぎのように φ を求めることができます．

$$\varphi(x) = a_n \sin\frac{(2n+1)\pi}{2\ell}x, \quad n = 0, 1, 2, \ldots \tag{2.70}$$

この段階では a_n はまだ任意定数です．

同様に，(2.68) の第 1 式

$$\frac{\mathrm{d}^2 V}{\mathrm{d}t^2} = -\lambda\frac{E}{\rho}V, \quad 0 < t \tag{2.71}$$

より V を求めると

$$V(t) = b_n \sin\omega_n t + c_n \cos\omega_n t \tag{2.72}$$

$$\omega_n = \frac{(2n+1)\pi}{2\ell}\sqrt{\frac{E}{\rho}}, \quad n = 0, 1, 2, \ldots \tag{2.73}$$

を得ます．b_n, c_n も任意定数です．(2.70) と (2.72) を (2.67) に代入し

$$u(t,x) = \left(A_n \sin\omega_n t + B_n \cos\omega_n t\right)\sin\frac{(2n+1)\pi}{2\ell}x,$$
$$n = 0, 1, 2, \ldots \tag{2.74}$$

を得ますが，**重ね合わせの原理** (principle of superposition) により最終的な解はつぎになります [24]．

$$u(t,x) = \sum_{n=0}^{\infty}\left(A_n \sin\omega_n t + B_n \cos\omega_n t\right)\sin\frac{(2n+1)\pi}{2\ell}x \tag{2.75}$$

ここで，A_n と B_n は，初期条件 (2.66) によりつぎのように書くことができます．

$$f(x) = \sum_{n=0}^{\infty} B_n \sin\frac{(2n+1)\pi}{2\ell}x \tag{2.76}$$

$$g(x) = \sum_{n=0}^{\infty} A_n\omega_n \sin\frac{(2n+1)\pi}{2\ell}x \tag{2.77}$$

これより，三角関数の**直交性** (orthogonality) を利用すれば

---

[24] (2.75) を**一般解** (general solutions) といいます．

$$A_n = \frac{2}{\omega_n \ell} \int_0^\ell g(x) \sin\frac{(2n+1)\pi}{2\ell} x \, dx \qquad (2.78)$$

$$B_n = \frac{2}{\ell} \int_0^\ell f(x) \sin\frac{(2n+1)\pi}{2\ell} x \, dx \qquad (2.79)$$

と形式的に求めることができます[25]。(2.75) により解析解は完全に与えられます．ちなみに，(2.73) は系のもつ固有振動数であり，(2.70) の sin 関数がモードを決定する形状関数となります．

要素数 3 における初期条件は，$f(x) = \dfrac{x}{10^3}$, $g(x) = 0$ であり，これらより A_n, B_n を求めると

$$A_n = 0$$

$$B_n = 2\int_0^1 \frac{x}{10^3} \sin\frac{(2n+1)\pi}{2} x \, dx$$

$$= \begin{cases} \dfrac{2^3}{(2n+1)^2 \pi^2 10^3}, & n = 0, 2, 4, \ldots \\ -\dfrac{2^3}{(2n+1)^2 \pi^2 10^3}, & n = 1, 3, 5, \ldots \end{cases}$$

となり，結局，この場合の境界条件と初期条件を満たす解析解は

$$u(t,x) = \sum_{n=0}^\infty B_n \cos\omega_n t \sin\frac{(2n+1)\pi}{2} x \qquad (2.80)$$

となります．(2.80) において $n = 300$ までを計算した結果を図 2.8 と図 2.9 に示します．

2.4 変分法

2.4.1 変分法

変分法 (calculus of variations) とは，ごく粗く言えば，定積分が最大 (または，最小) となる関数をみつける手法です．

---

[25] 初期条件によりいつでも係数 A_n と B_n が決定できるかという問題が起きますが，f や g にある条件を課せば，リーマン–ルベーグ定理により肯定的にこの問題は解決されます．詳細は [15] 参照してください．

2.4 変分法

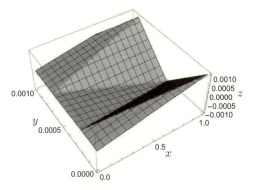

図 2.8 図 2.5 における縦振動の解析解：棒のパラメータは図 2.5 と同じ。(2.66) の初期条件は，$f(x) = \dfrac{x}{10^3}, g(x) = 0$。$x$ 軸が棒の空間座標，y 軸が時間，z 軸が縦振動の変位です。

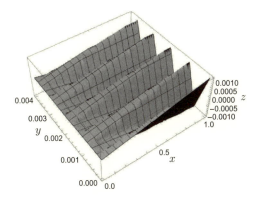

図 2.9 図 2.8 を時間に関して約 $4/1000\,[\mathrm{s}]$ まで延長してシミュレーションしたもの。

変分は，微分の一般化と考えてさしつかえありません。まず，変数 x がスカラーの実スカラー関数 $J(x)$ を考えましょう。この関数が x^* で局所的に最小である必要十分条件は，十分小さなすべての δx [26] に対して

$$J(x^* + \delta x) \geq J(x^*) \tag{2.81}$$

となることです。同じことですが，書き換えると

$$\Delta J(x^*, \delta x) = J(x^* + \delta x) - J(x^*) \geq 0 \tag{2.82}$$

---

[26] δx の大きさがある正の数 ε より小さいことをいいます。

です．$\Delta J(x^*, \delta x)$ を J の**増分** (increments) といいます．ここで，$J(x^* + \delta x)$ を x^* のまわりでテーラー展開すると，(2.81) は

$$\Delta J(x^*, \delta x) = J(x^* + \delta x) - J(x^*)$$
$$= \frac{\mathrm{d}J(x^*)}{\mathrm{d}x}\delta x + \frac{1}{2}\frac{\mathrm{d}^2 J(x^*)}{\mathrm{d}x^2}\delta x^2 + H.O.T. \geq 0 \quad (2.83)$$

と書くことができます．増分 $\Delta J(x^*, \delta x)$ を δx の関数としてみると，その線形項の係数は J の微分になっています．J を**汎関数**[27]として扱うときには，δx は x の変分といいます．また，δx に線形な増分の項は J の**変分** (variations) といい，$\delta J(x^*, \delta x) \left(= \dfrac{\mathrm{d}J(x^*)}{\mathrm{d}x}\delta x \right)$ で示します．J の変分は微分の一般化であり，汎関数の最適化に応用されます．

つぎの命題が成立します．

命題 2.1 x^* が局所的に最小である必要条件は，J の変分がすべての δx に対して x^* で 0 となることである．

○**例 2.1** $J(x) = \dfrac{x^3}{3} - x$ を考えましょう．この $J(x)$ の変分 $\delta J(x, \delta x)$ はつぎのように計算できます．

$$\delta J(x, \delta x) = \frac{\mathrm{d}J(x)}{\mathrm{d}x}\delta x = (x^2 - 1)\delta x$$

したがって，すべての δx に対して，上式が 0 であるためには $x = 1$ または $x = -1$ を得ます．これらの x の値は，局所最小化の必要条件であり，十分条件ではないことは図 2.10 より容易にわかります．一方，J の増分を計算すると

$$\Delta J(x, \delta x) = \frac{(x + \delta x)^3}{3} - (x + \delta x) - \left(\frac{x^3}{3} - x\right)$$
$$= (x^2 - 1)\delta x + x\,\delta x^2 + \frac{1}{3}\delta x^3$$

となり，J を δx の汎関数としてみたとき，その線形項の係数が J の変分に等しいことがわかります． □

---

[27] 汎関数の説明は第 7 章 p.103 も参照してください．

2.4 変分法

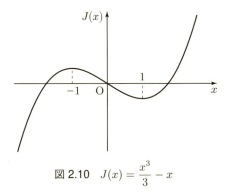

図 2.10　$J(x) = \dfrac{x^3}{3} - x$

2.4.2　汎関数の最小化問題

では，つぎに一般的な汎関数

$$J = \int_{x_1}^{x_2} f\left(y(x), \frac{dy}{dx}(x), x\right) dx \tag{2.84}$$

を考え，この最小化問題，すなわち，

$$\text{「}\min J \text{ となる } y(x) \text{ をみつけよ」} \tag{2.85}$$

という問題を考えましょう。ここで，f は既知関数，$y(x)$ は未知関数です。

さて，α というスカラーのパラメータを使って，$y(x, \alpha)$ という**関数族**[28](family of functions) を導入します。$y(x, \alpha = 0)$ が (2.84) を最小化する関数と仮定します。このとき，ある微小な大きさをもつ α^* に対して $y(x, \alpha = \alpha^*)$ と $y(x, \alpha = 0)$ とを比較します (図 2.11 参照)。すなわち，

$$y(x^*, \alpha^*) - y(x^*, 0) = (\delta y)_{x=x^*}, \quad x_1 < x^* < x_2 \tag{2.86}$$

この右辺 $(\delta y)_{x=x^*}$ を x^* に対する y の変分といいます。ここで，x^* と α^* を固定せず変数にして

$$\delta y = y(x, \alpha) - y(x, 0) = \alpha \eta(x) \tag{2.87}$$

と表しましょう。ただし，η は $\eta(x_1) = 0$, $\eta(x_2) = 0$ を満たす x のなめらかな関数とします。こうすると，α は変分の大きさを与えるスケールファクターと

---

28)　**族** (family) とは，一般に非可算無限個の要素の集まりをいい，関数の値域が関数の集まりとなる族を関数族といいます。

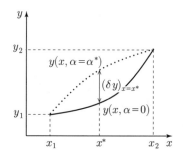

図 2.11 関数族 $y(x,\alpha)$ と x^* に対する y の変分 $(\delta y)_{x=x^*}$

解することができ，$y(x,\alpha)$ は J に対する最小関数 $y(x,0)$ の近傍の積分路となり，(2.84) の J は α の関数[29]となります．すなわち，

$$J(\alpha) = \int_{x_1}^{x_2} f\Big(y(x,\alpha), \frac{\mathrm{d}y}{\mathrm{d}x}(x,\alpha), x\Big) \mathrm{d}x \tag{2.88}$$

この J はすべての α に対して

$$J\Big(y(x,0), \frac{\mathrm{d}y}{\mathrm{d}x}(x,0), x\Big) \leq J\Big(y(x,\alpha), \frac{\mathrm{d}y}{\mathrm{d}x}(x,\alpha), x\Big) \tag{2.89}$$

となるはずです．いい換えれば，この関数 J が停留する条件は

$$\left.\frac{\partial J(\alpha)}{\partial \alpha}\right|_{\alpha=0} = 0 \tag{2.90}$$

となります．

以後，(2.90) を具体的に求めていきます．まず，(2.88) より

$$\frac{\partial J(\alpha)}{\partial \alpha} = \int_{x_1}^{x_2} \Big(\frac{\partial f}{\partial y}\frac{\partial y}{\partial \alpha} + \frac{\partial f}{\partial y_x}\frac{\partial y_x}{\partial \alpha}\Big) \mathrm{d}x \tag{2.91}$$

となります．ここで，$y_x = \dfrac{\mathrm{d}y}{\mathrm{d}x}$ の意味です．(2.87) より，

$$y(x,\alpha) = y(x,0) + \alpha \eta(x)$$

ですから，

$$\frac{\partial y(x,\alpha)}{\partial \alpha} = \eta(x), \quad \frac{\partial y_x(x,\alpha)}{\partial \alpha} = \frac{\mathrm{d}\eta(x)}{\mathrm{d}x} \tag{2.92}$$

---

[29] 正確には，$y(x,\alpha), \dfrac{\mathrm{d}y}{\mathrm{d}x}(x,\alpha)$ の汎関数です．

2.4 変分法

となり，(2.91) はつぎのように書くことができます．

$$\frac{\partial J(\alpha)}{\partial \alpha} = \int_{x_1}^{x_2} \left(\frac{\partial f}{\partial y} \eta(x) + \frac{\partial f}{\partial y_x} \frac{d\eta(x)}{dx} \right) dx \quad (2.93)$$

この式の第 2 項を部分積分すると，$\eta(x)$ の条件 $\eta(x_1) = \eta(x_2) = 0$ を使い

$$\int_{x_1}^{x_2} \frac{\partial f}{\partial y_x} \frac{d\eta(x)}{dx} dx = \eta(x) \frac{\partial f}{\partial y_x} \Big|_{x_1}^{x_2} - \int_{x_1}^{x_2} \frac{d}{dx} \frac{\partial f}{\partial y_x} \eta(x) dx$$

$$= - \int_{x_1}^{x_2} \frac{d}{dx} \frac{\partial f}{\partial y_x} \eta(x) dx \quad (2.94)$$

となります．したがって，(2.90) の条件は

$$\int_{x_1}^{x_2} \left(\frac{\partial f}{\partial y} - \frac{d}{dx} \frac{\partial f}{\partial y_x} \right) \eta(x) dx = 0 \quad (2.95)$$

となります[30]．上式において，$\eta(x)$ は任意ですから被積分項の ( ) 内と同符号にとることができます．したがって，被積分項はいつでも非負となり，積分値が停留する条件は ( ) 内がほとんどいたるところで 0 になることです．すなわち，

$$\frac{\partial f}{\partial y} - \frac{d}{dx} \frac{\partial f}{\partial y_x} = 0 \quad (2.96)$$

となり，これが**オイラー–ラグランジェ方程式** (Euler-Lagrange equation) といわれるものです．

---

[30] J の増分は $\Delta J = J(\alpha) - J(0) = \frac{\partial J(\alpha)}{\partial \alpha}\big|_{\alpha=0} \alpha + H.O.T.$ となり，J の変分は $\delta J = \frac{\partial J(\alpha)}{\partial \alpha}\big|_{\alpha=0} \alpha$ です．したがって，(2.95) より

$$\int_{x_1}^{x_2} \left(\frac{\partial f}{\partial y} - \frac{d}{dx} \frac{\partial f}{\partial y_x} \right) \delta y \, dx = \frac{\partial J(\alpha)}{\partial \alpha}\Big|_{\alpha=0} \alpha = \delta J = 0$$

を得ます．

3. モーダル解析——その2

3.1 はりの横振動

彦根城天守のはり (図 3.1) に見られるように，日本古来の建築は木材をたくみに使い，はりを構成しています。この章では，はりの横方向の変位を解析していきます。

「たわみ」とは，はりの軸方向に垂直な横方向の変位をいいます。2.1 節は棒の軸方向の縦振動を解析しましたが，この章の横方向とあわせて完全なものになります。支配方程式はオイラー–ベルヌーイモデルとなり，縦振動と比べて多少やっかいになります。

図 3.1 はり：彦根城天守のはり (彦根市教育委員会文化財課提供)

3.1 はりの横振動

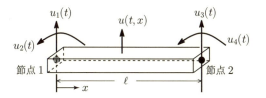

図 3.2 はりの横振動：両端自由はりの場合　要素数 1, 節点数 2 とした有限要素モデルで，$u_1(t), u_3(t)$ は横方向のたわみ，$u_2(t), u_4(t)$ はたわみ角をそれぞれ表しています。

3.1.1 要素数 1 の場合

第 2 章では，棒の縦 (軸) 方向の振動を扱いましたが，この章では図 3.2 に示す**両端自由はり** (free-free beams) の**横方向の振動** (transverse vibration) を有限要素解析で求めていきます。同図に要素数 1, 節点数 2 とした有限要素モデルの座標系が示してあります。はりの横方向の**たわみ** (deflection)[1] を $u(t,x)$ とします。これを要素数 1 の有限要素モデルを使って，2 つの節点の運動で記述します。すなわち，$u_1(t), u_3(t)$ は横方向のたわみ，$u_2(t), u_4(t)$ は**たわみ角** (slope)[2] をそれぞれ表しますが，これらの変数を使って，たわみ $u(t,x)$ を求めていきます。

さて，横方向の静的な変動はつぎの方程式を満たします[3]。

$$\frac{\partial^2}{\partial x^2}\left[EI\frac{\partial^2 u(t,x)}{\partial x^2}\right] = 0 \qquad (3.1)$$

---

1) 変形前のはりの中心軸から変形後のはりの中心軸の変位のことです。
2) 変形後のたわみ曲線の接線と変形前のはりの中心軸とのなす角 θ で，$\theta = \dfrac{\partial u(t,x)}{\partial x}$ で定義されます。
3) はりの横方向の振動 $u(t,x)$ を記述する運動方程式は，**オイラー—ベルヌーイのモデル** (Euler-Bernoulli beam model) として

$$\rho A(x)\frac{\partial^2 u(t,x)}{\partial t^2} + \frac{\partial^2}{\partial x^2}\left[EI(x)\frac{\partial^2 u(t,x)}{\partial x^2}\right] = f(t,x)$$

が確立されています。ここに，ρ, A はそれぞれ，はり部材の密度と断面積で，また，f ははりに作用する外力です。断面積 A と断面 2 次モーメント I が定数で，外力が作用しないとき，すなわち，$f=0$ では

$$\frac{\partial^2 u(t,x)}{\partial t^2} + c^2\frac{\partial^4 u(t,x)}{\partial x^4} = 0, \quad c = \sqrt{\frac{EI}{\rho A}}$$

と簡単になります。この解析解は 3.2 節に示します。

ここで，E ははり部材のヤング率，I は**断面2次モーメント** (moment of inertia of area)[4] です。EI を一定とすれば，(3.1) は $\dfrac{\partial^4 u}{\partial x^4} = 0$ となり，これより

$$u(t,x) = c_1(t)x^3 + c_2(t)x^2 + c_3(t)x + c_4(t) \tag{3.2}$$

と求めることができます。場所による積分定数 c_i は第2章の棒の場合と同様にして，時間 t の関数と考えます (2.1節の (2.6) と (2.7) 参照)。(3.2) が要素内の横方向変位時間変動，すなわち，たわみの近似式となります。

ここで，未知の節点変位 $u_i(t)$ はつぎの境界条件を満たす必要があります。

$$\begin{cases} u_1(t) = u(t,0), \quad u_2(t) = \left.\dfrac{\partial u(t,x)}{\partial x}\right|_{x=0} \\ u_3(t) = u(t,\ell), \quad u_4(t) = \left.\dfrac{\partial u(t,x)}{\partial x}\right|_{x=\ell} \end{cases} \tag{3.3}$$

簡単な計算によりつぎを得ます。

$$\begin{cases} c_1(t) = \dfrac{1}{\ell^3}\Big(2\big(u_1(t) - u_3(t)\big) + \ell\big(u_2(t) + u_4(t)\big)\Big) \\ c_2(t) = \dfrac{1}{\ell^2}\Big(3\big(u_3(t) - u_1(t)\big) - \ell\big(2u_2(t) + u_4(t)\big)\Big) \\ c_3(t) = u_2(t) \\ c_4(t) = u_1(t) \end{cases} \tag{3.4}$$

(3.4) を (3.2) に代入し，たわみの近似式

$$\begin{aligned} u(t,x) = & \left[1 - 3\dfrac{x^2}{\ell^2} + 2\dfrac{x^3}{\ell^3}\right]u_1(t) + \ell\left[\dfrac{x}{\ell} - 2\dfrac{x^2}{\ell^2} + \dfrac{x^3}{\ell^3}\right]u_2(t) \\ & + \left[3\dfrac{x^2}{\ell^2} - 2\dfrac{x^3}{\ell^3}\right]u_3(t) + \ell\left[-\dfrac{x^2}{\ell^2} + \dfrac{x^3}{\ell^3}\right]u_4(t) \end{aligned} \tag{3.5}$$

を得ます。$u_i(t)$ の [ ] 内の係数が形状関数となります。

さて，2.1節の棒の場合と同様にして運動エネルギー $T(t)$ と歪みエネルギー $V(t)$ を求め，ラグランジアン $L = T - V$ をオイラー–ラグランジェ方程式に代入して系の運動方程式を求めます。運動エネルギー $T(t)$ は

$$T(t) = \dfrac{1}{2}\int_0^\ell A\rho\Big(\dfrac{\partial u(t,x)}{\partial t}\Big)^2 dx \tag{3.6}$$

---

[4] 単位は m^4 です。

3.1 はりの横振動

ですから，(3.5) より $\dfrac{\partial u(t,x)}{\partial t}$ を求めて代入するとつぎを得ます[5]。

$$T(t) = \frac{1}{2}\frac{A\rho\ell}{210}\Big[\ell^2\left(2\dot{u}_2^2 - 3\dot{u}_2\dot{u}_4 + 2\dot{u}_4^2\right) + \dot{u}_1(22\ell\dot{u}_2 - 13\ell\dot{u}_4 + 54\dot{u}_3)$$
$$+ \ell\dot{u}_3(13\dot{u}_2 - 22\dot{u}_4) + 78\dot{u}_1^2 + 78\dot{u}_3^2\Big] \tag{3.7}$$

ここで，$u(t) = \big(u_1(t), u_2(t), u_3(t), u_4(t)\big)^T$ とおき，質量行列 M [6] を

$$M = \frac{A\rho\ell}{420}\begin{pmatrix} 156 & 22\ell & 54 & -13\ell \\ & 4\ell^2 & 13\ell & -3\ell^2 \\ & & 156 & -22\ell \\ (sym.) & & & 4\ell^2 \end{pmatrix} \tag{3.8}$$

とすると，(3.7) は

$$T(t) = \frac{1}{2}\dot{u}^T M \dot{u} \tag{3.9}$$

と書くことができます。

つぎに歪みエネルギー $V(t)$ は

$$V(t) = \frac{1}{2}\int_0^\ell EI\Big(\frac{\partial^2 u(t,x)}{\partial x^2}\Big)^2 \mathrm{d}x \tag{3.10}$$

で求めることができます。以下の計算は，多少やっかいですが運動エネルギーのときと同様ですから省略します。剛性行列 K を

$$K = \frac{EI}{\ell^3}\begin{pmatrix} 12 & 6\ell & -12 & 6\ell \\ & 4\ell^2 & -6\ell & 2\ell^2 \\ & & 12 & -6\ell \\ (sym.) & & & 4\ell^2 \end{pmatrix} \tag{3.11}$$

とすると，(3.10) は

$$V(t) = \frac{1}{2}u^T K u \tag{3.12}$$

と書くことができます。最終的に系の運動方程式は (3.8) と (3.11) を使って

$$M\ddot{u} + Ku = 0 \tag{3.13}$$

となります。

---

[5] やっかいなだけで簡単な計算です。
[6] (3.8) の行列内の $(sym.)$ は対称行列であることを意味します。

○例 **3.1** 図 3.2 において，**両端単純支持はり** (simply supported beams) を考えます。すなわち，$x=0$ と $x=\ell$ の場所ではりを支持します。するとこの場合，$u_1(t)=0, u_3(t)=0$ が要請されるので，(3.13) はつぎのようになります[7]。

$$\frac{A\rho\ell}{420}\begin{pmatrix} 4\ell^2 & -3\ell^2 \\ -3\ell^2 & 4\ell^2 \end{pmatrix}\begin{pmatrix} \ddot{u}_2 \\ \ddot{u}_4 \end{pmatrix} + \frac{EI}{\ell^3}\begin{pmatrix} 4\ell^2 & 2\ell^2 \\ 2\ell^2 & 4\ell^2 \end{pmatrix}\begin{pmatrix} u_2 \\ u_4 \end{pmatrix} = \begin{pmatrix} 0 \\ 0 \end{pmatrix} \quad (3.14)$$

(3.14) はさらに簡単になり，つぎのように書くことができます。

$$\begin{pmatrix} 4 & -3 \\ -3 & 4 \end{pmatrix}\begin{pmatrix} \ddot{u}_2 \\ \ddot{u}_4 \end{pmatrix} + \frac{840EI}{A\rho\ell^4}\begin{pmatrix} 2 & 1 \\ 1 & 2 \end{pmatrix}\begin{pmatrix} u_2 \\ u_4 \end{pmatrix} = \begin{pmatrix} 0 \\ 0 \end{pmatrix} \quad (3.15)$$

あとは，2.1 節の棒で解説した (2.56)〜(2.61) の手続きに従って u_2, u_4 を求めればよいわけです。復習を兼ねてこの計算を見える形でなぞっていきましょう。まず，$\tau = \sqrt{\dfrac{840EI}{A\rho\ell^4}}$ とおくと，(3.15) は

$$\begin{pmatrix} \ddot{u}_2 \\ \ddot{u}_4 \end{pmatrix} + \Omega \begin{pmatrix} u_2 \\ u_4 \end{pmatrix} = \begin{pmatrix} 0 \\ 0 \end{pmatrix} \quad (3.16)$$

となります。ここで，

$$\Omega = \tau^2 \begin{pmatrix} 4 & -3 \\ -3 & 4 \end{pmatrix}^{-1}\begin{pmatrix} 2 & 1 \\ 1 & 2 \end{pmatrix} = \frac{\tau^2}{7}\begin{pmatrix} 11 & 10 \\ 10 & 11 \end{pmatrix}$$

です。Ω の固有値は $\dfrac{\tau^2}{7}, 3\tau^2$ となり，したがって，この系の固有振動数は，$\dfrac{\tau}{\sqrt{7}} \fallingdotseq 10.9545\sqrt{\dfrac{EI}{A\rho\ell^4}}$ と $\sqrt{3}\,\tau \fallingdotseq 50.1996\sqrt{\dfrac{EI}{A\rho\ell^4}}$ になります。また，行列 Ω の固有ベクトル P は $P = \begin{pmatrix} 1 & -1 \\ 1 & 1 \end{pmatrix}$ となり，$u = Pv$ の変換により，(3.16) は

$$\begin{cases} \ddot{v}_2 + \dfrac{\tau^2}{7}v_2 = 0 \\ \ddot{v}_4 + 3\tau^2 v_4 = 0 \end{cases}$$

と各々独立な方程式に変換されます。これより v_2, v_4 を求めて u_2, u_4 は

---

[7] (3.9) と (3.12) において，$u_1(t)=0, u_3(t)=0$ とすることは，M, K の第 1 行，第 3 行と第 1 列，第 3 列を削除することに等しくなります。

3.1 はりの横振動

$$\begin{pmatrix} u_2 \\ u_4 \end{pmatrix} = \begin{pmatrix} 1 & -1 \\ 1 & 1 \end{pmatrix} \begin{pmatrix} v_2 \\ v_4 \end{pmatrix} \tag{3.17}$$

により求まり，最終的なたわみは (3.5) により

$$u(t,x) = \begin{pmatrix} \ell\left[\dfrac{x}{\ell} - 2\dfrac{x^2}{\ell^2} + \dfrac{x^3}{\ell^3}\right] \\ \ell\left[-\dfrac{x^2}{\ell^2} + \dfrac{x^3}{\ell^3}\right] \end{pmatrix}^T \begin{pmatrix} 1 & -1 \\ 1 & 1 \end{pmatrix} \begin{pmatrix} v_2 \\ v_4 \end{pmatrix} \tag{3.18}$$

で求めることができます。

第 2 章の棒の部材と同じパラメータ，すなわち，ヤング率 $E = 152.3 \times 10^9\,[\text{N/m}^2]$，密度 $\rho = 7870\,[\text{kg/m}^3]$，部材の長さ $\ell = 1\,[\text{m}]$ を使い，具体的な計算をしてみましょう。はりの場合は，これらの他に断面積 A と断面 2 次モーメント I の値が必要になります。はりの断面形状を 1 辺 1 [cm] の正方形とすると $A = \dfrac{1}{10^4}\,[\text{m}^2]$ となり，また，$I = \dfrac{1}{12 \times 10^8}\,[\text{m}^4]$ [8] となります。このときの角振動数は約 139.111 [rad/s] と 637.488 [rad/s] になります。ちなみに，解析解で求めたこれらの値は 125.335 [rad/s] と 501.339 [rad/s] です [9]。また，初期値をいささか大きな値ですが $u_2(0) = \dfrac{1}{1000},\ u_4(0) = -\dfrac{1}{1000}$ としたときの $u(t,x)$ の 5/100 [s] 間の時間発展を図 3.3 に示します。また，図 3.4 は，時間を 1/10 [s] まで延長してシミュレーションした結果です。

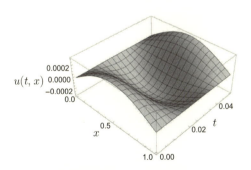

図 3.3 例 3.1 の両端単純支持はりのたわみを 5/100 [s] 間シミュレーションしたもの。初期値は，$u_1(0) = 0,\ u_2(0) = \dfrac{1}{1000},\ u_3(0) = 0,\ u_4(0) = -\dfrac{1}{1000}$。

---

[8] 断面が正方形の断面 2 次モーメント I は，(1 辺の長さ)$^4/12$ で求めることができます。
[9] 3.2 節の (3.41) を参照してください

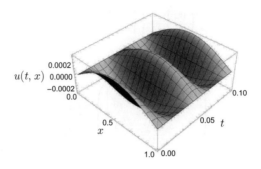

図 3.4 図 3.3 を時間に関して $1/10\,[\mathrm{s}]$ まで延長してシミュレーションしたもの。

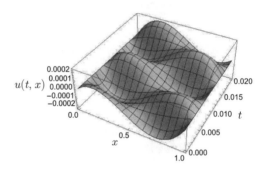

図 3.5 例 3.1 の両端単純支持はりのたわみを $2/100\,[\mathrm{s}]$ 間シミュレーションしたもの。初期値は, $u_1(0) = 0, u_2(0) = \dfrac{1}{1000}, u_3(0) = 0, u_4(0) = \dfrac{2}{1000}$。

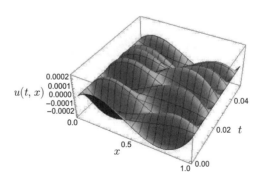

図 3.6 図 3.5 を $5/100\,[\mathrm{s}]$ まで時間を延長してシミュレーションしたもの。

3.1 はりの横振動

また,初期値を $u_2(0) = \dfrac{1}{1000}$, $u_4(0) = \dfrac{2}{1000}$ としたときの結果が図3.5と図3.6です。当然ですが,初期値が異なれば同じ系であっても解はまったく違ってくることがわかります。ただし,図3.3〜図3.6のもつ周波数は同じです。□

3.1.2 要素数2の場合

では,つぎに要素数を2に拡張してはりのたわみの方程式を誘導しましょう。ここでは,2.2.2項で述べた局所要素行列の重ね合わせによる合成法を使います。各節点における変位を図3.7に示すようにとります。要素数が1の質量行列と剛性行列はつぎのようにすでに求まっています[10]。

$$M = \frac{A\rho\ell}{420}\begin{pmatrix} 156 & 22\ell & 54 & -13\ell \\ & 4\ell^2 & 13\ell & -3\ell^2 \\ & & 156 & -22\ell \\ (sym.) & & & 4\ell^2 \end{pmatrix}$$

$$K = \frac{EI}{\ell^3}\begin{pmatrix} 12 & 6\ell & -12 & 6\ell \\ & 4\ell^2 & -6\ell & 2\ell^2 \\ & & 12 & -6\ell \\ (sym.) & & & 4\ell^2 \end{pmatrix}$$

上式の ℓ に $\dfrac{\ell}{2}$ を代入すれば,要素数を2とした場合の局所質量行列 $M_{1/2}$ と局所剛性行列 $K_{1/2}$ が得られます。すなわち,

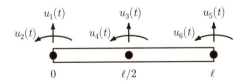

図3.7 はりの横振動:要素数2,節点数3の両端単純支持はりの有限要素モデル。両端が支持されるので,$u_1(t) = 0$ と $u_5(t) = 0$ が要請されます。

---

10) (3.8)と(3.11)を参照してください。

$$M_{1/2} = \frac{A\rho\ell}{840} \begin{pmatrix} 156 & 11\ell & 54 & -13/2\ell \\ & \ell^2 & 13/2\ell & -3/4\ell^2 \\ & & 156 & -11\ell \\ (sym.) & & & \ell^2 \end{pmatrix}$$

$$K_{1/2} = \frac{8EI}{\ell^3} \begin{pmatrix} 12 & 3\ell & -12 & 3\ell \\ & \ell^2 & -3\ell & 1/2\ell^2 \\ & & 12 & -3\ell \\ (sym.) & & & \ell^2 \end{pmatrix} \quad (3.19)$$

この (3.19) を使い，局所変位 u_2, u_3, u_4 に対する方程式を導くとつぎのようになります。ここで，節点 1 は支持されているので，$u_1(t) = 0$ を使っていることに注意しましょう。

$$\frac{A\rho\ell}{840} \begin{pmatrix} \ell^2 & 13/2\ell & -3/4\ell^2 \\ & 156 & -11\ell \\ (sym.) & & \ell^2 \end{pmatrix} \begin{pmatrix} \ddot{u}_2 \\ \ddot{u}_3 \\ \ddot{u}_4 \end{pmatrix}$$

$$+ \frac{8EI}{\ell^3} \begin{pmatrix} \ell^2 & -3\ell & 1/2\ell^2 \\ & 12 & -3\ell \\ (sym.) & & \ell^2 \end{pmatrix} \begin{pmatrix} u_2 \\ u_3 \\ u_4 \end{pmatrix} = \begin{pmatrix} 0 \\ 0 \\ 0 \end{pmatrix} \quad (3.20)$$

同様に，局所変位 u_3, u_4, u_6 に対する方程式は，$u_5(t) = 0$ であることに注意して

$$\frac{A\rho\ell}{840} \begin{pmatrix} 156 & 11\ell & -13/2\ell^2 \\ & \ell^2 & -3/4\ell^2 \\ (sym.) & & \ell^2 \end{pmatrix} \begin{pmatrix} \ddot{u}_3 \\ \ddot{u}_4 \\ \ddot{u}_6 \end{pmatrix}$$

$$+ \frac{8EI}{\ell^3} \begin{pmatrix} 12 & 3\ell & 3\ell \\ & \ell^2 & 1/2\ell^2 \\ (sym.) & & \ell^2 \end{pmatrix} \begin{pmatrix} u_3 \\ u_4 \\ u_6 \end{pmatrix} = \begin{pmatrix} 0 \\ 0 \\ 0 \end{pmatrix} \quad (3.21)$$

と求めることができます。系全体の方程式は (3.20) と (3.21) を合成し，

$$\frac{A\rho\ell}{840} \begin{pmatrix} \ell^2 & 13/2\ell & -3/4\ell^2 & 0 \\ 13/2\ell & 156+156 & -11\ell+11\ell & -3/2\ell^2 \\ -3/4\ell^2 & -11\ell+11\ell & \ell^2+\ell^2 & -3/4\ell^2 \\ 0 & -3/2\ell^2 & -3/4\ell^2 & \ell^2 \end{pmatrix} \begin{pmatrix} \ddot{u}_2 \\ \ddot{u}_3 \\ \ddot{u}_4 \\ \ddot{u}_6 \end{pmatrix}$$

3.1 はりの横振動

$$+ \frac{8EI}{\ell^3} \begin{pmatrix} \ell^2 & -3\ell & 1/2\ell^2 & 0 \\ -3\ell & 12+12 & -3\ell+3\ell & 3\ell \\ 1/2\ell^2 & -3\ell+3\ell & \ell^2+\ell^2 & 1/2\ell^2 \\ 0 & 3\ell & 1/2\ell^2 & \ell^2 \end{pmatrix} \begin{pmatrix} u_2 \\ u_3 \\ u_4 \\ u_6 \end{pmatrix} = \begin{pmatrix} 0 \\ 0 \\ 0 \\ 0 \end{pmatrix}$$

となり,最終的につぎを得ます.

$$\frac{A\rho\ell}{840} \begin{pmatrix} \ell^2 & 13/2\ell & -3/4\ell^2 & 0 \\ & 312 & 0 & -3/2\ell^2 \\ & & 2\ell^2 & -3/4\ell^2 \\ (sym.) & & & \ell^2 \end{pmatrix} \begin{pmatrix} \ddot{u}_2 \\ \ddot{u}_3 \\ \ddot{u}_4 \\ \ddot{u}_6 \end{pmatrix}$$

$$+ \frac{8EI}{\ell^3} \begin{pmatrix} \ell^2 & -3\ell & 1/2\ell^2 & 0 \\ & 24 & 0 & 3\ell \\ & & 2\ell^2 & 1/2\ell^2 \\ (sym.) & & & \ell^2 \end{pmatrix} \begin{pmatrix} u_2 \\ u_3 \\ u_4 \\ u_6 \end{pmatrix} = \begin{pmatrix} 0 \\ 0 \\ 0 \\ 0 \end{pmatrix} \quad (3.22)$$

例 3.1 と同じパラメータを使用して,(3.22) より固有振動数は 130.836 [rad/s], 558.958 [rad/s], 1210.5 [rad/s], 2683.27 [rad/s] と求めることができます[11]。表 3.1 に近似解と解析解の固有振動数の比較を示します。要素数 2 としたほうが要素数 1 より解析解の値をよく近似していることがわかります.

表 3.1 近似解と解析解の固有振動数の比較:単位は [rad/s]。(注:解析解を 3.2 節に示します.)

	要素数 1 の固有振動数	要素数 2 の固有振動数	解析解の固有振動数
第 1 モード	139.111	130.836	125.335
第 2 モード	637.488	558.958	501.339
第 3 モード	—	1210.5	1128.01
第 4 モード	—	2683.27	2005.36

●**問題 3.1** (3.22) の固有振動数を例 3.1 と同じパラメータを使用して計算しなさい。

●**問題 3.2** 図 3.2 において,**片持ちはり** (cantilevers) としたときのたわみのモーダル解析を要素数 1 と 2 で実施しなさい。(ヒント:片持ちはりは片方の端点が固定されています。例えば,節点 1 が固定されている場合には,境界条件として $u_1(t) = 0$ と $u_2(t) = 0$ が要請されます。)

---

[11] (3.22) は $M\ddot{u} + Ku = 0$ の形をしており,M は正則ですから $M^{-1}K$ の固有値問題になり容易に解くことができますが,手計算では困難でコンピュータによる数値計算を駆使する必要があります。これは読者の問題 3.1 にします。

では，この節の最後に要素数 2 の場合のたわみの近似式を求めておきましょう．要素数 1 の支配方程式は (3.1) でしたが，要素数 2 とすると

$$\frac{\partial^2}{\partial x^2}\left[EI\frac{\partial^2 u_i(t,x)}{\partial x^2}\right]=0, \quad \frac{\ell}{2}(i-1) \leq x \leq \frac{\ell}{2}i, \ i=1,2 \quad (3.23)$$

となります．これより，求めるべき u_i は

$$u_i(t,x) = c_{i1}(t)x^3 + c_{i2}(t)x^2 + c_{i3}(t)x + c_{i4} \quad (3.24)$$

となり，与えられた境界条件より $i=1$ のときには，

$$\begin{cases} u_1(t) = u_1(t,0) = c_{14}, \quad u_2(t) = \left.\dfrac{\partial u_1(t,x)}{\partial x}\right|_{x=0} = c_{13} \\ u_3(t) = u_1\left(t,\dfrac{\ell}{2}\right) = c_{11}\left(\dfrac{\ell}{2}\right)^3 + c_{12}\left(\dfrac{\ell}{2}\right)^2 + c_{13}\left(\dfrac{\ell}{2}\right) + c_{14} \\ u_4(t) = \left.\dfrac{\partial u_1(t,x)}{\partial x}\right|_{x=\ell/2} = 3c_{11}\left(\dfrac{\ell}{2}\right)^2 + c_{12}\ell + c_{13} \end{cases} \quad (3.25)$$

を満たす必要があり，同様に，$i=2$ のときには，

$$\begin{cases} u_3(t) = u_2(t,0) = c_{24}, \quad u_4(t) = \left.\dfrac{\partial u_2(t,x)}{\partial x}\right|_{x=0} = c_{23} \\ u_5(t) = u_2\left(t,\dfrac{\ell}{2}\right) = c_{21}\left(\dfrac{\ell}{2}\right)^3 + c_{22}\left(\dfrac{\ell}{2}\right)^2 + c_{23}\left(\dfrac{\ell}{2}\right) + c_{24} \\ u_6(t) = \left.\dfrac{\partial u_2(t,x)}{\partial x}\right|_{x=\ell/2} = 3c_{21}\left(\dfrac{\ell}{2}\right)^2 + c_{22}\ell + c_{23} \end{cases} \quad (3.26)$$

を満たす必要があります．(3.25) と (3.26) より c_{ij} を解き，(3.24) に代入し，u_j で整理するとつぎの要素数 2 のたわみの近似式を得ることができます．

$$u_1(t,x) = \left[1 - \frac{12}{\ell^2}x^2 + \frac{16}{\ell^3}x^3\right]u_1(t) + \left[x - \frac{4}{\ell}x^2 + \frac{4}{\ell^2}x^3\right]u_2(t)$$
$$+ \left[\frac{12}{\ell^2}x^2 - \frac{16}{\ell^3}x^3\right]u_3(t) + \left[-\frac{2}{\ell}x^2 + \frac{4}{\ell^2}x^3\right]u_4(t) \quad (3.27)$$

$$u_2(t,x) = \left[1 - \frac{12}{\ell^2}x^2 + \frac{16}{\ell^3}x^3\right]u_3(t) + \left[x - \frac{4}{\ell}x^2 + \frac{4}{\ell^2}x^3\right]u_4(t)$$
$$+ \left[\frac{12}{\ell^2}x^2 - \frac{16}{\ell^3}x^3\right]u_5(t) + \left[-\frac{2}{\ell}x^2 + \frac{4}{\ell^2}x^3\right]u_6(t) \quad (3.28)$$

(3.27), (3.28) とも x の範囲は $0 \leq x \leq \dfrac{\ell}{2}$ であることに注意しましょう．(3.27) がはりの左半分，(3.28) が右半分のたわみを表す近似式となります．

3.2 はりのたわみの解析解

ここでは，はりのたわみの解析解について簡単にまとめておきましょう．図 3.2 において，たわみ $u(t,x)$ の支配方程式およびその境界条件と初期条件を書くとつぎのようになります．

$$\frac{\partial^2 u(t,x)}{\partial t^2} + c^2 \frac{\partial^4 u(t,x)}{\partial x^4} = 0, \quad t > 0,\ 0 < x < \ell \tag{3.29}$$

$$c = \sqrt{\frac{EI}{\rho A}}$$

$$\mathrm{BC}: u(t,0) = 0,\ \frac{\partial^2 u(t,0)}{\partial x^2} = 0\ ;\quad u(t,\ell) = 0,\ \frac{\partial^2 u(t,\ell)}{\partial x^2} = 0 \tag{3.30}$$

$$\mathrm{IC}: u(0,x) = f(x),\ \frac{\partial u(0,x)}{\partial t} = g(x) \tag{3.31}$$

ここで，A, E, I, ρ はそれぞれ，はり部材の断面積，ヤング率，断面 2 次モーメント，密度を表します．(3.30) の境界条件は，$x = 0$ と $x = \ell$ の位置は滑節[12]である条件です．この方程式の解析解の導出方法は第 2 章の棒の場合とほぼ同じです．まず，未知関数を

$$u(t,x) = T(t)X(x) \tag{3.32}$$

と書き，(3.32) を (3.29) に代入すると

$$-\frac{1}{T}\frac{\mathrm{d}^2 T}{\mathrm{d}t^2} = c^2 \frac{1}{X}\frac{\mathrm{d}^4 X}{\mathrm{d}x^4} = \omega^2 \tag{3.33}$$

となります．ここで，第 1 式は t だけの関数，第 2 式は x だけの関数ですから，これらは定数となり，右辺のように ω^2 (= 正定数 $\neq 0$) とおくことができます[13]．(3.33) の第 1 式は

$$\frac{\mathrm{d}^2 T}{\mathrm{d}t^2} + \omega^2 T = 0, \quad t > 0 \tag{3.34}$$

となり，これは調和振動子の方程式ですから，その解はただちにつぎのように書くことができます．

---

[12] 第 4 章を参照してください．
[13] もちろん単純な数学の問題としては，$-\omega^2$ あるいは，$\omega = 0$ としてもいいわけですが，このような場合は例えば，時間とともに関数 T が発散してしまい，そのような解には興味がないということです．

$$T(t) = A\cos\omega t + B\sin\omega t \qquad (3.35)$$

この段階では A, B は定数で，まだ決めることはできません．つぎに，(3.33) の第 2 式は

$$\frac{\mathrm{d}^4 X}{\mathrm{d}x^4} - \left(\frac{\omega}{c}\right)^2 X = 0, \quad 0 < x < \ell \qquad (3.36)$$

となり，この一般解は

$$X(x) = a_1 \cosh\alpha x + a_2 \sinh\alpha x + a_3 \cos\alpha x + a_4 \sin\alpha x \qquad (3.37)$$

となります[14]．ただし，$\alpha = \sqrt{\dfrac{\omega}{c}}$ であり，a_i は定数です．ここで，境界条件 (3.30) を (3.37) に適用すると，つぎの a_i に関する方程式を得ます．

$$\begin{pmatrix} 1 & 0 & 1 & 0 \\ \cosh\alpha\ell & \sinh\alpha\ell & \cos\alpha\ell & \sin\alpha\ell \\ \alpha^2 & 0 & -\alpha^2 & 0 \\ \alpha^2\cosh\alpha\ell & \alpha^2\sinh\alpha\ell & -\alpha^2\cos\alpha\ell & -\alpha^2\sin\alpha\ell \end{pmatrix} \begin{pmatrix} a_1 \\ a_2 \\ a_3 \\ a_4 \end{pmatrix} = \begin{pmatrix} 0 \\ 0 \\ 0 \\ 0 \end{pmatrix} \qquad (3.38)$$

(3.38) において有意な a_i を得るためには，左辺の 4×4 の行列の行列式が 0 でなければなりません．これを計算すると

$$4\alpha^4 \sin\alpha\ell \sinh\alpha\ell = 0 \qquad (3.39)$$

となり，これより $\alpha\ell = n\pi\ (n = 1, 2, 3, \ldots)$ を得ます．α は n に依存するので，

$$\alpha_n = \frac{n\pi}{\ell}, \quad n = 1, 2, 3, \ldots \qquad (3.40)$$

と書くことにします．これより振動数 ω はやはり n に依存し

$$\omega_n = \left(\frac{n\pi}{\ell}\right)^2 \sqrt{\frac{EI}{\rho A}} \qquad (3.41)$$

となります．さて，(3.38) の第 1 行と第 3 行より $a_1 = a_3 = 0$ を得て，また，第 2 行と第 4 行および $\alpha\ell = n\pi$ から $a_2 = 0$ も得ます．結局，a_4 だけが任意の

---

[14] $X(x) = ce^{\lambda x}$ とおいて，(3.36) に代入すれば $\lambda = \pm\alpha, \pm i\alpha$ を得て，一般解は $c_1 e^{\alpha x} + c_2 e^{-\alpha x} + c_3 e^{i\alpha x} + c_4 e^{-i\alpha x}$ と書くことができます．c_i は定数で，新たに定数 a_i を導入し，$c_1 = \dfrac{1}{2}(a_1 + a_2), c_2 = \dfrac{1}{2}(a_1 - a_2), c_3 = \dfrac{1}{2}(a_3 - ia_4), c_4 = \dfrac{1}{2}(a_3 + ia_4)$ とすると，(3.37) を得ます．

3.2 はりのたわみの解析解

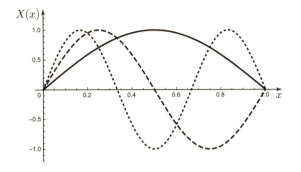

図 3.8　図 3.2 におけるモードの形状関数：第 1 モード (実線), 第 2 モード (破線), 第 3 モード (点線) を示しています。

値をとることができます．したがって，$X(x)$ は

$$X(x) = (a_4)_n \sin \alpha_n x \tag{3.42}$$

となります．(3.35) と (3.42) より

$$u(t,x) = (A \cos \omega_n t + B \sin \omega_n t)(a_4)_n \sin \alpha_n x$$

となりますが，係数をまとめてつぎのように書くことができます．

$$u(t,x) = (A_n \cos \omega_n t + B_n \sin \omega_n t) \sin \alpha_n x, \quad n = 1, 2, 3, \ldots$$

結局，重ね合わせの原理により，最終的な解はつぎのようになります．

$$u(t,x) = \sum_{n=1}^{\infty} (A_n \cos \omega_n t + B_n \sin \omega_n t) \sin \alpha_n x, \quad n = 1, 2, 3, \ldots \tag{3.43}$$

A_n, B_n は初期条件 (3.31) より決定します．A_n, B_n が (3.31) により一意に決定できるには，f, g にはある程度の条件が必要になります[15]．(3.42) の $\sin \alpha_n x = \sin \dfrac{n\pi}{\ell} x$ がモードを決定する形状関数となります．図 3.8 に第 1 モードから第 3 モードの形状を示しておきます．

ちなみに，例 3.1 の $u_1(0) = 0, u_2(0) = \dfrac{1}{1000}, u_3(0) = 0, u_4(0) = -\dfrac{1}{1000}$ としたときの解析解は，つぎのようになります．やや天下り的ですが，$f(x) = \dfrac{\sin \pi x}{10^3 \pi}, g(x) = 0$ とすると (3.31) と (3.43) より

---

15) 詳細は [15] を参照してください．

$$u(0,x) = \sum_{n=1}^{\infty} A_n \sin\alpha_n x = \frac{\sin \pi x}{10^3 \pi}$$

$$\frac{\partial u(0,x)}{\partial t} = \sum_{n=1}^{\infty} \omega_n B_n \sin\alpha_n x = 0$$

となり，これらより

$$A_1 = \frac{1}{10^3 \pi}, \ A_{n+1} = 0, \ B_n = 0, \ n = 1, 2, 3, \ldots$$

を得て，解析解は

$$u(t,x) = \frac{1}{10^3 \pi} \cos\omega_1 t \sin\alpha_1 x \tag{3.44}$$

となります。ここに，ω_1 と α_1 は (3.41) と (3.40) で与えられます。図 3.9 に (3.44) のシミュレーションを示します。有限要素解 (図 3.3) は解析解をよく近似していることがわかります。ただし，第 1 モードの固有角振動数は解析解が 125.335 [rad/s] であるのに対して，有限要素解は 139.111 [rad/s] であることは前にも述べました。

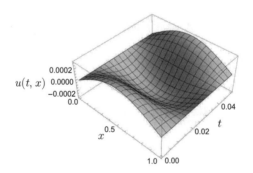

図 3.9　例 3.1 において $u_1(0) = 0$, $u_2(0) = \dfrac{1}{1000}$, $u_3(0) = 0$, $u_4(0) = -\dfrac{1}{1000}$ としたときの解析解をシミュレーションしたもの。図 3.3 と比較するとよく近似していることがわかります。

4. トラス構造とラーメン構造の振動解析

　この章では，**トラス構造** (truss) と**ラーメン構造** (rahmen) の振動解析について解説していきます。トラスとは，三角形を基本にして組んだ構造をもっており，部材間の接合は理想的にはピン接合[1]としています。図 4.1 は，東京ゲートブリッジ[2]で，トラス構造を用いたトラス橋の代表例です。美的景観も配慮されており，トラス構造がよくわかります。

　これに対して，ラーメン構造は部材間の結合は剛接合[3]で，部材どうしを溶接などにより固定し互いに回転できないようにした構造をもちます。建築分野では，柱とはりの接合部を剛接合し，一体型となった門型の軸組みを指します。主に鉄筋コンクリート造り，鉄骨造りに使われる構造です。図 4.2 に建築用ラーメン構造の代表例を示します。

図 4.1　東京ゲートブリッジのトラス構造 (東京都港湾局提供)

---

　1)　ピン接合とは，自由に回転する支点をもつ接合方法であり，その節点 (**滑節**という) では力だけ伝達されて，モーメントの伝達はありません。トラス構造でも，実際には剛接合に近いものも存在します。
　2)　平成 24 年 2 月開通。橋長が 2618 m あり，連続トラス・ボックス複合構造の主橋はり部が 760 m です。
　3)　その節点を**剛節**といいます。剛節では，力とモーメントの両方が伝達されます。

図 4.2　重量鉄骨ラーメン構造のイメージ写真 (パナホーム (株) 提供)

4.1　2 つの棒部材より構成された簡単なトラス構造

図 4.3 に示すような簡単なトラス構造について，その振動解析をしましょう。長さ ℓ の 2 つの棒部材がピン接合により壁に取り付けられており，棒部材どうしもピン接合されているとします。図 4.3(b) は，図 4.3(a) の座標系を表したものです。棒材の軸方向の変位を u_i ($i=1,2,3,4$)，節点の世界座標系での接合変位を U_j ($j=1,2,3,4,X,Y$) で表します。u_i を**局所節点変位** (local nodal displacements)，U_j を**大域節点変位** (global joint displacements) といいます。u_1, u_2 と U_1, U_2 とは幾何学的関係よりつぎのように書くことができます。

$$\begin{pmatrix} u_1(t) \\ u_2(t) \end{pmatrix} = \begin{pmatrix} \cos\theta & \sin\theta & 0 & 0 \\ 0 & 0 & \cos\theta & \sin\theta \end{pmatrix} \begin{pmatrix} U_1(t) \\ U_2(t) \\ U_X(t) \\ U_Y(t) \end{pmatrix} \quad (4.1)$$

ここで，θ は U_1 軸と要素 1 の棒材のなす角です。(4.1) を

$$\bar{u}_1(t) = \varGamma_1 \bar{U}_1(t) \quad (4.2)$$

と書くことにします。ここで，

$$\bar{u}_1(t) = \begin{pmatrix} u_1(t) & u_2(t) \end{pmatrix}^T \quad (4.3)$$

$$\bar{U}_1(t) = \begin{pmatrix} U_1(t) & U_2(t) & U_X(t) & U_Y(t) \end{pmatrix}^T \quad (4.4)$$

4.1 2つの棒部材より構成された簡単なトラス構造

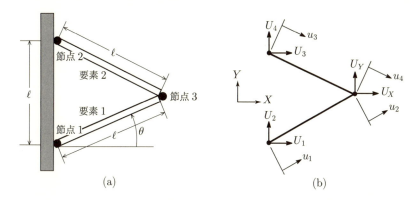

図 4.3 (a) 2つの棒部材より構成された簡単なトラス構造：棒の要素数はそれぞれ1つとし，棒部材と壁，棒部材どうしはピン接合であり，節点は滑節（●で図示）とします。(b) (a) の座標系：節点変位 u_i は局所座標系，各節点の結合変位 U_j は世界座標系 $(X-Y)$ で表します。

$$\varGamma_1 = \begin{pmatrix} \cos\theta & \sin\theta & 0 & 0 \\ 0 & 0 & \cos\theta & \sin\theta \end{pmatrix} \quad (4.5)$$

とおいています。

以下に，世界座標系での運動エネルギーと歪みエネルギーを求めトラス構造全体の運動方程式を導出します。

4.1.1 歪みエネルギー

まず，構造全体の歪みエネルギー $V(t)$ を棒材要素1と要素2に分けて求めていきます。棒材要素1の歪みエネルギー $V_1(t)$ は局所座標系では第2章の (2.20) より

$$V_1(t) = \frac{1}{2}\bar{u}_1^T K_e \bar{u}_1 \quad (4.6)$$

で表すことができます。ここで，K_e は剛性行列で棒のヤング率を E，断面積を A とすると

$$K_e = \frac{EA}{\ell}\begin{pmatrix} 1 & -1 \\ -1 & 1 \end{pmatrix} \quad (4.7)$$

であることは，すでに第2章の (2.19) で解説しました。世界座標系に変換する

ため (4.6) に (4.2) を代入すると，つぎのようになります．

$$V_1(t) = \frac{1}{2}\bar{U}_1^T \varGamma_1^T K_{\rm e} \varGamma_1 \bar{U}_1$$

ここで，$K_1 = \varGamma_1^T K_{\rm e} \varGamma_1$ とおくと

$$= \frac{1}{2}\bar{U}_1^T K_1 \bar{U}_1 \tag{4.8}$$

ここで，K_1 は簡単な計算により

$$K_1 = \frac{EA}{\ell}\begin{pmatrix} \cos^2\theta & \sin\theta\cos\theta & -\cos^2\theta & -\sin\theta\cos\theta \\ & \sin^2\theta & -\sin\theta\cos\theta & -\sin^2\theta \\ & & \cos^2\theta & \sin\theta\cos\theta \\ (sym.) & & & \sin^2\theta \end{pmatrix} \tag{4.9}$$

となります．

同様に，棒材要素 2 の歪みエネルギー $V_2(t)$ は

$$V_2(t) = \frac{1}{2}\bar{U}_2^T K_2 \bar{U}_2 \tag{4.10}$$

と求まります．ここに，

$$\bar{u}_2(t) = \begin{pmatrix} u_3(t) & u_4(t) \end{pmatrix}^T \tag{4.11}$$

$$\bar{U}_2(t) = \begin{pmatrix} U_3(t) & U_4(t) & U_X(t) & U_Y(t) \end{pmatrix}^T \tag{4.12}$$

$$\varGamma_2 = \begin{pmatrix} \cos\theta & -\sin\theta & 0 & 0 \\ 0 & 0 & \cos\theta & -\sin\theta \end{pmatrix} \tag{4.13}$$

$$K_2 = \frac{EA}{\ell}\begin{pmatrix} \cos^2\theta & -\sin\theta\cos\theta & -\cos^2\theta & \sin\theta\cos\theta \\ & \sin^2\theta & \sin\theta\cos\theta & -\sin^2\theta \\ & & \cos^2\theta & -\sin\theta\cos\theta \\ (sym.) & & & \sin^2\theta \end{pmatrix} \tag{4.14}$$

したがって，図 4.3 における世界座標系での全歪みエネルギー $V(t)$ は

$$\begin{aligned} V(t) &= V_1(t) + V_2(t) \\ &= \frac{1}{2}\bar{U}_1^T K_1 \bar{U}_1 + \frac{1}{2}\bar{U}_2^T K_2 \bar{U}_2 \\ &= \frac{1}{2}U^T K U \end{aligned} \tag{4.15}$$

4.1 2つの棒部材より構成された簡単なトラス構造

と求まります。ここで,

$$U(t) = \begin{pmatrix} U_1(t) & U_2(t) & U_3(t) & U_4(t) & U_X(t) & U_Y(t) \end{pmatrix}^T \tag{4.16}$$

$$K = \frac{EA}{\ell} \begin{pmatrix} \cos^2\theta & \sin\theta\cos\theta & 0 & 0 & -\cos^2\theta & -\sin\theta\cos\theta \\ & \sin^2\theta & 0 & 0 & -\sin\theta\cos\theta & -\sin^2\theta \\ & & \cos^2\theta & -\sin\theta\cos\theta & -\cos^2\theta & \sin\theta\cos\theta \\ & & & \sin^2\theta & \sin\theta\cos\theta & -\sin^2\theta \\ & & & & 2\cos^2\theta & 0 \\ (sym.) & & & & & 2\sin^2\theta \end{pmatrix} \tag{4.17}$$

です。

4.1.2 運動エネルギー

運動エネルギー $T(t)$ も棒材要素 1 の $T_1(t)$ と要素 2 の $T_2(t)$ に分けて求めます。第 2 章の (2.12) で解説した質量行列 M_e を使い,局所座標系では,

$$T(t) = T_1(t) + T_2(t)$$
$$= \frac{1}{2}\dot{\bar{u}}_1^T M_e \dot{\bar{u}}_1 + \frac{1}{2}\dot{\bar{u}}_2^T M_e \dot{\bar{u}}_2 \tag{4.18}$$

と表すことができます。ここに,$\bar{u}_1, \bar{u}_2$ は (4.3) と (4.11) であり,また,質量行列は

$$M_e = \frac{A\rho\ell}{6}\begin{pmatrix} 2 & 1 \\ 1 & 2 \end{pmatrix}$$

です。(4.18) に歪みエネルギーを用いた手法と同様にして世界座標系での運動エネルギーを下記のように得ることができます。

$$T(t) = \frac{1}{2}\dot{U}^T M \dot{U} \tag{4.19}$$

ここに,U は (4.16) であり,また,

$$M = \frac{A\rho\ell}{6}\begin{pmatrix} 2\cos^2\theta & 2\sin\theta\cos\theta & 0 & 0 & \cos^2\theta & \sin\theta\cos\theta \\ & 2\sin^2\theta & 0 & 0 & \sin\theta\cos\theta & \sin^2\theta \\ & & 2\cos^2\theta & -2\sin\theta\cos\theta & \cos^2\theta & -\sin\theta\cos\theta \\ & & & 2\sin^2\theta & -\sin\theta\cos\theta & \sin^2\theta \\ & & & & 4\cos^2\theta & 0 \\ (sym.) & & & & & 4\sin^2\theta \end{pmatrix} \tag{4.20}$$

となります。この M を**整合質量行列** (consistent mass matrix)[4] といいます。

●**問題 4.1**　(4.19) を求める過程で T_1, T_2 はそれぞれ下記のように書くことができます。

$$T_1(t) = \frac{1}{2}\dot{U}_1^T \Gamma_1^T M_\mathrm{e} \Gamma_1 \dot{U}_1, \quad T_2(t) = \frac{1}{2}\dot{U}_2^T \Gamma_2^T M_\mathrm{e} \Gamma_2 \dot{U}_2$$

ただし，U, Γ などの記号は歪みエネルギーのところで定義したものと同じです。ここで，$M_1 = \Gamma_1^T M_\mathrm{e} \Gamma_1$, $M_2 = \Gamma_2^T M_\mathrm{e} \Gamma_2$ をそれぞれ求め，(4.20) を誘導しなさい。

4.1.3　トラスの運動方程式

(4.15) と (4.19) によりラグランジアン $L = T - V$ を求め，オイラー–ラグランジェ方程式に代入するとトラスの運動方程式

$$M\ddot{U} + KU = 0 \tag{4.21}$$

を得ます。ここに，M, K, U はそれぞれ (4.20), (4.17), (4.16) です。

さて，図 4.3 において，節点 1 と節点 2 では壁にピン接合されているので，境界条件 $U_i = 0$ ($i = 1, 2, 3, 4$) が要請されます。この境界条件を (4.21) に代入し，$\theta = \dfrac{\pi}{6}$ を使うと U_X, U_Y に関する運動方程式

$$\frac{A\rho\ell}{6}\begin{pmatrix} 3 & 0 \\ 0 & 1 \end{pmatrix}\begin{pmatrix} \ddot{U}_X \\ \ddot{U}_Y \end{pmatrix} + \frac{EA}{2\ell}\begin{pmatrix} 3 & 0 \\ 0 & 1 \end{pmatrix}\begin{pmatrix} U_X \\ U_Y \end{pmatrix} = 0 \tag{4.22}$$

を得ます。

図 4.3 のトラス構造で，棒部材の各要素数を 1 とすると，結局 (4.22) に示すように，節点 3 の振動は X 方向，Y 方向とも同じになり，その固有振動数は $\omega = \dfrac{1}{\ell}\sqrt{\dfrac{3E}{\rho}}$ となります。精度を上げるためには，各部材の有限要素数を増やす必要がありますが，これは読者の演習問題にします。

●**問題 4.2**　図 4.3 のトラス構造で，棒部材の各要素数を 3 と 5 としたときの固有振動数を求めなさい。ただし，棒部材のパラメータは $E = 152.3 \times 10^9\,[\mathrm{N/m^2}]$，$\rho = 7870\,[\mathrm{kg/m^3}]$，$\ell = 1\,[\mathrm{m}]$ とします。

---

[4] これに対して，

$$M_\mathrm{e} = \frac{A\rho\ell}{2}\begin{pmatrix} 1 & 0 \\ 0 & 1 \end{pmatrix}$$

で定義した質量行列を**集中質量行列** (inconsistent mass matrix あるいは lumped mass matrix) といいます。ちょうど各節点で全質量を半分にしたものです。整合質量行列の代わりに集中質量行列を使えば計算は簡単化されますが，精度などの点で問題が発生します。

4.2 ラーメン構造

ラーメン構造の解析をするにあたり，はじめに，図 4.4 に示すはり要素の剛性行列と質量行列を求めましょう．

4.2.1 座標変換

まず，世界座標系から局所座標系への変換行列を求めます．局所座標系を u_x, u_y，世界座標系を U_X, U_Y で表すと，局所座標系は世界座標系に対して角度を θ だけ回転しているので，

$$\begin{pmatrix} u_x \\ u_y \end{pmatrix} = \begin{pmatrix} c & s \\ -s & c \end{pmatrix} \begin{pmatrix} U_X \\ U_Y \end{pmatrix} \tag{4.23}$$

という関係式が成り立ちます．ここに，$c = \cos\theta, s = \sin\theta$ と略記しています．さて，節点 i $(i = 1, 2)$ における軸方向の変位，たわみ，たわみ角をそれぞれ $u_{ix}, u_{iy}, u_{i\phi}$ とします．(4.23) の関係式を利用し，軸方法の変位 u_{1x}, u_{2x} は

$$\begin{pmatrix} u_{1x} \\ u_{2x} \end{pmatrix} = \begin{pmatrix} c & s & 0 & 0 \\ 0 & 0 & c & s \end{pmatrix} \begin{pmatrix} U_{1X} \\ U_{1Y} \\ U_{2X} \\ U_{2Y} \end{pmatrix} \tag{4.24}$$

と表すことができ，また，たわみとたわみ角は

$$\begin{pmatrix} u_{1y} \\ u_{1\phi} \\ u_{2y} \\ u_{2\phi} \end{pmatrix} = \begin{pmatrix} -s & c & 0 & 0 & 0 & 0 \\ 0 & 0 & 1 & 0 & 0 & 0 \\ 0 & 0 & 0 & -s & c & 0 \\ 0 & 0 & 0 & 0 & 0 & 1 \end{pmatrix} \begin{pmatrix} U_{1X} \\ U_{1Y} \\ U_{1\phi} \\ U_{2X} \\ U_{2Y} \\ U_{2\phi} \end{pmatrix} \tag{4.25}$$

のように表すことができます．結局，局所座標系と世界座標系は (4.24) と (4.25) により

$$u = TU \tag{4.26}$$

なる関係になります．ここで，u, U, T はつぎのようになります．

$$u = \begin{pmatrix} u_{1x} & u_{1y} & u_{1\phi} & u_{2x} & u_{2y} & u_{2\phi} \end{pmatrix}^T \tag{4.27}$$

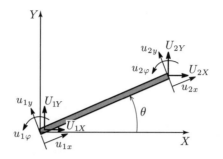

図 4.4 ラーメン構造の解析：局所座標系と世界座標系

$$U = \begin{pmatrix} U_{1X} & U_{1Y} & U_{1\phi} & U_{2X} & U_{2Y} & U_{2\phi} \end{pmatrix}^T \tag{4.28}$$

$$T = \begin{pmatrix} c & s & 0 & 0 & 0 & 0 \\ -s & c & 0 & 0 & 0 & 0 \\ 0 & 0 & 1 & 0 & 0 & 0 \\ 0 & 0 & 0 & c & s & 0 \\ 0 & 0 & 0 & -s & c & 0 \\ 0 & 0 & 0 & 0 & 0 & 1 \end{pmatrix} \tag{4.29}$$

行列 T は，世界座標系から局所座標系へ変換する座標変換行列です．たわみ角は，局所座標系でも世界座標系でも変化しないことに注意しましょう．

4.2.2 剛性行列

さて，棒とはりの要素数 1 の剛性行列は (2.19) と (3.11) で求まっており，変位と力の関係で書けば

$$\begin{pmatrix} f_{1x} \\ f_{2x} \end{pmatrix} = \frac{EA}{\ell} \begin{pmatrix} 1 & -1 \\ -1 & 1 \end{pmatrix} \begin{pmatrix} u_{1x} \\ u_{2x} \end{pmatrix} \tag{4.30}$$

$$\begin{pmatrix} f_{1y} \\ f_{1\phi} \\ f_{2y} \\ f_{2\phi} \end{pmatrix} = \frac{EI}{\ell^3} \begin{pmatrix} 12 & 6\ell & -12 & 6\ell \\ & 4\ell^2 & -6\ell & 2\ell^2 \\ & & 12 & -6\ell \\ (sym.) & & & 4\ell^2 \end{pmatrix} \begin{pmatrix} u_{1y} \\ u_{1\phi} \\ u_{2y} \\ u_{2\phi} \end{pmatrix} \tag{4.31}$$

のように書くことができます．(4.30) と (4.31) を合成すれば

$$f = K_\ell u \tag{4.32}$$

4.2 ラーメン構造

となります。ここに，f, K_ℓ は以下のように表せます。

$$f = \begin{pmatrix} f_{1x} & f_{1y} & f_{1\phi} & f_{2x} & f_{2y} & f_{2\phi} \end{pmatrix}^T \tag{4.33}$$

$$K_\ell = \begin{pmatrix} B_1 & 0 & 0 & -B_1 & 0 & 0 \\ & 12B_2 & 6B_2\ell & 0 & -12B_2 & 6B_2\ell \\ & & 4B_2\ell^2 & 0 & -6B_2\ell & 2B_2\ell^2 \\ & & & B_1 & 0 & 0 \\ & & & & 12B_2 & -6B_2\ell \\ (sym.) & & & & & 4B_2\ell^2 \end{pmatrix} \tag{4.34}$$

この (4.34) の K_ℓ は，図 4.4 に示すはり要素の局所剛性行列になります。ただし，$B_1 = \dfrac{EA}{\ell}$, $B_2 = \dfrac{EI}{\ell^3}$ とおいています。この局所剛性行列 K_ℓ を世界座標系に変換します。(4.32) に (4.26) を代入し

$$f = K_\ell u = K_\ell T U \tag{4.35}$$

を得ます。力の関係も変位の関係と同様に，世界座標系でのそれを F とすれば

$$f = TF \tag{4.36}$$

となり，これを (4.35) に代入して

$$TF = K_\ell T U$$

となります。変換行列 T は直交行列[5]ですから，これより

$$F = T^T K_\ell T U \tag{4.37}$$

を得ます。結局，世界座標系での剛性行列 K_w は簡単な計算により

$$K_\mathrm{w} = T^T K_\ell T$$

$$= \frac{E}{\ell} \begin{pmatrix} Ac^2 + \frac{12I}{\ell^2}s^2 & (A - \frac{12I}{\ell^2})cs & -\frac{6I}{\ell}s & -(Ac^2 + \frac{12I}{\ell^2}s^2) & -(A - \frac{12I}{\ell^2})cs & -\frac{6I}{\ell}s \\ & As^2 + \frac{12I}{\ell^2}c^2 & \frac{6I}{\ell}c & -(A - \frac{12I}{\ell^2})cs & -(As^2 + \frac{12I}{\ell^2}c^2) & \frac{6I}{\ell}c \\ & & 4I & \frac{6I}{\ell}s & -\frac{6I}{\ell}c & 2I \\ & & & Ac^2 + \frac{12I}{\ell^2}s^2 & (A - \frac{12I}{\ell^2})cs & \frac{6I}{\ell}s \\ & & & & As^2 + \frac{12I}{\ell^2}c^2 & -\frac{6I}{\ell}c \\ (sym.) & & & & & 4I \end{pmatrix} \tag{4.38}$$

---

[5] 直交行列については，附録 A.2 節を参照してください。

と得ることができます。

4.2.3 質量行列

つぎに，質量行列を求めます。要素数1のそれは (2.12) と (3.8) で求めてあり，力と加速度の関係で書けば，

$$\begin{pmatrix} f_{1x} \\ f_{2x} \end{pmatrix} = \frac{A\rho\ell}{6} \begin{pmatrix} 2 & 1 \\ 1 & 2 \end{pmatrix} \begin{pmatrix} \ddot{u}_{1x} \\ \ddot{u}_{2x} \end{pmatrix} \tag{4.39}$$

$$\begin{pmatrix} f_{1y} \\ f_{1\phi} \\ f_{2y} \\ f_{2\phi} \end{pmatrix} = \frac{A\rho\ell}{420} \begin{pmatrix} 156 & 22\ell & 54 & -13\ell \\ & 4\ell^2 & 13\ell & -3\ell^2 \\ & & 156 & -22\ell \\ (sym.) & & & 4\ell^2 \end{pmatrix} \begin{pmatrix} \ddot{u}_{1y} \\ \ddot{u}_{1\phi} \\ \ddot{u}_{2y} \\ \ddot{u}_{2\phi} \end{pmatrix} \tag{4.40}$$

になります。これらを合成すると

$$f = M_\ell \ddot{u} \tag{4.41}$$

となり，ここで，M_ℓ はつぎのように書けます。

$$M_\ell = \frac{A\rho\ell}{420} \begin{pmatrix} 140 & 0 & 0 & 70 & 0 & 0 \\ & 156 & 22\ell & 0 & 54\ell & -13\ell \\ & & 4\ell^2 & 0 & 13\ell & -3\ell^2 \\ & & & 140 & 0 & 0 \\ & & & & 156 & -22\ell \\ (sym.) & & & & & 4\ell^2 \end{pmatrix} \tag{4.42}$$

剛性行列を求めたときと同様にして，世界座標系での剛性行列 $M_{\rm w}$ は $M_{\rm w} = T^T M_\ell T =$

$$\frac{A\rho\ell}{420} \begin{pmatrix} 4(35c^2+39s^2) & -16cs & -22\ell s & 70c^2+54\ell s^2 & 2(35-27\ell)cs & 13\ell s \\ & 4(39c^2+35s^2) & 22\ell c & 2(35-27\ell)cs & 54\ell c^2+70s^2 & -13\ell c \\ & & 4\ell^2 & -13\ell s & 13\ell c & -3\ell^2 \\ & & & 4(35c^2+39s^2) & -16cs & 22\ell s \\ & & & & 4(39c^2+35s^2) & -22\ell c \\ (sym.) & & & & & 4\ell^2 \end{pmatrix}$$

$$\tag{4.43}$$

と得ることができます。

4.2.4 簡単なラーメン構造

4.2.2 項と 4.2.3 項において，世界座標系での剛性行列 K_w (4.38) と質量行列 M_w (4.43) を得ることができたので，この節では，簡単なラーメン構造についてその振動解析を行います。対象とするラーメン構造は，4.1 節の図 4.3 と同じ部材位置にしたものとします。違いは部材間の結合部が剛節になることです。図 4.5 に示すような要素番号と節点番号にします。したがって，節点 1 と節点 3 は滑節，節点 2 が剛節になります。

さて，要素 1 に関する世界座標系での変位と力の関係を書くとつぎのようになります。

$$\begin{pmatrix} F_{1X} \\ F_{1Y} \\ F_{1\phi} \\ F_{2X} \\ F_{2Y} \\ F_{2\phi} \end{pmatrix} = \frac{E}{\ell} \begin{pmatrix} (3 \times 3) & (3 \times 3) \\ & Ac_1^2 + \frac{12I}{\ell^2}s_1^2 & (A - \frac{12I}{\ell^2})c_1 s_1 & \frac{6I}{\ell}s_1 \\ (3 \times 3) & & As_1^2 + \frac{12I}{\ell^2}c_1^2 & -\frac{6I}{\ell}c_1 \\ & (sym.) & & 4I \end{pmatrix} \begin{pmatrix} U_{1X} \\ U_{1Y} \\ U_{1\phi} \\ U_{2X} \\ U_{2Y} \\ U_{2\phi} \end{pmatrix}$$

(4.44)

ここで，$c_1 = \cos\frac{5}{6}\pi, s_1 = \sin\frac{5}{6}\pi$ です。節点 1 においては壁にピン接合されており，境界条件

$$U_{1X} = U_{1Y} = U_{1\phi} = 0$$

が要請され，また，求めたいのは節点 2 における変位と力の関係なので，(4.44) では必要な箇所のみ表記してあります。

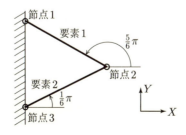

図 4.5 簡単なラーメン構造：図 4.3 と同じ部材 (長さは ℓ) 位置にした構造。節点 2 は剛節とします。

同様に，要素 2 に関する世界座標系での変位と力の関係はつぎのようになります。

$$\begin{pmatrix} F_{2X} \\ F_{2Y} \\ F_{2\phi} \\ F_{3X} \\ F_{3Y} \\ F_{3\phi} \end{pmatrix} = \frac{E}{\ell} \begin{pmatrix} Ac_2^2 + \frac{12I}{\ell^2}s_2^2 & (A - \frac{12I}{\ell^2})c_2 s_2 & -\frac{6I}{\ell}s_2 & & (3 \times 3) & \\ & As_2^2 + \frac{12I}{\ell^2}c_2^2 & \frac{6I}{\ell}c_2 & & & \\ (sym.) & & 4I & & & \\ \hline & (3 \times 3) & & & (3 \times 3) & \end{pmatrix} \begin{pmatrix} U_{2X} \\ U_{2Y} \\ U_{2\phi} \\ U_{3X} \\ U_{3Y} \\ U_{3\phi} \end{pmatrix}$$
(4.45)

ここで，$c_2 = \cos\frac{1}{6}\pi$, $s_2 = \sin\frac{1}{6}\pi$ です。(4.45) においても，必要な部分のみ示してあります。(4.44) と (4.45) を合成すると結局，つぎの関係式が得られます。

$$\begin{pmatrix} F_{2X} \\ F_{2Y} \\ F_{2\phi} \end{pmatrix} = \frac{E}{\ell} \begin{pmatrix} \sum_{i=1}^{2}\left\{Ac_i^2 + \frac{12I}{\ell^2}s_i^2\right\} & (A - \frac{12I}{\ell^2})\sum_{i=1}^{2}c_i s_i & \frac{6I}{\ell}(s_1 - s_2) \\ & \sum_{i=1}^{2}\left\{As_i^2 + \frac{12I}{\ell^2}c_i^2\right\} & \frac{6I}{\ell}(c_2 - c_1) \\ (sym.) & & 8I \end{pmatrix} \begin{pmatrix} U_{2X} \\ U_{2Y} \\ U_{2\phi} \end{pmatrix}$$
(4.46)

c_i, s_i の具体的な値を考慮すれば，(4.46) は

$$\begin{aligned} F &= \begin{pmatrix} F_{2X} & F_{2Y} & F_{2\phi} \end{pmatrix}^T \\ U &= \begin{pmatrix} U_{2X} & U_{2Y} & U_{2\phi} \end{pmatrix}^T \end{aligned}$$
(4.47)

として，結局，つぎのように書くことができます。

$$F = KU \tag{4.48}$$

$$K = \frac{E}{\ell} \begin{pmatrix} \sum_{i=1}^{2}\left\{Ac_i^2 + \frac{12I}{\ell^2}s_i^2\right\} & 0 & 0 \\ 0 & \sum_{i=1}^{2}\left\{As_i^2 + \frac{12I}{\ell^2}c_i^2\right\} & \frac{6I}{\ell}(c_2 - c_1) \\ 0 & \frac{6I}{\ell}(c_2 - c_1) & 8I \end{pmatrix}$$
(4.49)

この (4.49) より，X 方向の成分は，Y, ϕ 方向のそれらとは独立していることがわかります。

4.3 トラス構造とラーメン構造の構造力学

同様にして，加速度と力の関係を導くとつぎを得ることができます．
$$F = M\ddot{U} \tag{4.50}$$

$$M = \frac{A\rho\ell}{420}\begin{pmatrix} 4\sum_{i=1}^{2}\left\{35c_i^2 + 39s_i^2\right\} & 0 & 0 \\ 0 & 4\sum_{i=1}^{2}\left\{39c_i^2 + 35s_i^2\right\} & 22\ell(c_2 - c_1) \\ 0 & 22\ell(c_2 - c_1) & 8\ell^2 \end{pmatrix} \tag{4.51}$$

(4.51) を求めることは読者の演習問題にします．

●問題 4.3 (4.51) を誘導しなさい．

結局，(4.48) と (4.50) より図 4.5 の運動方程式は
$$M\ddot{U} + KU = 0$$
となります．はり部材のパラメータを第 3 章と同じにしたときの固有振動数を求めると，$\omega_{2X} = 6506.45\,[\text{rad/s}]$, $\omega_{2Y} = 5764.59\,[\text{rad/s}]$, $\omega_{2\phi} = 260.045\,[\text{rad/s}]$ となります．ちなみに，トラス構造では $\omega_{2X} = \omega_{2Y} = 7619.44\,[\text{rad/s}]$ ですから，剛構造にしたほうが低振動数になることがわかります（表 4.1）．

表 4.1 トラス構造とラーメン構造の固有振動数の比較：単位は [rad/s]．部材パラメータは第 2 章の棒と第 3 章のはりとしたとき．

	X 方向の固有振動数	Y 方向の固有振動数	回転方向の固有振動数
トラス構造	7619.44	7619.44	—
ラーメン構造	6506.45	5764.59	260.045

4.3 トラス構造とラーメン構造の構造力学

一般に，運動方程式が
$$M\ddot{u} + Ku = f \tag{4.52}$$
と書くことができるとします．ここに，u は変位を表し，$u(t): \mathbb{R}^+ \to \mathbb{R}^n$ なる未知関数を表しています．また，M, K は $n \times n$ なる質量行列と剛性行列で，f

は外力です. 外力がない場合は, すなわち, $f = 0$ のときには,

$$M\ddot{u} + Ku = 0 \tag{4.53}$$

となります. 例えば, 図 4.3 のトラス構造では M, K, u はそれぞれ (4.20), (4.17), (4.16) となり, 図 4.5 のラーメン構造では, (4.51), (4.49), (4.47) となることを求めました.

(4.53) の運動方程式で静止状態では, $u = 0$ となることは議論の余地はないでしょう. ここでは, 地震などにより外部から構造物を強制的に震動させるような場合を考えましょう. この場合, 力は $M\ddot{u}$ となり, 相当する変位は K が正則ならば

$$u = -K^{-1}M\ddot{u} \tag{4.54}$$

で求めることができます. $\ddot{u}$ の項は加速度ですが, 地震では単位を Gal (1 [Gal]= 10^{-2} [m/s^2]) で表します. 図 4.3 のトラス構造の接合部 X 方向に 4000 [Gal] [6] を印加したときには, (4.22) より容易に U_X は約 0.69 [μm] の変位が生じることが計算できます. 同様に, 図 4.5 のラーメン構造では, (4.51) と (4.49) を用いて約 0.94 [μm] の変位となります.

---

[6] 2011 年 3 月 11 日の東北地方太平洋沖地震では, 最大加速度 4022 Gal の記録があります.

5. 非圧縮性渦なし流体の解析

　流体力学は，航空機翼の設計，船舶の耐航性能，気象予測など多くの分野で重要な位置を占めており，基礎理論とその応用が密接な関係になっています．また，数学の研究対象としても粘性流体の動態を記述するナビエ–ストークス方程式[1]の解の存在となめらかさについての問題は未解決[2]であり，多くの数学者が現在も取り組んでいます．

　流体力学はラムの名著 "Hydrodaynamics" ([69])[3]が嚆矢でしょう．同書は，ポテンシャル理論[4]が中心で古典流体力学[5]の大勢を物語っており，いまでも完全流体に関する重要な教育の一端を担っています．完全流体は，粘性流体のような実在流体に比べ重要性が低いと思われがちですが，理論的な重要性があることは間違いなく現在でもその扱いをおろそかにすべきではありません．まず，非圧縮性渦なしの流体について有限要素法を使い，その特徴をみていきましょう．

---

[1] 第 8 章で扱います．
[2] 素数に関したリーマン予想 (Riemann hypothesis) とともに，ミレニアム問題の一つになっています．問題を定式化した文書が以下にあります．
　　http://www.claymath.org/sites/default/files/navierstokes.pdf
[3] 現在は，プリント版でいくつかの出版社から入手できますが，カリフォルニア大学図書館がスポンサーになって初版がデジタル化されており，https://archive.org/ から無料で入手できます．
[4] 航空機まわりの流れも機体表面付近を除いてほとんどポテンシャル流と考えてさしつかえありません．実際には，胴体や翼などの表面付近には粘性の効いた境界層が発生しますが，これは非常に薄い層です．したがって，翼に作用する圧力はポテンシャル流から得られた圧力で代用可能であり，これにより揚力も計算します．
[5] 境界層理論や乱流については，プラントル (Prandtl, L.) の出現を待たざるをえませんでした．

5.1 準　備

複素関数論の初歩的なことを把握しておくと，この章の理解につながります。まず，その準備をはじめましょう。

複素数の集合 D の各点 z ($= x+iy$, $x, y \in \mathbb{R}$, $i = \sqrt{-1}$) (複素変数) に対して，ある複素数 w が 1 つだけ対応しているとき，その対応を D 上で定義された**複素関数** (functions of complex variables) といい，$w = F(z)$ と表します。ここで，$F(z) = \Phi(x,y) + i\Psi(x,y)$ と表すと，Φ と Ψ は

$$\Phi, \Psi : \mathbb{R} \times \mathbb{R} \to \mathbb{R}$$

となる実関数です。

さて，つぎの定義の後，重要な定理を述べます。

定義 5.1 $F(z)$ が領域 D で定義されているとする。

(1) D において $|F(z)|$ が一定数 M を超えないとき，$F(z)$ は D で**有界** (bounded) であるという。

(2) $F(z)$ が $c \in D$ として，$z \to c$ のとき

$$F(z) \to F(c)$$

となるとき，$F(z)$ は c で**連続** (continuous) であるという。

(3) $F(z)$ が D の各点で連続ならば，$F(z)$ は D で**連続な関数** (continuous functions) であるという。

(4) D の 1 点 c で

$$\lim_{z \to c} \frac{F(z) - F(c)}{z - c} < \infty$$

ならば，$F(z)$ は c で**微分可能** (differentiable) であるという。この極限値を $F'(c)$ で表し，c における $F(z)$ の**微分係数** (differentiable coefficients, derivatives) という。

したがって，定義 5.1(2) より，$F(z)$ が連続であることは，すなわち，Φ, Ψ が連続であることです。また，(4) より $F(z)$ が c で微分可能ならば，明らかにこの点で連続になります。

5.2 渦なしの流れ

定理 5.1 $F(z)$ が $c \in D$ で微分可能であるための必要十分条件は，$\Phi(x,y)$ および $\Psi(x,y)$ が点 (a,b)，$c = a + ib$ で**全微分** (total differential) を有し，

$$\Phi_x(a,b) = \Psi_y(a,b), \quad \Phi_y(a,b) = -\Psi_x(a,b)$$

が成立することである。上式を**コーシー–リーマンの関係式** (Cauchy-Riemann's equations) といい，このとき，微分係数 $F'(c)$ はつぎのように表される。

$$F'(c) = \Phi_x(a,b) + i\Psi_x(a,b) = \Psi_y(a,b) - i\Phi_y(a,b)$$

ここで，添字の x は x での偏微分を表します。添字の y も同様です。定理 5.1 より，領域 D のすべての点で微分可能であるための必要十分条件は，任意の $x + iy \in D$ で

$$\Phi_x(x,y) = \Psi_y(x,y), \quad \Phi_y(x,y) = -\Psi_x(x,y) \tag{5.1}$$

が成り立つことです。領域 D のすべての点で微分可能な関数を**正則関数**[6] (holomorphic functions)，$F'(z)$ を $F(z)$ の**導関数** (derivatives) といいます。したがって，$F(z)$ が D で正則なときには，Φ および Ψ は偏微分方程式

$$\frac{\partial \Phi}{\partial x} = \frac{\partial \Psi}{\partial y}, \quad \frac{\partial \Phi}{\partial y} = -\frac{\partial \Psi}{\partial x} \tag{5.2}$$

を満たします。

5.2 渦なしの流れ

3 次元流体の定常流の速度場を

$$v = \big(u(x,y,z), v(x,y,z), w(x,y,z)\big)$$

で表すと，その**渦度** (vorticity) ベクトル $\omega = (\omega_x, \omega_y, \omega_z)$ は，

$$\omega = (\omega_x, \omega_y, \omega_z)$$
$$= \left(\frac{\partial w}{\partial y} - \frac{\partial v}{\partial z}, \frac{\partial u}{\partial z} - \frac{\partial w}{\partial x}, \frac{\partial v}{\partial x} - \frac{\partial u}{\partial y}\right) \tag{5.3}$$

で与えられます。上式は通常

$$\omega = \mathrm{rot}\, v$$

---

[6] **解析関数** (analytic functions) ともいいます。

と表し，ベクトルの外積を用いれば

$$\mathrm{rot}\, v = \nabla \times v = \det \begin{pmatrix} \boldsymbol{i} & \boldsymbol{j} & \boldsymbol{k} \\ \dfrac{\partial}{\partial x} & \dfrac{\partial}{\partial y} & \dfrac{\partial}{\partial z} \\ u & v & w \end{pmatrix}$$

と表せます。渦なしの流れでは

$$\mathrm{rot}\, v = 0 \tag{5.4}$$

が常に成り立ち，このとき，速度ベクトルはスカラー関数 $\varPhi(x,y,z)$ を用いて

$$v = \mathrm{grad}\, \varPhi \tag{5.5}$$

と表すことができます[7]。すなわち，成分で書けば，

$$u = \frac{\partial \varPhi}{\partial x}, \quad v = \frac{\partial \varPhi}{\partial y}, \quad w = \frac{\partial \varPhi}{\partial z}$$

となります。この $\varPhi$ を**速度ポテンシャル** (velocity potential) といいます。

(5.4) が成り立つことと速度ベクトルが (5.5) で表されることは必要十分の関係にあります。(5.5) ならば (5.4) であることは直接的な計算で容易にわかります。逆に，(5.4) が成り立てば，**ストークスの定理**[8] (Stokes' integral theorem) より

$$\oint_C v \cdot \mathrm{d}\ell = 0 \tag{5.6}$$

が得られ，閉曲線 C 上に原点 O と P(x,y,z) をとると

$$\widetilde{\varPhi}(x,y,z) = \int_{\mathrm{O}}^{\mathrm{P}} v \cdot \mathrm{d}\ell \tag{5.7}$$

と書くことができる関数 $\widetilde{\varPhi}$ の存在がいえます。(5.7) の両辺を微分して

$$\mathrm{d}\widetilde{\varPhi} = v \cdot \mathrm{d}\ell = u\, \mathrm{d}x + v\, \mathrm{d}y + w\, \mathrm{d}z$$

---

7) $\mathrm{rot}\,(\mathrm{grad}\,\varPhi) \equiv 0$ は恒等式です。

8) 単純閉曲線を C，それを縁とする曲面を S，S の各点での外向き単位法線ベクトルを $\boldsymbol{n}$ とすると

$$\int_S \mathrm{rot}\, v \cdot \boldsymbol{n}\, \mathrm{d}S = \oint_C v \cdot \mathrm{d}\ell$$

が成り立ちます。この面積分と線積分の関係がストークスの定理です。

を得，また，$\widetilde{\Phi}$ の全微分は

$$d\widetilde{\Phi} = \widetilde{\Phi}_x\,dx + \widetilde{\Phi}_y\,dy + \widetilde{\Phi}_z\,dz$$

であることより，これら 2 式より速度成分である u, v, w はそれぞれ

$$u = \widetilde{\Phi}_x, \quad v = \widetilde{\Phi}_y, \quad w = \widetilde{\Phi}_z$$

と書くことができ，結局，$\widetilde{\Phi} = \Phi$ となります．

5.3 非圧縮性渦なしの流体

一方，非圧縮性の流体の連続の式は

$$\text{div } v = u_x + v_y + w_z = 0 \tag{5.8}$$

です．渦なしの場合には，その速度場は (5.5)，すなわち，$v = \text{grad}\,\Phi$ と書くことができ，これを (5.8) に代入すると，つぎの**ラプラスの方程式** (Laplace equation) を得ます．

$$\Delta\Phi = 0 \tag{5.9}$$

あるいは，書き下すとつぎのようになります．

$$\Phi_{xx} + \Phi_{yy} + \Phi_{zz} = 0 \tag{5.10}$$

非圧縮性渦なしの流体では，(5.9) または (5.10) を境界条件とともに解くことにより，その解は完全に記述されます．いったん，速度ポテンシャル Φ が求まれば (5.5) より速度ベクトルを求めることができ，また，物体に加わる圧力も求めることができます．

後ほど，円柱まわりの流れ場を考察しますが，まずそのまえに，流線について解説しましょう．

5.4 流　　線

以後，説明を簡単にするために x–y 面での 2 次元流体で議論を進めます．非圧縮であるため連続の式は (5.8) ですが，2 次元では

$$\text{div } v = u_x + v_y = 0 \tag{5.11}$$

となります。(5.11) を領域 D 上で積分すると，**ガウスの定理** (Gauss' theorem)[9] により

$$\oint_C (-v\,\mathrm{d}x + u\,\mathrm{d}y) = 0 \tag{5.12}$$

を得ます。ここで，$w = (-v, u)$ とすると (5.6) と同様な関係式

$$\oint_C w \cdot \mathrm{d}\ell = 0 \tag{5.13}$$

を得ます。5.2 節と同様の議論により，(5.7) に相当する

$$\Psi(x,y) = \int_O^P w \cdot \mathrm{d}\ell = \int_{(0,0)}^{(x,y)} (-v\,\mathrm{d}x + u\,\mathrm{d}y) \tag{5.14}$$

と書ける関数 Ψ が存在することがわかります。ここで，関数 Ψ の微分をとるとつぎになります。

$$\mathrm{d}\Psi = -v\,\mathrm{d}x + u\,\mathrm{d}y$$

また，同時に，その全微分は

$$\mathrm{d}\Psi = \Psi_x\,\mathrm{d}x + \Psi_y\,\mathrm{d}y$$

ですから，両者を比較して，

$$u = \Psi_y, \quad v = -\Psi_x \tag{5.15}$$

を得ます。このようにして関数 Ψ からも速度場 (u,v) を得ることができます。さらに，関数 Ψ はラプラスの方程式

$$\Psi_{xx} + \Psi_{yy} = 0 \tag{5.16}$$

を満たします。

●**問題 5.1** 関数 Ψ がラプラスの方程式 (5.16) を満たすことを証明しなさい。(ヒント：(5.15) を (5.11) に代入すると $\Psi_{yx} - \Psi_{xy} = 0$ の関係を得ます。これを使えば容易に (5.16) を導出できます。)

---

[9] 2 次元のガウスの定理は，$f(x,y)$ を微分可能なベクトル場，D および C をそれぞれ 2 次元領域，D を囲む閉曲線とすると

$$\iint_D \left(\frac{\partial f_x}{\partial x} + \frac{\partial f_y}{\partial y}\right) \mathrm{d}x\mathrm{d}y = \oint_C (-f_y\,\mathrm{d}x + f_x\,\mathrm{d}y) = 0$$

が成り立つことをいいます。

$\Psi(x,y) = $ 定数 は1つの曲線を定め，この曲線を**流線** (stream lines)，関数 $\Psi(x,y)$ を**流線関数** (stream functions) といいます．この流線を決める方程式は，$d\Psi = 0$ であり，すなわち，$\dfrac{dx}{u} = \dfrac{dy}{v}$ となります．

また，速度ポテンシャルと流線が形成するそれぞれの曲線群はお互いに直交していることがつぎのようにわかります．速度ポテンシャルの曲線群に対する法線方向は，

$$\mathrm{grad}\ \Phi = (\Phi_x, \Phi_y) = (u, v)$$

であり，また，流線の曲線群に対する法線方向は，(5.15) より

$$\mathrm{grad}\ \Psi = (\Psi_x, \Psi_y) = (-v, u)$$

となります．したがって，これらより

$$\mathrm{grad}\ \Phi \cdot \mathrm{grad}\ \Psi = u(-v) + vu = 0 \tag{5.17}$$

となり，すなわち，$\mathrm{grad}\ \Phi \perp \mathrm{grad}\ \Psi$ であることがいえます．

5.5　複素ポテンシャル

さて，以上のように非圧縮性渦なしの流体では，速度ポテンシャル Φ より速度ベクトルは $u = \Phi_x$, $v = \Phi_y$ となり，一方，流線関数 Ψ からは $u = \Psi_y$, $v = -\Psi_x$ を得て，したがって，Φ と Ψ の間には

$$\Phi_x = \Psi_y, \quad \Phi_y = -\Psi_x \tag{5.18}$$

の関係があることがわかります．これは，複素変数 $z = x + iy$ を導入し，複素関数

$$F(z) = \Phi(x,y) + i\Psi(x,y) \tag{5.19}$$

を定義すると，(5.18) はコーシー−リーマンの関係式 (5.2) そのものになります．よって，速度ポテンシャルと流線関数により定義された複素関数 (5.19) はある領域 D で正則関数であることをいっています．この F を**複素速度ポテンシャル** (complex velocity potential) とよびます [10]．

---

[10] 静電気や熱の定常問題においても複素速度ポテンシャルを定義でき，静電気の場合，Φ を等ポテンシャル線，Ψ を**電気力線**といい，また，熱の定常問題ではそれらを**等温線**，**熱流線**といいます．

要約すると，コーシー–リーマンの関係式の成立は，流体力学では非圧縮性渦なしの流体であることをいっています。

5.6 円柱まわりの流れ場

それでは，非圧縮性渦なしの流体の例として，速度 U の一様流中に半径 a の円柱 (その中心は座標原点に一致) をおいたとき，そのまわりの流れ場がどのようになるかをみてみましょう。円柱まわりの流れは，円柱を変換して任意の翼形状まわりの流れを得ることができ，2 次元流の基礎となるものです。

天下り的ですが，その複素速度ポテンシャル $F(z)$ は

$$F(z) = U\left(z + \frac{a^2}{z}\right) \tag{5.20}$$

と求まります[11]。(5.20) に $z = re^{i\theta}$ を代入し，複素速度ポテンシャル F を速度ポテンシャル Φ と流線関数 Ψ に分解する ($F = \Phi + i\Psi$) と

$$\Phi = U\left(r + \frac{a^2}{r}\right)\cos\theta, \quad \Psi = U\left(r - \frac{a^2}{r}\right)\sin\theta \tag{5.21}$$

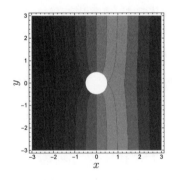 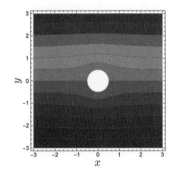

図 5.1 円柱まわりの速度ポテンシャル Φ と流線 Ψ：左図は速度ポテンシャルの等値線，右図は流線。x 軸方向に一様な流れの中に半径 1/2 の円柱を設置したときの流れの状況を示しています。

---

[11] 複素速度 $\frac{dF}{dz}$ を $1/z$ のベキ級数に展開し，これを積分し，円柱表面の境界条件から複素速度ポテンシャル (5.20) を求めることができます ([1])。あるいは，単に数学上の問題として，極座標系のラプラス方程式を変数分離で解き，円柱表面と無限遠方の境界条件を適用すれば (5.20) を得ることができますが，その誘導はやや煩雑です。

5.6 円柱まわりの流れ場

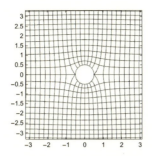

図 5.2 円柱まわりの速度ポテンシャル Φ と流線 Ψ の重ね書き：Φ と Ψ の曲線群が直交している様子がわかります。(橋口真宜氏のご厚意による。)

と求まります。速度ポテンシャルの等値線と流線を描いたものを図 5.1 に示します。また，図 5.2 に，速度ポテンシャルの等値線と流線を重ね書きしたものを示します。それぞれの曲線群が直交している様子がよくわかります。

●**問題 5.2** 速度ポテンシャルが形成する曲線群と流線の曲線群とは互いに直交していることは，すでに (5.17) で解説しました。円柱まわりの流れ場の場合に，(5.21) を使い具体的に計算し確認しなさい。

さて，(5.20) は一様流[12] Uz と **2 重湧出し**[13] (doublet) $\dfrac{Ua^2}{z}$ の重ね合わせになっています。2 重湧出しだけを取り出して速度ポテンシャルと流線に分解したものを図 5.3 に示します。

それでは，ここで円柱表面上での速度を求めてみましょう。$(u,v) = \mathrm{grad}\,\Phi$ より，簡単な計算により

$$u = U\left(1 + \frac{a^2(2\sin^2\theta - 1)}{r^2}\right), \quad v = -U\frac{a^2 \sin 2\theta}{r^2} \quad (5.22)$$

となります。(5.22) に円柱の表面である条件 $r = a$ を課すと

---

[12] Uz が一様流であることは，この複素速度ポテンシャルの実部である速度ポテンシャルは $\Phi = Ux$ となり，これより $(u,v) = (\Phi_x, \Phi_y) = (U, 0)$ を得て，確かに x 軸方向に等速 U の一様流であることがわかります。

[13] 複素速度ポテンシャル $U\dfrac{a^2}{z}$ より，速度ポテンシャルは $\Phi = U\dfrac{a^2 x}{x^2+y^2}$ となり，速度ポテンシャルの等値線は $U\dfrac{a^2 x}{x^2+y^2} = c$ ($=$ 定数) となります。$c = 0$ の場合は，$x = 0$，すなわち，y 軸です。$c \neq 0$ の場合は，$\left(x - \dfrac{Ua^2}{2c}\right)^2 + y^2 = \left(\dfrac{Ua^2}{2c}\right)^2$ となり，すなわち，中心が $\left(\dfrac{Ua^2}{2c}, 0\right)$，半径が $\dfrac{Ua^2}{2c}$ の円を表しています。c は正負の値がとれるので，円は y 軸を対称にしてその両側にできます。もちろん，これらの等値線は円柱の外側のみに存在します。

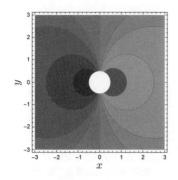
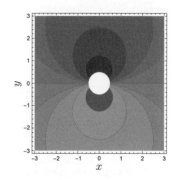

図 5.3 2重湧出しによる速度ポテンシャルと流線：左図は速度ポテンシャルの等値線，右図は流線。

$$u_s = 2U\sin^2\theta, \quad v_s = -U\sin 2\theta \tag{5.23}$$

と求めることができます。これより，円柱の上流側 ($\theta = \pi$)，下流側 ($\theta = 0$) で速度が0となることがわかります。これらの点を**よどみ点** (stagnation points) とよびます。また，$\theta = \pm\pi/2$ で $u = 2U$，つまり，円柱の上端と下端では一様流の速度 U の2倍まで加速されることがわかります。

また，円柱表面の圧力 p_s はつぎのようにして求めることができます。流体の密度を ρ ($=$ 定数)，無限遠の圧力を p_∞ として**ベルヌーイの定理**[14] (Bernoulli's theorem) を適用すると，無限遠では一様な速度 $(U, 0)$ であり，

$$p_\infty + \frac{1}{2}\rho U^2 = p_s + \frac{1}{2}\rho(u_s^2 + v_s^2) \tag{5.24}$$

を得て，これに (5.23) を代入して

$$p_s = p_\infty + \frac{1}{2}\rho U^2 (1 - 4\sin^2\theta) \tag{5.25}$$

と求めることができます。すなわち，よどみ点 ($\theta = 0, \pi$) では無限遠より $\frac{1}{2}\rho U^2$ だけその圧力が高くなることがわかります。

それでは，ここで速度ポテンシャルに関するラプラス方程式の有限要素解を求めてみます。境界条件は円柱表面より十分遠くにとった外部境界でディリク

---

[14] 圧力 p，流体密度 ρ，流速の2乗を q^2 とし，重力の影響が無視できるとすると，非圧縮性完全流体中の1本の流線 s 上で $\frac{1}{2}q^2 + \frac{p}{\rho} = c(s)$ が成立することをベルヌーイの定理といいます。2次元流体では $q^2 = u^2 + v^2$ であり，式右辺の $c(s)$ は流線 s に依存した定数という意味です。したがって，1本の流線 s 上では一定ですが，異なる流線ではこの定数は違ってきます。

5.6 円柱まわりの流れ場

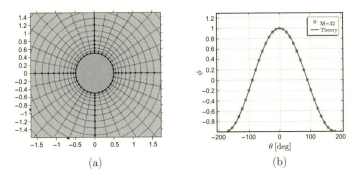

図 5.4 円柱まわりの速度ポテンシャル分布の有限要素解と解析解の比較。
(a) 円柱まわりの有限要素メッシュ図, (b) 円柱表面上の速度ポテンシャル
分布の比較。(橋口真宜氏のご厚意による。)

レ条件 $\Phi = Ux$ を課し，円柱表面ではノイマン条件 $\dfrac{\partial \Phi}{\partial n} = 0$ を満たすものとします。解析に使用したメッシュの例を図 5.4(a) に示します。外部境界は円形であり，円柱の直径の 20 倍の直径をもたせてあります。メッシュは構造格子を使って円周方向，半径方向ともに 32 分割しています。半径方向には円柱表面にメッシュを密に配置しました。円柱表面の速度ポテンシャルの有限要素解と解析解を比較したものが同図 (b) です。M は円周方向の要素数ですが，このように $M = 32$ 程度にとれば両者はよく一致することがわかります。

6. 有限要素法による微分方程式の解法

6.1 問題の設定

　有限要素法による微分方程式の解法の一般論は第Ⅱ部の発展編で解説しますが，ここでは単純な微分方程式を設定して，その問題に対して有限要素法を駆使して解き，その手順を説明していくことにします。細かなことよりもまず，有限要素法による解法の概略を把握することが大切です。

　x を場所 (長さ)，$T = T(x)$ を場所 x における温度とし，つぎの 1 次元ポアソン方程式 (Poisson's equations) を考えましょう。

$$\frac{\mathrm{d}^2 T}{\mathrm{d}x^2} = -f(x), \quad x \in \Omega = (0, \ell) \tag{6.1}$$

$$T(0) = T_0,\ T(\ell) = T_n \tag{6.2}$$

この式は，長さ ℓ の均質なロッドに $f(x)$ という外部からの熱量を加えたときの，ロッドの温度分布 $T(x)$ を与える支配方程式になります。ただし，**境界条件** (boundary conditions)[1] として，$x = 0$ と $x = \ell$ の端点では $T(0) = T_0,\ T(\ell) = T_n$ としています (図 6.1 参照)。$T(x)$ は未知関数，$f(x)$ は既知関数です。$f(x)$ は必ずしもなめらかである必要はありません。(6.1) は，非同次 2 階線形微分方程式で，解析的に解くことができますが，ここではこれを有限要素近似にて近似解を求めていきます。後ほど，解析解と近似解の違い (誤差) をみることにします。

---

　1)　(6.1) は境界条件 (6.2) をともなった**境界値問題** (boundary value problems) といいます。なお，(6.2) の境界条件はディリクレ型です。詳しくは，7.1 節を参照してください。

6.2 近似関数と重み付き残差法

さて，有限要素法を適用するときにまず，対象を小さな領域に分割します。(6.1) の場合，1 次元ですからその長さを n 分割します。図 6.1 に示すように，長さ ℓ を n 分割し，その分割点を $x_0 = 0, x_1, x_2, \ldots, x_{n-1}, x_n = \ell$ としましょう。分割した長さ $x_i - x_{i-1}$ は必ずしも等しくする必要はありません。この各分割点の温度を $T_i \,(= T(x_i),\, i = 0, 1, 2, \ldots, n-1, n)$ とし，$T_i \,(i = 1, 2, \ldots, n-1)$ [2] を未知数として線形の代数方程式をたてて求めていくわけです。単純に，分割点 n を十分大きくとれば，T_i は真値に近づくだろうことは想像するに難くありません [3]。

6.2 近似関数と重み付き残差法

6.2.1 近似関数

まず，準備として近似関数を導入します。図 6.2 を参照しながら説明を追っていってください。6.1 節では，x_i を分割点としました。この i を**節点**といいます。節点 i と節点 $i+1$ の間の温度分布を次式で近似します。

$$\widetilde{T}_i(x) = N_i^D(x) T_i + N_i^I(x) T_{i+1}, \tag{6.3}$$

$$N_i^D(x) = \frac{x_{i+1} - x}{x_{i+1} - x_i}, \quad N_i^I(x) = \frac{x - x_i}{x_{i+1} - x_i}, \quad i = 0, 1, \ldots, n-1 \tag{6.4}$$

この (6.3) [4] を**近似関数** (approximation functions)，または**形状関数**といい，

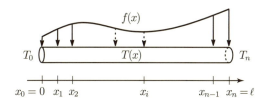

図 6.1　有限分割：イメージ図

---

2) $T_0 = T(0), T_n = T(\ell)$ は境界条件として与えられています。
3) 発展編 7.8 節で扱います。
4) (6.3) はラグランジェの**第 1 次補間多項式** (Lagrange first-order interpolating polynomials) になっています。

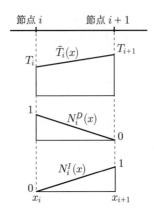

図 6.2　近似関数と補間関数

(6.4) を**補間関数** (interpolation functions)[5] といいます。

6.2.2　重み付き残差法

さて，(6.1) は当然のことながら正確な $T(x)$ ならば

$$\frac{\mathrm{d}^2 T}{\mathrm{d}x^2} + f(x) = 0 \tag{6.5}$$

となります。そこで，T の代わりにこれを (6.3) で近似した $\widetilde{T} = \sum_{i=0}^{n-1} \widetilde{T}_i$ を (6.5) に代入すると

$$\frac{\mathrm{d}^2 \widetilde{T}}{\mathrm{d}x^2} + f(x) = R(T_i, x) \tag{6.6}$$

となり，左辺は 0 にはならず，**残差** (residuals) $R\ (\neq 0)$ が残ります。そこで R になんらかの**重み関数** (weighting functions) w_i をかけて

$$\int_\Omega R w_i\,\mathrm{d}\Omega = 0, \quad i = 1, 2, \ldots, n-1 \tag{6.7}$$

を考えます。これを**重み付き残差法** (method of weighted residuals) といいま

---

[5]　Ω 全体での近似関数 $\widetilde{T}$ は，
$$\widetilde{T} = N_0^D(x)T_0 + (N_0^I(x) + N_1^D(x))T_1 + (N_1^I(x) + N_2^D(x))T_2 +$$
$$\cdots + (N_{n-2}^I(x) + N_{n-1}^D(x))T_{n-1} + N_{n-1}^I(x)T_n$$
と書くことができます。ここで，$N_{i-1}^I(x) + N_i^D(x)$ $(i = 1, 2, \ldots, n-1)$ を $\phi_i(x)$ と書き，**基底関数** (basis functions) といいます。ただし，$\phi_0(x) = N_0^D(x), \phi_n(x) = N_{n-1}^I(x)$ です。詳細は，7.3 節を参照してください。

す。ここで，w_i は 1 次独立[6]な重み関数であり，Ω は解領域（いまの場合は，$\Omega = (0, \ell)$）を表しています。

有限要素法では，この重み関数に (6.4) の補間関数を使用するのがもっとも一般的[7]で，

$$\int_\Omega R N_i^\star \, d\Omega = 0, \quad i = 1, 2, \ldots, n-1 \tag{6.8}$$

を**ガラーキン法** (Galerkin's method) といいます。ここで，$\star$ は D または I を表しています。

6.3 要素方程式

以上で準備が整いましたので，ここから未知数 T_i $(i = 1, 2, \ldots, n-1)$ を求める近似方程式を構成していきます。まず，要素方程式をつくりましょう。(6.6) を (6.8) に代入します。

$$\int_{x_i}^{x_{i+1}} \left(\frac{d^2 \widetilde{T}_i}{dx^2} + f(x) \right) N_i^\star \, dx = 0, \quad \star = D, I$$

これよりつぎを得ます。

$$\int_{x_i}^{x_{i+1}} \frac{d^2 \widetilde{T}_i}{dx^2} N_i^\star \, dx = - \int_{x_i}^{x_{i+1}} f(x) N_i^\star \, dx, \quad \star = D, I \tag{6.9}$$

この (6.9) の左辺は部分積分することにより

$$
\begin{aligned}
(6.9) \text{ の左辺} &= N_i^\star \frac{d\widetilde{T}_i}{dx} \bigg|_{x_i}^{x_{i+1}} - \int_{x_i}^{x_{i+1}} \frac{d\widetilde{T}_i}{dx} \frac{dN_i^\star}{dx} \, dx \\
&= N_i^\star(x_{i+1}) \frac{d\widetilde{T}_i(x_{i+1})}{dx} - N_i^\star(x_i) \frac{d\widetilde{T}_i(x_i)}{dx} - \int_{x_i}^{x_{i+1}} \frac{d\widetilde{T}_i}{dx} \frac{dN_i^\star}{dx} \, dx \\
&= \begin{cases} -\dfrac{d\widetilde{T}_i(x_i)}{dx} - \displaystyle\int_{x_i}^{x_{i+1}} \frac{d\widetilde{T}_i}{dx} \frac{dN_i^D}{dx} \, dx, & \star = D \\ \dfrac{d\widetilde{T}_i(x_{i+1})}{dx} - \displaystyle\int_{x_i}^{x_{i+1}} \frac{d\widetilde{T}_i}{dx} \frac{dN_i^I}{dx} \, dx, & \star = I \end{cases}
\end{aligned}
\tag{6.10}
$$

---

[6] 1 次独立については，附録 A.3 節を参照してください。
[7] 重み関数 w_i を $w_i = \frac{\partial R}{\partial T_i}$ とすると**最小 2 乗法** (least squares methods) になり，また，ディラックのデルタ関数 (Dirac delta function) を使い $w_i = \delta(x - x_i)$ とすると**選点法** (collocation methods) となります。

となり，結局，(6.9) はつぎのようになります[8]。

$$\begin{cases} \int_{x_i}^{x_{i+1}} \dfrac{\mathrm{d}\widetilde{T}_i}{\mathrm{d}x}\dfrac{\mathrm{d}N_i^D}{\mathrm{d}x}\,\mathrm{d}x = -\dfrac{\mathrm{d}\widetilde{T}_i(x_i)}{\mathrm{d}x} + \int_{x_i}^{x_{i+1}} f(x)N_i^D\,\mathrm{d}x \\ \int_{x_i}^{x_{i+1}} \dfrac{\mathrm{d}\widetilde{T}_i}{\mathrm{d}x}\dfrac{\mathrm{d}N_i^I}{\mathrm{d}x}\,\mathrm{d}x = \dfrac{\mathrm{d}\widetilde{T}_i(x_{i+1})}{\mathrm{d}x} + \int_{x_i}^{x_{i+1}} f(x)N_i^I\,\mathrm{d}x \end{cases} \quad (6.11)$$

(6.11) の左辺を具体的に計算すると

$$\begin{cases} \dfrac{T_i - T_{i+1}}{x_{i+1} - x_i} = -\dfrac{\mathrm{d}\widetilde{T}_i(x_i)}{\mathrm{d}x} + \int_{x_i}^{x_{i+1}} f(x)N_i^D\,\mathrm{d}x \\ \dfrac{T_{i+1} - T_i}{x_{i+1} - x_i} = \dfrac{\mathrm{d}\widetilde{T}_i(x_{i+1})}{\mathrm{d}x} + \int_{x_i}^{x_{i+1}} f(x)N_i^I\,\mathrm{d}x \end{cases} \quad (6.12)$$

を得ます．通常，有限要素法では，(6.12) を

$$\frac{1}{x_{i+1}-x_i}\begin{pmatrix}1 & -1 \\ -1 & 1\end{pmatrix}\begin{pmatrix}T_i \\ T_{i+1}\end{pmatrix} = \begin{pmatrix}-\dfrac{\mathrm{d}\widetilde{T}_i(x_i)}{\mathrm{d}x} \\ \dfrac{\mathrm{d}\widetilde{T}_i(x_{i+1})}{\mathrm{d}x}\end{pmatrix} + \begin{pmatrix}\int_{x_i}^{x_{i+1}} f(x)N_i^D\,\mathrm{d}x \\ \int_{x_i}^{x_{i+1}} f(x)N_i^I\,\mathrm{d}x\end{pmatrix} \quad (6.13)$$

と書き，**要素方程式** (element equations) といいます．また，$\begin{pmatrix}1 & -1 \\ -1 & 1\end{pmatrix}$ の部分を**要素剛性行列** (element stiffness matrix) とよびます．

6.4 近似方程式の導出

要素方程式は節点 i と節点 $i+1$ の関係だけ述べているので，これを系全体に拡張し，系の近似方程式を構成する必要があります．この手順を以下に説明しましょう．

問題を簡単化し，それぞれの分割区間は等しい長さとします．すなわち，ℓ を n に等分割し，$x_{i+1} - x_i = h\ (= \frac{\ell}{n})\ (i = 0, 1, \ldots, n-1)$ とします．このと

---

[8] (6.11) は，有限要素法に対し重要な役割をはたす式で，(6.1) と (6.2) に対する弱形式になっており，この解 $\widetilde{T} = \sum \widetilde{T}_i$ が弱解になります．詳しくは，7.1 節を参照してください．$f(x)$ が十分なめらかならば，$T(x)$ は (6.1) を満たす唯一の古典解になりますが，$f(x)$ が例えば，$f(x) = |\frac{\ell}{2} - x|$ のときには (6.1) は古典解をもちえず，このためこのような $f(x)$ に対する古典解は不適切なものといわざるをえません．このために，(6.11) を満たす弱解を考えます．

6.4 近似方程式の導出

き，T_0 と T_1，T_1 と T_2 などの要素方程式はつぎのように書くことができます．

$$\begin{pmatrix} 1 & -1 \\ -1 & 1 \end{pmatrix} \begin{pmatrix} T_0 \\ T_1 \end{pmatrix} = \begin{pmatrix} -h\dfrac{\mathrm{d}\widetilde{T}_0(x_0)}{\mathrm{d}x} \\ h\dfrac{\mathrm{d}\widetilde{T}_0(x_1)}{\mathrm{d}x} \end{pmatrix} + \begin{pmatrix} h\displaystyle\int_{x_0}^{x_1} f(x) N_0^D \,\mathrm{d}x \\ h\displaystyle\int_{x_0}^{x_1} f(x) N_0^I \,\mathrm{d}x \end{pmatrix} \quad (6.14)$$

$$\begin{pmatrix} 1 & -1 \\ -1 & 1 \end{pmatrix} \begin{pmatrix} T_1 \\ T_2 \end{pmatrix} = \begin{pmatrix} -h\dfrac{\mathrm{d}\widetilde{T}_1(x_1)}{\mathrm{d}x} \\ h\dfrac{\mathrm{d}\widetilde{T}_1(x_2)}{\mathrm{d}x} \end{pmatrix} + \begin{pmatrix} h\displaystyle\int_{x_1}^{x_2} f(x) N_1^D \,\mathrm{d}x \\ h\displaystyle\int_{x_1}^{x_2} f(x) N_1^I \,\mathrm{d}x \end{pmatrix} \quad (6.15)$$

$$\vdots$$

$$\begin{pmatrix} 1 & -1 \\ -1 & 1 \end{pmatrix} \begin{pmatrix} T_{n-1} \\ T_n \end{pmatrix} = \begin{pmatrix} -h\dfrac{\mathrm{d}\widetilde{T}_{n-1}(x_{n-1})}{\mathrm{d}x} \\ h\dfrac{\mathrm{d}\widetilde{T}_{n-1}(x_n)}{\mathrm{d}x} \end{pmatrix} + \begin{pmatrix} h\displaystyle\int_{x_{n-1}}^{x_n} f(x) N_{n-1}^D \,\mathrm{d}x \\ h\displaystyle\int_{x_{n-1}}^{x_n} f(x) N_{n-1}^I \,\mathrm{d}x \end{pmatrix}$$
$$(6.16)$$

これらをまとめ，その第1行と第2行を合成すると[9)]

$$\begin{pmatrix} 1 & -1 & 0 & \cdots & \cdots & 0 \\ -1 & 1+1 & -1 & \cdots & \cdots & 0 \\ 0 & -1 & 1+1 & \cdots & \cdots & 0 \\ \vdots & \vdots & \vdots & & & \vdots \\ 0 & 0 & 0 & \cdots & -1 & 1 \end{pmatrix} \begin{pmatrix} T_0 \\ T_1 \\ T_2 \\ \vdots \\ T_n \end{pmatrix}$$

$$= \begin{pmatrix} -h\dfrac{\mathrm{d}\widetilde{T}_0(x_0)}{\mathrm{d}x} + h\displaystyle\int_{x_0}^{x_1} f(x) N_0^D \,\mathrm{d}x \\ h\dfrac{\mathrm{d}\widetilde{T}_0(x_1)}{\mathrm{d}x} - h\dfrac{\mathrm{d}\widetilde{T}_1(x_1)}{\mathrm{d}x} + h\displaystyle\int_{x_0}^{x_1} f(x) N_0^I \,\mathrm{d}x + h\displaystyle\int_{x_1}^{x_2} f(x) N_1^D \,\mathrm{d}x \\ \cdots \quad \cdots \quad \cdots \\ \cdots \quad \cdots \quad \cdots \\ h\dfrac{\mathrm{d}\widetilde{T}_{n-1}(x_n)}{\mathrm{d}x} + h\displaystyle\int_{x_{n-1}}^{x_n} f(x) N_{n-1}^I \,\mathrm{d}x \end{pmatrix}$$
$$(6.17)$$

[9)] (6.14) の第2式と (6.15) の第1式をたすと (6.17) の第2式となります．

のように書くことができます[10]）。さて，$\widetilde{T}_i$ は連続ですが，端点の x_i, x_{i+1} では通常の意味での微分は不可能で，(6.17) における $\dfrac{\mathrm{d}\widetilde{T}_{i-1}(x_i)}{\mathrm{d}x}$, $\dfrac{\mathrm{d}\widetilde{T}_i(x_i)}{\mathrm{d}x}$ などを評価する必要があります。

つぎの命題が成り立ちます。

命題 6.1 $\dfrac{\mathrm{d}\widetilde{T}_i(x_i)}{\mathrm{d}x} = \dfrac{\mathrm{d}\widetilde{T}_{i-1}(x_i)}{\mathrm{d}x}$ が $i = 1, 2, \ldots, n$ で成立する。

[証明] 端点における形式的な微分を (6.12) よりつぎで定義します。

$$\begin{cases} \dfrac{\mathrm{d}\widetilde{T}_i(x_i)}{\mathrm{d}x} = \dfrac{T_{i+1} - T_i}{x_{i+1} - x_i} + \int_{x_i}^{x_{i+1}} f(x) \dfrac{x_{i+1} - x}{x_{i+1} - x_i} \mathrm{d}x, \quad i = 0, 1, \ldots, n-1 \\ \dfrac{\mathrm{d}\widetilde{T}_{i-1}(x_i)}{\mathrm{d}x} = \dfrac{T_i - T_{i-1}}{x_i - x_{i-1}} - \int_{x_{i-1}}^{x_i} f(x) \dfrac{x - x_{i-1}}{x_i - x_{i-1}} \mathrm{d}x, \quad i = 1, 2, \ldots, n \end{cases}$$

(6.18)

上式の左辺には微分係数という実質的な意味がなく，右辺の値を形式的に微分の記号を使って表しているだけです。さて，証明することは，(6.18) の右辺どうしが等しいことです。ここで，$F(x) = \int f(x)\,\mathrm{d}x$ (不定積分) とおきます。部分積分を用いて

$$\int_{x_i}^{x_{i+1}} f(x) \dfrac{x_{i+1} - x}{x_{i+1} - x_i} \mathrm{d}x = \left[F(x) \dfrac{x_{i+1} - x}{x_{i+1} - x_i} \right]_{x_i}^{x_{i+1}} + \dfrac{1}{x_{i+1} - x_i} \int_{x_i}^{x_{i+1}} F(x)\,\mathrm{d}x$$

$$= -F(x_i) - \dfrac{T(x_{i+1}) - T(x_i)}{x_{i+1} - x_i}$$

および

$$\int_{x_{i-1}}^{x_i} f(x) \dfrac{x - x_{i-1}}{x_i - x_{i-1}} \mathrm{d}x = \left[F(x) \dfrac{x - x_{i-1}}{x_i - x_{i-1}} \right]_{x_{i-1}}^{x_i} - \dfrac{1}{x_i - x_{i-1}} \int_{x_{i-1}}^{x_i} F(x)\,\mathrm{d}x$$

$$= F(x_i) + \dfrac{T(x_i) - T(x_{i-1})}{x_i - x_{i-1}}$$

を得ます。ここで，$\int_a^b F(x)\,\mathrm{d}x = -\int_a^b \dfrac{\mathrm{d}T}{\mathrm{d}x} = T(a) - T(b)$ を用いています。$T(x_i) = T_i$ ですから，(6.18) の右辺は第 1 式，第 2 式とも $-F(x_i)$ となり，命題が証明されました。 ∎

命題 6.1 により，(6.17) 全体を書くとつぎのようになります。

---

[10] この式は第 2 行目の合成のみを表しており，その他は省略してあります。

6.4 近似方程式の導出

$$\widetilde{K}\widetilde{T} = \widetilde{F} \tag{6.19}$$

ここに,

$$\widetilde{K} = \begin{pmatrix} 1 & -1 & 0 & 0 & \cdots & 0 \\ -1 & 2 & -1 & 0 & \cdots & 0 \\ 0 & -1 & 2 & -1 & \cdots & 0 \\ 0 & 0 & -1 & 2 & \cdots & 0 \\ \vdots & \vdots & \vdots & \vdots & & \vdots \\ 0 & 0 & 0 & \cdots & -1 & 1 \end{pmatrix} \tag{6.20}$$

$$\widetilde{T} = \begin{pmatrix} T_0 \\ T_1 \\ T_2 \\ T_3 \\ \vdots \\ T_n \end{pmatrix}, \quad \widetilde{F} = \begin{pmatrix} -h\dfrac{\mathrm{d}\widetilde{T}_0(x_0)}{\mathrm{d}x} + h\displaystyle\int_{x_0}^{x_1} f(x) N_0^D \,\mathrm{d}x \\ h\displaystyle\int_{x_0}^{x_1} f(x) N_0^I \,\mathrm{d}x + h\displaystyle\int_{x_1}^{x_2} f(x) N_1^D \,\mathrm{d}x \\ h\displaystyle\int_{x_1}^{x_2} f(x) N_1^I \,\mathrm{d}x + h\displaystyle\int_{x_2}^{x_3} f(x) N_2^D \,\mathrm{d}x \\ \cdots \quad \cdots \quad \cdots \\ \cdots \quad \cdots \quad \cdots \\ h\dfrac{\mathrm{d}\widetilde{T}_{n-1}(x_n)}{\mathrm{d}x} + h\displaystyle\int_{x_{n-1}}^{x_n} f(x) N_{n-1}^I \,\mathrm{d}x \end{pmatrix} \tag{6.21}$$

(6.21) において, $\widetilde{F} = (F_1, F_2, \ldots, F_n)^T$ とすると $\displaystyle\int_{x_i}^{x_{i+1}} f(x) N_i^\star \,\mathrm{d}x$ は具体的に計算することができ, したがって, $F_2, F_3, \ldots, F_{n-1}$ も計算可能な量になります. また, (6.2) により T_0, T_n は初期値として与えられているので, 未知数 T_i $(i = 1, 2, \ldots, n-1)$ に関する線形方程式としてつぎを得ます.

$$KT = F \tag{6.22}$$

ここに,

$$K = \begin{pmatrix} 2 & -1 & 0 & 0 & \cdots & 0 \\ -1 & 2 & -1 & 0 & \cdots & 0 \\ 0 & -1 & 2 & -1 & \cdots & 0 \\ \vdots & \vdots & \vdots & \vdots & & \vdots \\ \cdots & \cdots & \cdots & \cdots & & -1 \\ 0 & 0 & 0 & \cdots & -1 & 2 \end{pmatrix} \tag{6.23}$$

$$T = \begin{pmatrix} T_1 \\ T_2 \\ T_3 \\ \vdots \\ T_{n-1} \end{pmatrix}, \quad F = \begin{pmatrix} T_0 + h\int_{x_0}^{x_1} f(x) N_0^I \, \mathrm{d}x + h\int_{x_1}^{x_2} f(x) N_1^D \, \mathrm{d}x \\ h\int_{x_1}^{x_2} f(x) N_1^I \, \mathrm{d}x + h\int_{x_2}^{x_3} f(x) N_2^D \, \mathrm{d}x \\ h\int_{x_2}^{x_3} f(x) N_2^I \, \mathrm{d}x + h\int_{x_3}^{x_4} f(x) N_3^D \, \mathrm{d}x \\ \cdots \quad \cdots \quad \cdots \\ \cdots \quad \cdots \quad \cdots \\ T_n + h\int_{x_{n-2}}^{x_{n-1}} f(x) N_{n-2}^I \, \mathrm{d}x + h\int_{x_{n-1}}^{x_n} f(x) N_{n-1}^D \, \mathrm{d}x \end{pmatrix}$$
(6.24)

(6.22) が**近似方程式** (approximation equations) になります。(6.23) の K は**全体剛性行列**といわれ，対称行列であり明らかに正則ですから，近似方程式 (6.22) は容易に

$$T = K^{-1} F \tag{6.25}$$

と解くことができます[11]。(6.25) より $T_i = (K^{-1}F)_i$ を近似関数 (6.3) に代入すれば，近似解

$$\widetilde{T}_i(x) = N_i^D(x) T_i + N_i^I(x) T_{i+1}, \quad i = 0, 1, \ldots, n-1 \tag{6.26}$$

を得ることができます。

○例 **6.1**　有限要素解を求める手計算で可能な例題として，まず，1 次元ポアソン方程式のディリクレ境界値問題

$$\frac{\mathrm{d}^2 T}{\mathrm{d}x^2} = -10, \quad x \in \Omega = (0, 1) \tag{6.27}$$

$$T(0) = 0, \quad T(1) = 0 \tag{6.28}$$

を解いてみましょう。簡単にするために，領域 Ω を等分割とし，2 分割，3 分

---

[11] 一般に，対象となる形状が複雑なものを有限要素法で解く場合，分割点数を大きくする必要があります。2 次元物体の場合は x–y 座標で数万×数万の分割点数になることも珍しくなく，したがって，こういう問題の全体剛性行列が疎行列 (p.109 脚注 13 参照) であることは実用上きわめて重要な事実になります。すなわち，実際には (6.25) の形で計算することはありません。計算時間，精度 (誤差)，メモリ消費量などの観点から疎行列の解法には，**LU 分解** (LU decomposition)，**コレスキー分解** (Cholesky decomposition)，**共役勾配法** (conjugate gradient methods) などの高速算法が開発されており，これらを利用し効率的に計算します。

6.4 近似方程式の導出

割,4分割のそれぞれに対する有限要素解を求めましょう.

(1) 2分割の場合　　2分割ですから,(6.28) により, $T_0 = T(0) = 0$, $T_2 = T(1) = 0$ が要請され,求めるべき量は $T_1 = T(1/2)$ だけです.近似方程式は (6.22) より

$$2T_1 = h\int_{x_0}^{x_1} f(x) N_0^I(x)\,dx + h\int_{x_1}^{x_2} f(x) N_1^D(x)\,dx \quad (6.29)$$

となります.(6.29) に,

$x_0 = 0,\ x_1 = \dfrac{1}{2},\ x_2 = 1,\ h = \dfrac{1}{2},\ f(x) = 10,\ N_0^I(x) = \dfrac{x}{h},\ N_1^D(x) = \dfrac{1-x}{h}$

を代入すると,$T_1 = \dfrac{5}{4}$ を得ます.また,このときの有限要素近似解として (6.26) より

$$\widetilde{T}(x) = \begin{cases} \frac{5}{2}x, & 0 \le x \le \frac{1}{2} \\ \frac{5}{2}(1-x), & \frac{1}{2} \le x \le 1 \end{cases} \quad (6.30)$$

を得ます.図 6.3(a) に解析解 (実線) と有限要素近似解 (破線) を示します.ちなみに,解析解は容易に $T(x) = -5x^2 + 5x$ と求めることができます.

(2) 3分割の場合　　3分割のときには,

$$x_0 = 0,\ x_1 = \dfrac{1}{3},\ x_2 = \dfrac{2}{3},\ x_3 = 1,\ h = \dfrac{1}{3},\ f(x) = 10$$

$N_0^I(x) = \dfrac{x}{h},\ N_1^I(x) = \dfrac{x - 1/3}{h},\ N_1^D(x) = \dfrac{2/3 - x}{h},\ N_2^D(x) = \dfrac{1-x}{h}$

などの値を使って,(6.24) で

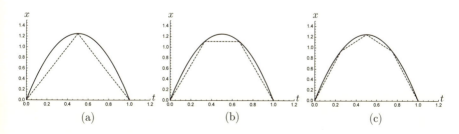

図 6.3　例 6.1 の解析解と領域を 2 分割 (a), 3 分割 (b), 4 分割 (c) した有限要素近似解の比較:実線は解析解,破線が有限要素近似解

$$h \int_{x_i}^{x_{i+1}} f(x) N_i^I(x)\,dx + h \int_{x_{i+1}}^{x_{i+2}} f(x) N_{i+1}^D(x)\,dx = \frac{10}{9}, \quad i = 0, 1 \tag{6.31}$$

となり，近似方程式 (6.22) は，

$$\begin{pmatrix} 2 & -1 \\ -1 & 2 \end{pmatrix} \begin{pmatrix} T_1 \\ T_2 \end{pmatrix} = \begin{pmatrix} \frac{10}{9} \\ \frac{10}{9} \end{pmatrix} \tag{6.32}$$

となり，これより $T_1 = T_2 = \dfrac{10}{9}$ を得ます．有限要素近似解として

$$\widetilde{T}(x) = \begin{cases} \frac{10}{3}x, & 0 \leq x \leq \frac{1}{3} \\ \frac{10}{9}, & \frac{1}{3} \leq x \leq \frac{2}{3} \\ \frac{10}{3}(1-x), & \frac{2}{3} \leq x \leq 1 \end{cases} \tag{6.33}$$

を得ます．図 6.3(b) に解析解と有限要素近似解を示しています．

(3) 4 分割の場合　　4 分割は，読者の演習問題にしますので，結果のみを述べるに止めておきます．近似方程式はつぎのようになり，

$$\begin{pmatrix} 2 & -1 & 0 \\ -1 & 2 & -1 \\ 0 & -1 & 2 \end{pmatrix} \begin{pmatrix} T_1 \\ T_2 \\ T_3 \end{pmatrix} = \begin{pmatrix} \frac{5}{8} \\ \frac{5}{8} \\ \frac{5}{8} \end{pmatrix} \tag{6.34}$$

また，有限要素近似解は

$$\widetilde{T}(x) = \begin{cases} \frac{15}{4}x, & 0 \leq x \leq \frac{1}{4} \\ \frac{5}{4}x + \frac{5}{8}, & \frac{1}{4} \leq x \leq \frac{1}{2} \\ -\frac{5}{4}x + \frac{15}{8}, & \frac{1}{2} \leq x \leq \frac{3}{4} \\ \frac{15}{4}(1-x), & \frac{3}{4} \leq x \leq 1 \end{cases} \tag{6.35}$$

と求めることができます．有限要素近似解の様子を図 6.3(c) に示しておきます．
□

●問題 6.1　例 6.1 で，領域を 4 分割した場合の近似方程式 (6.34) と有限要素近似解 (6.35) を誘導しなさい．

6.4 近似方程式の導出

○例 **6.2** 例 6.1 では，1 次元ポアソン方程式のディリクレ境界値問題を扱いましたが，ここでは，境界条件をディリクレ条件とノイマン条件の混合型とします．すなわち，(6.28) を

$$T(0) = 0, \quad \frac{\mathrm{d}T(1)}{\mathrm{d}x} = 10 \tag{6.36}$$

に変更します．この境界条件のもとで (6.27) を解いてみましょう．この場合，$T_n = T(1)$ も求めるべき未知数になり，近似方程式

$$KT = F$$

はつぎのようになります．

$$K = \begin{pmatrix} 2 & -1 & 0 & 0 & 0 & \cdots & 0 \\ -1 & 2 & -1 & 0 & 0 & \cdots & 0 \\ 0 & -1 & 2 & -1 & 0 & \cdots & 0 \\ \vdots & \vdots & \vdots & \vdots & \vdots & & \vdots \\ \cdots & \cdots & \cdots & \cdots & -1 & 2 & -1 \\ 0 & 0 & 0 & 0 & \cdots & -1 & 1 \end{pmatrix} \tag{6.37}$$

$$T = \begin{pmatrix} T_1 \\ T_2 \\ T_3 \\ \vdots \\ T_{n-1} \\ T_n \end{pmatrix}, \quad F = \begin{pmatrix} T_0 + h \int_{x_0}^{x_1} f(x) N_0^I \, \mathrm{d}x + h \int_{x_1}^{x_2} f(x) N_1^D \, \mathrm{d}x \\ h \int_{x_1}^{x_2} f(x) N_1^I \, \mathrm{d}x + h \int_{x_2}^{x_3} f(x) N_2^D \, \mathrm{d}x \\ h \int_{x_2}^{x_3} f(x) N_2^I \, \mathrm{d}x + h \int_{x_3}^{x_4} f(x) N_3^D \, \mathrm{d}x \\ \cdots \quad \cdots \quad \cdots \\ h \int_{x_{n-2}}^{x_{n-1}} f(x) N_{n-2}^I \, \mathrm{d}x + h \int_{x_{n-1}}^{x_n} f(x) N_{n-1}^D \, \mathrm{d}x \\ h \frac{\mathrm{d}\widetilde{T}_{n-1}(x_n)}{\mathrm{d}x} + h \int_{x_{n-1}}^{x_n} f(x) N_{n-1}^I \, \mathrm{d}x \end{pmatrix}$$

$$\tag{6.38}$$

さて，(6.38) で F の最下行 $\dfrac{\mathrm{d}\widetilde{T}_{n-1}(x_n)}{\mathrm{d}x}$ は，ノイマン条件 (6.36) として与えられているので，この値を使います．したがって，2 分割の場合の近似方程式はつぎのようになります．

$$\begin{pmatrix} 2 & -1 \\ -1 & 1 \end{pmatrix} \begin{pmatrix} T_1 \\ T_2 \end{pmatrix} = \begin{pmatrix} T(0) + h \int_{x_0}^{x_1} f(x) N_0^I \, dx + h \int_{x_1}^{x_2} f(x) N_1^D \, dx \\ h \dfrac{dT(1)}{dx} + h \int_{x_1}^{x_2} f(x) N_1^I \, dx \end{pmatrix}$$

この式に

$$x_0 = 0, \ x_1 = \frac{1}{2}, \ x_2 = 1, \ T(0) = 0, \ \frac{dT(1)}{dx} = 10, \ h = \frac{1}{2}, \ f(x) = 10$$

$$N_0^I(x) = \frac{x}{h}, \ N_1^D(x) = \frac{1-x}{h}, \ N_1^I(x) = \frac{x - 1/2}{h}$$

を代入すると,$T_1 = \dfrac{35}{4}, T_2 = 15$ を得ます。よって,2分割の有限要素近似解は

$$\widetilde{T}(x) = \begin{cases} \frac{35}{2} x, & 0 \leq x \leq \frac{1}{2} \\ \frac{25}{2} x + \frac{5}{2}, & \frac{1}{2} \leq x \leq 1 \end{cases}$$

と求まります。図 6.4 に解析解 (実線) と有限要素近似解 (破線) を示します。ちなみに,解析解は,$T(x) = -5x^2 + 20x$ となります。 □

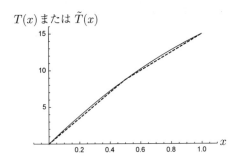

図 6.4 例 6.2 の解析解 (実線) と領域を 2 分割にした場合の有限要素近似解 (破線) との比較

●問題 6.2 例 6.2 において,領域を 3 分割,4 分割したときの有限要素近似解を求めなさい。

◆注意 6.1 ここで,有限要素近似解の誤差の考察をしておきましょう。詳しくは,7.8 節で解説しますが,エンジニアリングでは,ただ単に近似解を求めるだけではなく,その解が真の解とどの程度の誤差を有しているのか評価することが重要です。有限要素法

6.4 近似方程式の導出

は厳密に誤差評価でき，この点においても他の数値解法より優れているといえます．例6.1 では 2 分割の場合，

$$\|T(x) - \widetilde{T}(x)\|_{L_2(0,1)} \leq \frac{5}{2\pi^2} \fallingdotseq 0.253 \qquad (6.39)$$

となります．右辺は事後上限誤差 (後述する (7.206)) といわれるもので，解析解と近似解の差の $L_2(0,1)$ ノルム [12] が右辺の値で抑えられるというものです．事後上限誤差の値は所与の方程式の係数と得られた近似解だけから計算できるので，この値に満足できなければさらに分割を細かくするなどの手続きが必要なことがわかります．ちなみに，この例の場合は解析解がわかっており，(6.39) の左辺が計算でき，その値は約 0.228 となり，事後上限誤差はかなり良い値をだしているといえます．表 6.4 は 3 分割，4 分割も含めた事後上限誤差と解析解と近似解の差の $L_2(0,1)$ ノルムをまとめています．重要な点は，ほとんどの場合は解析解はわからないわけですから，事後上限誤差の値で評価しなければなりません．事後上限誤差は h^2 に比例するので，したがって，分割の細かさを半分にすれば誤差は $\frac{1}{4}$ になります． ◇

表 6.1　例 6.1 における事後上限誤差と解析解と近似解の差の $L_2(0,1)$ ノルムの比較

	事後上限誤差	$\|T(x) - \widetilde{T}(x)\|_{L_2(0,1)}$	分割の粗さ h
2 分割	0.253	0.228	1/2
3 分割	0.112	0.101	1/3
4 分割	0.063	0.057	1/4

○例 **6.3**　つぎは，機械系学生が初年時で必ず学習する古典力学のバネ–マス系における変位の時間発展を例題にあげましょう．

バネ–マス系は図 6.5 に示すように一端を固定されたバネに吊り下げられた鉛直方向にのみ動くことができる質量 $m\,(>0)$ の重りの運動系をいいます．バネの復元力を表す「バネ定数」を $k\,(>0)$ とし，重りの変位 x を鉛直下方を正として，時間 t に関する関数 $x = x(t)$ とします．このとき，**ニュートンの運動の第 2 法則** [13] (Newton's second law of motion) より，変位 x に関する支配方程式として

$$m\frac{\mathrm{d}^2 x}{\mathrm{d}t^2} = -kx \qquad (6.40)$$

---

[12] 附録 B.2 節を参照してください．
[13] 質量 × 加速度 = 力

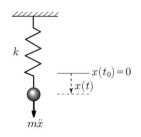

図 6.5　例 6.3 のバネ–マス系

が導かれます[14]。すなわちこの式は，重りに加わる力 (左辺) と復元力 (右辺) が釣り合っていることをいっています。復元力は変位に反比例するフックの法則を適用しています。

(6.40) は解析的に解くことができますが，有限要素近似解を求めていきましょう。後ほど，近似解と解析解の比較を行います。さて，2 階常微分方程式 (6.40) には，物理的な観点からその初期条件として $x(0) = x_0, \dfrac{\mathrm{d}x(0)}{\mathrm{d}t} = x_{00}$ とするのが適切です。すなわち，初期位置と初期速度を与えて，その後の重りの運動 (時間発展) を求めるわけです。問題を正確に書くとつぎのようになります。

$$m\frac{\mathrm{d}^2 x}{\mathrm{d}t^2} = -kx, \quad t \in \Omega = (0, T] \tag{6.41}$$

$$x(0) = x_0, \quad \frac{\mathrm{d}x(0)}{\mathrm{d}t} = x_{00} \tag{6.42}$$

この問題は初期時刻 $t = 0$ から $t = T$ までの変位 x を求めますが，時間 T を (簡単のため) n 等分割し，すなわち，$t_i\ (i = 0, 1, \ldots, n)$ とします[15]。$t_0 = 0$, $t_n = T$ であり，$\Delta t = t_{i+1} - t_i$ とおきます。近似関数と補間関数はつぎのようになります。

$$\tilde{x}_i(t) = N_i^D(t) x_i + N_i^I(t) x_{i+1} \tag{6.43}$$

$$N_i^D(t) = \frac{t_{i+1} - t}{\Delta t}, \quad N_i^I(t) = \frac{t - t_i}{\Delta t} \tag{6.44}$$

(6.41) にガラーキン法を適用すると

---

[14] (6.40) は調和振動子 (harmonic oscillators) といわれるもので，この系は固有振動数 $\omega = \sqrt{\dfrac{k}{m}}$ をもちます。

[15] 空間の離散化の代わりに時間の離散化をして有限要素分割しています。

6.4 近似方程式の導出

$$\int_{t_i}^{t_{i+1}} \frac{d^2 \widetilde{x}_i}{dt^2} N_i^\star \, dt = -\omega^2 \int_{t_i}^{t_{i+1}} \widetilde{x}_i N_i^\star \, dt, \quad \star = D, I \tag{6.45}$$

を得ます。ただし，$\omega = \sqrt{\dfrac{k}{m}}$ とおいています。簡単な計算によりつぎのように書くことができます。

$$\int_{t_i}^{t_{i+1}} \widetilde{x}_i N_i^\star \, dt = \begin{cases} \int_{t_i}^{t_{i+1}} \left(N_i^D x_i + N_i^I x_{i+1} \right) N_i^D \, dt = \dfrac{\Delta t}{6}(2x_i + x_{i+1}) \\ \int_{t_i}^{t_{i+1}} \left(N_i^D x_i + N_i^I x_{i+1} \right) N_i^I \, dt = \dfrac{\Delta t}{6}(x_i + 2x_{i+1}) \end{cases} \tag{6.46}$$

(6.45) の左辺はすでに (6.10) で計算してあり，これらをまとめるとつぎの要素方程式を得ます。

$$\begin{pmatrix} a & b \\ b & a \end{pmatrix} \begin{pmatrix} x_i \\ x_{i+1} \end{pmatrix} = \Delta t \begin{pmatrix} -\dfrac{d\widetilde{x}_i(t_i)}{dt} \\ \dfrac{d\widetilde{x}_i(t_{i+1})}{dt} \end{pmatrix} \tag{6.47}$$

ここに，

$$a = 1 - \frac{\omega^2 \Delta t^2}{3}, \quad b = -1 - \frac{\omega^2 \Delta t^2}{6} \tag{6.48}$$

要素方程式 (6.47) より，系全体の近似方程式を構成するとつぎのようになります。

$$\begin{pmatrix} a & b & & & & \\ b & 2a & b & & & \\ & b & 2a & b & & \\ & & \cdots & \cdots & \cdots & \\ & & & b & 2a & b \\ & & & & b & a \end{pmatrix} \begin{pmatrix} x_0 \\ x_1 \\ x_2 \\ \vdots \\ x_{n-1} \\ x_n \end{pmatrix} = \begin{pmatrix} -\dfrac{d\widetilde{x}_0(t_0)}{dt} \\ 0 \\ 0 \\ \vdots \\ 0 \\ \dfrac{d\widetilde{x}_{n-1}(t_n)}{dt} \end{pmatrix} \tag{6.49}$$

ただし，上式左辺の行列は対称な **3 重対角行列**[16] です。この方程式において，初期値である $x_0 \, (= x(0))$，$\dfrac{d\widetilde{x}_0(t_0)}{dt} = x_{00}$ を代入して未知数 $x_i \, (i = 1, 2, \ldots, n)$

---

16) 3 重対角行列については p.113 脚注 17 を参照してください。

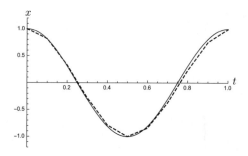

図 6.6 例6.3のバネ–マス系の有限要素解 (破線) と解析解 (実線)：パラメータは $\omega = 2\pi$, $T = 1.0$, $\Delta t = 0.1$, 初期値は $x(0) = x_0 = 1$, $\dfrac{\mathrm{d}x(0)}{\mathrm{d}t} = x_{00} = 0$ としています．

を求めればよいわけです[17]．

図 6.6 の破線は，$\omega = 2\pi$, $T = 1.0$, $\Delta t = 0.1$ (10分割) とし，初期値を $x(0) = x_0 = 1$, $\dfrac{\mathrm{d}x(0)}{\mathrm{d}t} = x_{00} = 0$ としたときの有限要素解を表しています．同図の実線の解析解と比較してください．ちなみに解析解は，初等的に $x(t) = \sin\left(2\pi t + \dfrac{\pi}{2}\right)$ と容易に求めることができます． □

○**例 6.4** 例6.3では，時間を有限要素に分割して近似解を求めました．ここでは，**離散変数法** (discrete variable methods)[18] により求めてみましょう．**オイラー法** (Euler's methods)[19] と時間発展型の偏微分方程式でよく使われる**後退微分公式**[20] を紹介しておきます．

オイラー法は，$x = x(t)$ として

$$\begin{cases} \dot{x} = f(t, x), & t_0 \leq t \leq t_\mathrm{e} \\ x(t_0) = x_0 \end{cases} \tag{6.50}$$

---

[17] $\dfrac{\mathrm{d}\widetilde{x}_{n-1}(t_n)}{\mathrm{d}t}$ も同時に求まります．

[18] 微分方程式の初期値問題の解 $x(t)$ について，時間 t を離散的に t_n ($n = 1, 2, \ldots$) として $x(t_n)$ の近似値をなんらかの構成的な手段により求める方法のことをいいます．

[19] 計算効率や収束性の点であまり実用的ではありませんが，理論的に重要な手法です．

[20] backward differentiation formula，通称 **BDF** とよんでいます．時間発展型偏微分方程式では，通常，空間の離散化に有限要素法を使い，時間の離散化には BDF を使うのが主流です．これに対して，空間，時間ともその離散化に有限要素法を使う手法を**空間–時間有限要素法** (sapce-time finite element methods) といいます．

6.4 近似方程式の導出

という常微分方程式 [21] の初期値問題に対して,その近似解を

$$x_{n+1} = x_n + \Delta t f(t_n, x_n), \quad n = 0, 1, 2, \ldots \tag{6.51}$$

で与えるものです [22]。ここに,x_n は $x(t_n)$ の近似値を表しています。また,$\Delta t = \dfrac{t_e - t_0}{N}$ で,すなわち,時間領域を N 等分したものです [23]。(6.51) をバネ–マス系の方程式 (6.40) に適用します。まず,(6.40) は $x = (x, y)^T$, $A = \begin{pmatrix} 0 & 1 \\ -\omega^2 & 0 \end{pmatrix}$ として

$$\dot{x} = Ax \tag{6.52}$$

と書くことができるので,これに (6.51) を適用すると

$$x_{n+1} = x_n + \Delta t\, A x_n \tag{6.53}$$

となります。これより簡単な計算によりつぎの漸化式を得ます。

$$\begin{pmatrix} x_{n+1} \\ y_{n+1} \end{pmatrix} = \begin{pmatrix} 1 & \Delta t \\ -\Delta t\, \omega^2 & 1 \end{pmatrix} \begin{pmatrix} x_n \\ y_n \end{pmatrix} \tag{6.54}$$

この漸化式を使い,初期値である x_0, y_0 を代入すると x_1, y_1 が求まり,以後同様に x_n, y_n が求まるという具合です。例 6.3 と同様のパラメータ,すなわち,$\omega = 2\pi$, $\Delta t = 0.1$, $x(0) = x_0 = 1$, $\dfrac{\mathrm{d}x(0)}{\mathrm{d}t} = x_{00} = 0$ を使い,1 秒間計算した結果が図 6.7 です。オイラー法では,この程度の時間の離散化では満足のいく近似値を得ることができません。図 6.8 では,$\Delta t = 0.001$,すなわち,1 秒間を 1000 分割した場合の結果を示します。このようにオイラー法は,計算効率の面であまり良い結果を得ることができません。

---

[21] (6.50) の解の存在についての議論を避けるため,x の大域リプシッツ (Lipschitz) 条件を仮定をしています。すなわち,$x : [t_0, t_e] \to \mathbb{R}^n$ とし,$f : [t_0, t_e] \times \mathbb{R}^n \to \mathbb{R}^n$ の連続関数としたとき,定数 γ が存在し,

$$|f(t, x) - f(t, y)| \le \gamma |x - y|$$

が任意の $t \in [t_0, t_e]$ と $x, y \in \mathbb{R}^n$ について成立することです。ここで,$|\cdot|$ は $\mathbb{R}^n$ 上のノルムを示しています。この大域リプシッツ条件が満たされれば,任意の初期値 $x_0 \in \mathbb{R}^n$ に対して,初期値問題 (6.50) は $t_0 \le t \le t_e$ で一意に解をもつことがいえます。証明は不動点定理やピカール (Picard, C.E.) の逐次近似法を使えば容易にできます ([14])。

[22] $x(t + \Delta t)$ を

$$x(t + \Delta t) = x(t) + \Delta t\, \dot{x}(t) + \frac{(\Delta t)^2}{2!} \ddot{x}(t) + \ldots$$

とテーラー展開し,これを線形項で打ち切ったものです。

[23] 必ずしも,等間隔に分割する必要はありませんが,説明の簡単化のためにそうしています。

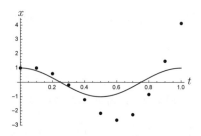

図 6.7 例 6.3 のバネ–マス系のオイラー法による近似解 (● で示す) と解析解 (実線): パラメータは例 6.3 と同様。時間の離散化は $\Delta t = 0.1$, すなわち, 1 秒間を 10 分割したことになります。

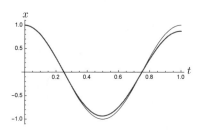

図 6.8 図 6.7 で 1 秒間を 1000 分割した場合。細い実線が解析解。

そこで, オイラー法の改良として**改良オイラー法** (modified Euler's methods) や**ルンゲ–クッタ法** (Runge-Kutta methods) などがありますが, ここでは有限要素解析において時間方向の解法でよく使われる**線形多段解法** (linear multistep methods) について紹介します。線形多段解法は, (6.50) の微分方程式に対して

$$\sum_{j=0}^{k} \alpha_k x_{n+j} = \Delta t \sum_{j=0}^{k} \beta_j f(t_{n+j}, x_{n+j}) \tag{6.55}$$

で, その近似解を与えるものです[24]。ここで, $k \in \mathbb{N}$ であり, α_j, β_j は $\alpha_k \neq 0$, $|\alpha_0| + |\beta_0| > 0$ となる定数です。$\beta_k = 1, \beta_j = 0\ (j \neq k)$ とした場合が後退微

---

[24] (6.55) において, ちなみに, $k = 1, \alpha_1 = 1, \alpha_0 = -1, \beta_1 = 0, \beta_0 = 1$ とすると, オイラー法になります。また, $k = 2, \alpha_2 = 1, \alpha_1 = 0, \alpha_0 = -1, \beta_2 = 0, \beta_1 = 2, \beta_0 = 0$ とすると, **中点則** (midpoint rule)

$$x_{n+2} = x_0 + 2\Delta t f(t_n, x_n)$$

が得られます。この場合, 初期値 x_0 以外に x_1 も必要になりますが, これはオイラー法により求めます。

6.4 近似方程式の導出

分公式 BDF

$$\sum_{j=0}^{k} \alpha_j x_{n+j} = \Delta t f(t_{n+k}, x_{n+k}) \tag{6.56}$$

となります。一般に，$k > 1$ として (6.56) を用いますが，特に $k = 1$ とすると

$$x_{n+1} = x_n + \Delta t f(t_{n+1}, x_{n+1}) \tag{6.57}$$

となり，これはいわゆる**後退オイラー法** (backward Euler's methods) といわれるものです[25]。ちなみに，例 6.3 の後退オイラー法による漸化式は

$$\begin{pmatrix} 1 & -\Delta t \\ \Delta t\, \omega^2 & 1 \end{pmatrix} \begin{pmatrix} x_{n+1} \\ y_{n+1} \end{pmatrix} = \begin{pmatrix} x_n \\ y_n \end{pmatrix} \tag{6.58}$$

となります。この場合は，f が線形のため左辺の行列の逆行列をかけて x_n, y_n から順次 x_{n+1}, y_{n+1} を求めることができますが，非線形の場合には，方程式を解く必要がでてきます。

後退微分公式 BDF については，発展編 8.1.3 項，9.4.2 項において再度ふれることにします。 □

---

[25] 離散変数法も数値計算理論の一大研究分野になっており，さまざまな改良手法が研究されています。ここにあげた後退オイラー法は 1 段階法になりますが，一般に，線形多段解法は収束性や安定性の面で優れた性質をもっています。これらの理論については巻末の文献 [19], [20], [67] に委ねます。

第Ⅱ部
発展編

7. 楕円型偏微分方程式の有限要素近似

　第6章では，簡単な例をとおして有限要素法による微分方程式の解法を解説しました．この章では，楕円型偏微分方程式の境界値問題を取り上げ，有限要素法の構成と基本となる性質の概要を説明します．有限差分法は，微分方程式に現れる微分を差分で置き換えて構成され，多少「場当たり的」な手法といわざるをえず，これに対して有限要素法はきわめて論理的に誘導され，また，得られた結果に対する誤差評価も可能になります．文献 [31], [86] を参考にしながら，まず，古典解と弱解について解説し，弱解の存在性と一意性について考察することからはじめます．

7.1 楕円型問題の弱解

　ここではまず，楕円型偏微分方程式の境界値問題に焦点をあてましょう．楕円型方程式の典型的な例は**ラプラス方程式** (Laplace equations)

$$\Delta u = 0 \tag{7.1}$$

で，非同次項がある場合はポアソン方程式

$$-\Delta u = f \tag{7.2}$$

になりますが，一般的に，Ω を $\mathbb{R}^n$ における有界領域として，2階線形偏微分方程式

$$-\sum_{i,j=1}^{n} \frac{\partial}{\partial x_j}\left(a_{ij}(x)\frac{\partial u}{\partial x_i}\right) + \sum_{i=1}^{n} b_i(x)\frac{\partial u}{\partial x_i} + c(x)u = f(x), \quad x \in \Omega \tag{7.3}$$

を考えます.ここに,係数 a_{ij}, b_i, c および f はつぎの条件を満たすものです.

$$a_{ij} \in C^1(\bar{\Omega}), \quad i,j = 1,2,\ldots,n$$

$$b_i \in C(\bar{\Omega}), \quad i = 1,2,\ldots,n$$

$$c \in C(\bar{\Omega}), \quad f \in C(\bar{\Omega})$$

$$\sum_{i,j=1}^n a_{ij}(x)\xi_i\xi_j \geq \widetilde{c} \sum_{i=1}^n \xi_i^2, \ \forall \xi = (\xi_1, \xi_2, \ldots, \xi_n) \in \mathbb{R}^n, \ x \in \bar{\Omega} \quad (7.4)$$

また,$\widetilde{c}$ は x と ξ に独立な正定数です. 条件 (7.4) は**一様楕円性** (uniform ellipticity)[1] といわれ,(7.3) は**楕円方程式** (elliptic equations) とよばれています.

応用上でてくる問題では,(7.3) には通常つぎにあげる境界条件のどれかが付随してきます[2].ここで,g は $\partial\Omega$ で定義される既知の関数です.

(a) $u = g$ on $\partial\Omega$ (**ディリクレ境界条件**:Dirichlet boundary conditions)

(b) $\dfrac{\partial u}{\partial \nu} = g$ on $\partial\Omega$, ここに,ν は $\partial\Omega$ での外向き単位法線ベクトルを表します (**ノイマン境界条件**:Neumann boundary conditions)

(c) $\dfrac{\partial u}{\partial \nu} + \sigma u = g$ on $\partial\Omega$, ここに,$\sigma(x) \geq 0$ on $\partial\Omega$ (**ロビン境界条件**:Robin boundary conditions)

物理的な問題の多くでは $\partial\Omega$ 上で 2 つ以上の境界条件,例えば,$\partial\Omega$ が重なっていない 2 つの部分集合 $\partial\Omega_1$ と $\partial\Omega_2$ からなり,$\partial\Omega_1$ 上ではディリクレ境界条件,$\partial\Omega_2$ ではノイマン境界条件が課せられた場合もしばしばあります.

さて,つぎの同次ディリクレ境界値問題からはじめましょう.

$$-\sum_{i,j=1}^n \frac{\partial}{\partial x_j}\left(a_{ij}\frac{\partial u}{\partial x_i}\right) + \sum_{i=1}^n b_i(x)\frac{\partial u}{\partial x_i} + c(x)u = f(x), \ x \in \Omega \quad (7.5)$$

$$u = 0 \quad \text{on} \quad \partial\Omega \quad (7.6)$$

ここに,a_{ij}, b_i, c および f は (7.4) で示したとおりです.

(7.5) と (7.6) を満たす関数 $u \in C^2(\Omega) \cap C(\bar{\Omega})$ は,この問題に対する**古典**

---

[1] (7.4) において,$\widetilde{c}$ は x と ξ に独立な定数です.
[2] (b) と (c) の一般化に**斜交微分境界条件** (oblique derivative boundary conditions) がありますが,これは省略します.

7.1 楕円型問題の弱解

解 (classical solutions) といわれます。偏微分方程式論[3])によれば、(7.5) と (7.6) は、関数 a_{ij}, b_i, c, f が十分なめらかであり、かつ境界 $\partial\Omega$ も十分なめらかならば唯一の古典解をもちます。しかし、応用で直面する問題では、これらのなめらかさは必ずしも満たされず、したがって、古典解は不適切なものといわざるをえません。例えば、ポアソン方程式において、$\mathbb{R}^n$ の $\Omega = (-1,1)^n$ 上で **零ディリクレ境界条件**

$$\begin{cases} -\Delta u = \mathrm{sgn}\left(\dfrac{1}{2} - |x|\right), & x \in \Omega \\ u = 0, & x \in \partial\Omega \end{cases} \tag{7.7}$$

を考えます。この問題は、Δu が Ω 上で連続関数であるような古典解 $u \in C^2(\Omega) \cap C(\bar{\Omega})$ をもちません。$\mathrm{sgn}\left(\dfrac{1}{2} - |x|\right)$ は Ω 上で連続にはなりえず、これは不可能です (図 7.1 参照)。

そこで、古典理論の限界を乗り越え、「なめらかでない」データをもつ偏微分方程式を扱うために、u に関する微分可能性の要求を弱めて解の概念を一般化 (緩和) します。最初に、u を (7.5) と (7.6) の古典解とします。このとき、任意の $v \in C_0^1(\Omega)$ に対して

$$-\sum_{i,j=1}^{n}\int_\Omega \frac{\partial}{\partial x_j}\left(a_{ij}\frac{\partial u}{\partial x_i}\right)\cdot v\,\mathrm{d}x + \sum_{i=1}^{n}\int_\Omega b_i(x)\frac{\partial u}{\partial x_i}\cdot v\,\mathrm{d}x$$
$$+ \int_\Omega c(x)uv\,\mathrm{d}x = \int_\Omega f(x)v(x)\,\mathrm{d}x \tag{7.8}$$

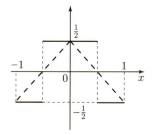

図 7.1 $\mathrm{sgn}\left(\dfrac{1}{2}-|x|\right)$：実線、破線は $\dfrac{1}{2}-|x|$

[3) 解析学の一大研究分野を形成しています。**ナビエ–ストークス方程式** (Navier-Stokes equations) の解の存在となめらかさに関する問題は、クレイ数学研究所 (アメリカ) の「ミレニアム懸賞問題」にもなっており、未だに解決されていません。偏微分方程式論に関する成書は多く出版されていますが、特に [5], [41], [61] などが参考になるでしょう。

が成立します。$\partial\Omega$ 上で $v = 0$ に注意し,第 1 項を部分積分すると

$$\sum_{i,j=1}^{n} \int_{\Omega} a_{ij}(x) \frac{\partial u}{\partial x_i} \frac{\partial v}{\partial x_j} \mathrm{d}x + \sum_{i=1}^{n} \int_{\Omega} b_i(x) \frac{\partial u}{\partial x_i} v \, \mathrm{d}x + \int_{\Omega} c(x) uv \, \mathrm{d}x$$
$$= \int_{\Omega} f(x) v(x) \, \mathrm{d}x, \quad \forall v \in C_0^1(\Omega) \qquad (7.9)$$

を得ます。この等式においては,もはや $u \in C^2(\Omega)$ を仮定する必要はなくなります。すなわち,$u \in L_2(\Omega)$ と $\dfrac{\partial u}{\partial x_i} \in L_2(\Omega)$ ($i = 1, 2, \ldots, n$) で十分となります。u は零ディリクレ境界条件を満たさなければならないので,関数空間 $H_0^1(\Omega)$ [4] で u をみつけるのが自然になります。したがって,つぎのような問題を考えることに帰結できます。すなわち,

「
$$\sum_{i,j=1}^{n} \int_{\Omega} a_{ij}(x) \frac{\partial u}{\partial x_i} \cdot \frac{\partial v}{\partial x_j} \mathrm{d}x + \sum_{i=1}^{n} \int_{\Omega} b_i(x) \frac{\partial u}{\partial x_i} v \, \mathrm{d}x + \int_{\Omega} c(x) uv \, \mathrm{d}x$$
$$= \int_{\Omega} f(x) v(x) \, \mathrm{d}x, \quad \forall v \in C_0^1(\Omega)$$

となるような u を $H_0^1(\Omega)$ の中でみつけよ」 $\qquad (7.10)$

という問題です。$C_0^1(\Omega) \subset H_0^1(\Omega)$ の包含関係より,$u \in H_0^1(\Omega)$ および $v \in H_0^1(\Omega)$ [5] が成立するときには,(7.10) の両辺の記述は意味のあるものになります [6]。すなわち,ラックス–ミルグラム定理 7.1 により唯一の解の存在を保証することができ,つぎの定義が自然なものになります。

定義 7.1 $a_{ij} \in L_\infty(\Omega)$ ($i, j = 1, 2, \ldots, n$), $b_i \in L_\infty(\Omega)$ ($i = 1, 2, \ldots, n$), $c \in L_\infty(\Omega)$, $f \in L_2(\Omega)$ とする。関数 $u \in H_0^1(\Omega)$ が

$$\sum_{i,j=1}^{n} \int_{\Omega} a_{ij}(x) \frac{\partial u}{\partial x_i} \frac{\partial v}{\partial x_j} \mathrm{d}x + \sum_{i=1}^{n} \int_{\Omega} b_i(x) \frac{\partial u}{\partial x_i} v \, \mathrm{d}x + \int_{\Omega} c(x) uv \, \mathrm{d}x$$
$$= \int_{\Omega} f(x) v(x) \, \mathrm{d}x, \quad \forall v \in H_0^1(\Omega) \qquad (7.11)$$

を満たすとき,この u を (7.5) と (7.6) の **弱解** (weak solutions) という。

---

[4] B.3 節を参照してください。
[5] $v \in C_0^1(\Omega)$ ではないことに注意してください。
[6] さらに注意することは,(7.10) において係数 a_{ij} の微分はもはや現れないので $a_{ij} \in C^1(\bar{\Omega})$ の仮定は不必要になり,すなわち,$a_{ij} \in L_\infty(\Omega)$ で十分になります。また,係数 b_i と c に課せられたなめらかさの要請も緩和され,$b_i \in L_\infty(\Omega)$ ($i = 1, 2, \ldots, n$) と $c \in L_\infty(\Omega)$ で十分になります。

7.1 楕円型問題の弱解

◆**注意 7.1** (7.11) に現れるすべての偏微分は弱微分であることに注意しましょう。◇

関数 u が (7.5) と (7.6) の古典解ならば,それは明らかに弱解にもなります。しかし,その逆は正しくありません。(7.5) と (7.6) が弱解をもっても,それは古典解があるべきなめらかさをもたないかもしれません。もちろん,以下に証明しますが,古典解が存在しないにもかかわらず,境界値問題 (7.7) には唯一の弱解 $u \in H_0^1(\Omega)$ が存在します。(7.7) の特別な境界値問題を扱う前に,より一般的な問題に対して弱解の存在性と一意性について考察しましょう。

問題を簡潔に書くため,つぎの記号を使います。

$$a(w,v) = \sum_{i,j=1}^n \int_\Omega a_{ij}(x) \frac{\partial w}{\partial x_i} \frac{\partial v}{\partial x_j} \,dx + \sum_{i=1}^n \int_\Omega b_i(x) \frac{\partial w}{\partial x_i} v \,dx + \int_\Omega c(x) wv \,dx \tag{7.12}$$

$$l(v) = \int_\Omega f(x)v(x) \,dx \tag{7.13}$$

この表記法を用いると,問題 (7.11) は

「$a(u,v) = l(v),\ \forall v \in H_0^1(\Omega)$ となる $u \in H_0^1(\Omega)$ をみつけよ」 (7.14)

のように書くことができます。

この問題の唯一の解の存在性を以下で関数解析の結果を使って証明しますが,そのまえに,**汎関数** (functional) について説明しておきます。汎関数とは,粗く言えば関数の関数ですが,定義域が関数空間に含まれるような関数のことをいいます。

また,**線形汎関数** (linear functional) とは,例えば,H を実ヒルベルト空間とするとき,汎関数 $f : H \to \mathbb{R}$ が

$$f(\alpha x + \beta y) = \alpha f(x) + \beta f(y), \quad x,y \in H,\ \alpha,\beta \in \mathbb{R}$$

を満たすとき,f は H 上の線形汎関数であるといいます。

さらに,**双 1 次汎関数** (bilinear functional) とは,汎関数 $a(\cdot,\cdot) : H \times H \to \mathbb{R}$ が,

(i) 任意に $y \in H$ を固定するとき,$a(\cdot,y) : H \to \mathbb{R}$ が線形,

(ii) 任意に $x \in H$ を固定するとき,$a(x,\cdot) : H \to \mathbb{R}$ が線形

を満たすとき,$a(\cdot,\cdot)$ を双 1 次汎関数といいます。

定理 7.1 (ラックス–ミルグラム定理 (Lax-Milgram theorem))[7] V をノルム $\|\cdot\|_V$ をもつ実ヒルベルト空間と仮定する。$a(\cdot,\cdot)$ を $V\times V$ 上で

(a) $\exists c_0 > 0,\ \forall v \in V,\quad a(v,v) \geq c_0 \|v\|_V^2$

(b) $\exists c_1 > 0,\ \forall v,w \in V,\quad |a(w,v)| \leq c_1 \|w\|_V \|v\|_V$

を満たす双 1 次汎関数とし,

(c) $l(\cdot)$ は V 上で線形汎関数であり, $\exists c_2 > 0,\ \forall v \in V,\quad |l(v)| \leq c_2 \|v\|_V$

とすると,

$$a(u,v) = l(v), \quad \forall v \in V \tag{7.15}$$

なる唯一の解 $u \in V$ が存在する。

[(7.5), (7.6) が唯一の弱解をもつ証明] (7.5), (7.6)[8] に対する弱解の存在性と一意性を示すため, $V = H_0^1(\Omega)$ および $\|\cdot\|_V = \|\cdot\|_{H^1(\Omega)}$ としてラックス–ミルグラム定理を適用します。$H_0^1(\Omega)$ は内積

$$(w,v)_{H^1(\Omega)} = \int_\Omega wv\,\mathrm{d}x + \sum_{i=1}^n \int_\Omega \frac{\partial w}{\partial x_i}\cdot\frac{\partial v}{\partial x_i}\,\mathrm{d}x \tag{7.16}$$

とその対応するノルム $\|w\|_{H^1(\Omega)} = (w,w)_{H^1(\Omega)}^{1/2}$ をもつヒルベルト空間になります[9]。つぎに, (7.12) と (7.13) により定義される $a(\cdot,\cdot)$ と $l(\cdot)$ がラックス–ミルグラム定理の仮定 (a), (b), (c) を満たすことを示します。

まず (a) を満たすことを確かめますが, ここで, 係数 b_i のなめらかさの制約を $b_i \in W_\infty^1(\Omega)$ とすることにより少し強めます[10]。(7.4) を使い,

$$a(v,v) \geq \tilde{c}\sum_{i=1}^n \int_\Omega \left|\frac{\partial v}{\partial x_i}\right|^2 \mathrm{d}x + \sum_{i=1}^n \int_\Omega b_i(x)\frac{1}{2}\frac{\partial}{\partial x_i}(v^2)\,\mathrm{d}x + \int_\Omega c(x)|v|^2\,\mathrm{d}x \tag{7.17}$$

を得ます。上式で $\dfrac{\partial v}{\partial x_i}\cdot v$ を $\dfrac{1}{2}\dfrac{\partial}{\partial x_i}(v^2)$ と書いています。右辺第 2 項を部分積分することにより

$$a(v,v) \geq \tilde{c}\sum_{i=1}^n \int_\Omega \left|\frac{\partial v}{\partial x_i}\right|^2 \mathrm{d}x + \int_\Omega \left(c(x) - \frac{1}{2}\sum_{i=1}^n \frac{\partial b_i}{\partial x_i}\right)|v|^2\,\mathrm{d}x \tag{7.18}$$

を得ます。$b_i\ (i=1,2,\ldots,n)$ と c は不等式

$$c(x) - \frac{1}{2}\sum_{i=1}^n \frac{\partial b_i}{\partial x_i} \geq 0, \quad x \in \bar{\Omega} \tag{7.19}$$

---

[7] 証明は [36], [98] 等を参照してください。

[8] (7.14) と等価です。

[9] 詳しくは B.2 節を参照してください。

[10] この節の注意 7.3 において, $b_i \in L_\infty(\Omega)$ へ弱めることができることを示します。

7.1 楕円型問題の弱解

を満たすと仮定します。すると，次式が成立します。

$$a(v,v) \geq \widetilde{c} \sum_{i=1}^{n} \int_{\Omega} \left|\frac{\partial v}{\partial x_i}\right|^2 \mathrm{dx} \tag{7.20}$$

ここでポアンカレ–フリードリヒの不等式[11]により，上式右辺はさらに下から抑えることができ

$$a(v,v) \geq \frac{\widetilde{c}}{c_\star} \int_{\Omega} |v|^2 \mathrm{dx} \tag{7.21}$$

と書くことができます。$c_0 = \widetilde{c}/(1+c_\star)$ として (7.20) と (7.21) を加えると

$$a(v,v) \geq c_0 \left(\int_{\Omega} |v|^2 \mathrm{dx} + \sum_{i=1}^{n} \int_{\Omega} \left|\frac{\partial v}{\partial x_i}\right|^2 \mathrm{dx} \right) \tag{7.22}$$

となり，このようにして (a) を満たすことがわかります。

つぎに，(b) を確認しましょう。任意の固定した $w \in H_0^1(\Omega)$ に対して，写像 $v \mapsto a(w,v)$ は線形です。同様に，任意の固定した $v \in H_0^1(\Omega)$ に対して，写像 $w \mapsto a(w,v)$ も線形です。ここに，$a(\cdot,\cdot)$ は $H_0^1(\Omega) \times H_0^1(\Omega)$ 上の双 1 次汎関数です。コーシー–シュワルツの不等式を適用して

$$|a(w,v)| \leq \sum_{i,j=1}^{n} \max_{x \in \overline{\Omega}} |a_{ij}(x)| \left| \int_{\Omega} \frac{\partial w}{\partial x_i} \frac{\partial v}{\partial x_j} \mathrm{dx} \right| + \sum_{i=1}^{n} \max_{x \in \overline{\Omega}} |b_i(x)| \left| \int_{\Omega} \frac{\partial w}{\partial x_i} v \, \mathrm{dx} \right|$$

$$+ \max_{x \in \overline{\Omega}} |c(x)| \left| \int_{\Omega} w(x) v(x) \mathrm{dx} \right|$$

$$\leq \widehat{c} \left\{ \sum_{i,j=1}^{n} \left(\int_{\Omega} \left|\frac{\partial w}{\partial x_i}\right|^2 \mathrm{dx} \right)^{1/2} \left(\int_{\Omega} \left|\frac{\partial v}{\partial x_j}\right|^2 \mathrm{dx} \right)^{1/2} \right.$$

$$\left. + \sum_{i=1}^{n} \left(\int_{\Omega} \left|\frac{\partial w}{\partial x_i}\right|^2 \mathrm{dx} \right)^{1/2} \left(\int_{\Omega} |v|^2 \mathrm{dx} \right)^{1/2} + \left(\int_{\Omega} |w|^2 \mathrm{dx} \right)^{1/2} \left(\int_{\Omega} |v|^2 \mathrm{dx} \right)^{1/2} \right\}$$

$$\leq \widehat{c} \left\{ \left(\int_{\Omega} |w|^2 \mathrm{dx} \right)^{1/2} + \sum_{i=1}^{n} \left(\int_{\Omega} \left|\frac{\partial w}{\partial x_i}\right|^2 \mathrm{dx} \right)^{1/2} \right\}$$

$$\times \left\{ \left(\int_{\Omega} |v|^2 \mathrm{dx} \right)^{1/2} + \sum_{j=1}^{n} \left(\int_{\Omega} \left|\frac{\partial v}{\partial x_j}\right|^2 \mathrm{dx} \right)^{1/2} \right\} \tag{7.23}$$

を得ます。ここに，

$$\widehat{c} = \max \left\{ \max_{1 \leq i,j \leq n} \max_{x \in \overline{\Omega}} |a_{ij}(x)|, \max_{1 \leq i \leq n} \max_{x \in \overline{\Omega}} |b_i(x)|, \max_{x \in \overline{\Omega}} |c(x)| \right\} \tag{7.24}$$

---

[11] 補題 B.2 を参照してください。

さらに (7.23) の右辺を上から抑えると

$$|a(w,v)| \leq 2n\hat{c} \left\{ \int_\Omega |w|^2 \, dx + \sum_{i=1}^n \int_\Omega \left|\frac{\partial w}{\partial x_i}\right|^2 dx \right\}^{1/2} \left\{ \int_\Omega |v|^2 dx + \sum_{j=1}^n \int_\Omega \left|\frac{\partial v}{\partial x_j}\right|^2 dx \right\}^{1/2}$$

となり,$c_1 = 2n\hat{c}$ とすることにより不等式 (b),すなわち

$$|a(w,v)| \leq c_1 \|w\|_{H^1(\Omega)} \|v\|_{H^1(\Omega)} \tag{7.25}$$

を得ることができます。これにより定理の (b) を満たすことが確認できました。

最後に (c) を示します。写像 $v \mapsto l(v)$ は線形です。もちろん,任意の $\alpha, \beta \in \mathbb{R}$ に対して

$$\begin{aligned} l(\alpha v_1 + \beta v_2) &= \int_\Omega f(x)(\alpha v_1(x) + \beta v_2(x)) \, dx \\ &= \alpha \int_\Omega f(x) v_1(x) \, dx + \beta \int_\Omega f(x) v_2(x) \, dx \\ &= \alpha l(v_1) + \beta l(v_2), \quad v_1, v_2 \in H_0^1(\Omega) \end{aligned} \tag{7.26}$$

となり,$l(\cdot)$ は $H_0^1(\Omega)$ 上で線形汎関数になります。また,コーシー–シュワルツの不等式を使って,任意の $v \in H_0^1(\Omega)$ に対して

$$\begin{aligned} |l(v)| &= \left| \int_\Omega f(x) v(x) \, dx \right| \\ &\leq \left(\int_\Omega |f(x)|^2 dx \right)^{1/2} \left(\int_\Omega |v(x)|^2 dx \right)^{1/2} \\ &= \|f\|_{L_2(\Omega)} \|v\|_{L_2(\Omega)} \leq \|f\|_{L_2(\Omega)} \|v\|_{H^1(\Omega)} \end{aligned}$$

が成立します。上式で,$\|v\|_{L_2(\Omega)} \leq \|v\|_{H^1(\Omega)}$ という自明な不等式を使っています。ここで,$c_2 = \|f\|_{L_2(\Omega)}$ とすれば,定理の (c) を満たすことが確認できます。 ∎

ラックス–ミルグラム定理の仮定を吟味して,(7.14) を満たす解 $u \in H_0^1(\Omega)$ の存在性と一意性を確認しました。したがって,問題 (7.5) および (7.6) は唯一の弱解をもつことがいえます。つぎの定理でこの結果を強調しておきます。

定理 7.2 $a_{ij} \in L_\infty(\Omega)$ $(i,j=1,2,\ldots,n)$, $b_i \in W_\infty^1(\Omega)$ $(i=1,2,\ldots,n)$, $c \in L_\infty(\Omega)$, $f \in L_2(\Omega)$ とし,(7.4) および (7.19) が成立すると仮定する。このとき,境界値問題 (7.5), (7.6) は唯一の弱解 $u \in H_0^1(\Omega)$ をもち,そのノルムは次式のように抑えられる。

$$\|u\|_{H^1(\Omega)} \leq \frac{1}{c_0} \|f\|_{L_2(\Omega)} \tag{7.27}$$

7.1 楕円型問題の弱解

[証明] 定理の大部分はすでに証明されており，(7.27) の成立のみを示せばよいことになります．(7.22), (7.14) およびコーシー–シュワルツの不等式を用い，また，$\|\cdot\|_{H^1(\Omega)}$ の定義により，

$$c_0 \|u\|_{H^1(\Omega)}^2 \leq a(u,u) = l(u) = (f,u) \leq |(f,u)| \leq \|f\|_{L_2(\Omega)} \|u\|_{L_2(\Omega)}$$
$$\leq \|f\|_{L_2(\Omega)} \|u\|_{H^1(\Omega)}$$

となり，まさに (7.27) が得られます． ∎

さて，古典解は存在しない先にあげた例題 (7.7) にもどりましょう．$a_{ij}(x) \equiv 1 \ (i=j)$, $a_{ij}(x) \equiv 0 \ (i \neq j; \ 1 \leq i,j \leq n)$, $b_i(x) \equiv 0$, $c(x) \equiv 0$, $f(x) = \mathrm{sgn}\left(\dfrac{1}{2} - |x|\right)$, $\Omega = (-1,1)^n$ として，上の定理を適用します．すると，(7.4) は $\tilde{c}=1$ で満たされ，また，(7.19) は明らかに満たされます．このように (7.7) は定理 7.2 により唯一の弱解 $u \in H_0^1(\Omega)$ をもつことがわかります．この例題で境界条件を変えて，ノイマン条件やロビン条件の場合も同様な結果が得られます．

○**例 7.1** つぎのディリクレ–ノイマン混合境界値問題を考えます．

$$-\Delta u = f \quad \text{in } \Omega$$
$$u = 0 \quad \text{on } \Gamma_1$$
$$\frac{\partial u}{\partial \nu} = g \quad \text{on } \Gamma_2$$

ここに，Γ_1 は $\partial \Omega$ に関して空でない開部分集合であり，$\Gamma_1 \cup \Gamma_2 = \partial \Omega$ とします．$f \in L_2(\Omega)$ と $g \in L_2(\Gamma_2)$ を仮定しましょう．ディリクレ境界値問題と同様の理由に従って，ソボレフ空間

$$H_{0,\Gamma_1}^1(\Omega) = \{v \in H^1(\Omega) \,|\, v = 0 \text{ on } \Gamma_1\}$$

を考え，つぎのような混合問題の弱解を定義します．すなわち，

「$a(u,v) = l(v)$, $\forall v$ in $H_{0,\Gamma_1}^1(\Omega)$ となる $u \in H_{0,\Gamma_1}^1(\Omega)$ をみつけよ」

という問題です．ここで，

$$a(u,v) = \int_\Omega \sum_{i=1}^n \frac{\partial u}{\partial x_i} \frac{\partial v}{\partial x_i} \, \mathrm{d}x$$
$$l(v) = \int_\Omega f(x)v(x) \, \mathrm{d}x + \int_{\Gamma_2} g(s)v(s) \, \mathrm{d}s$$

とおきました．$V = H_{0,\Gamma_1}^1(\Omega)$ としてラックス–ミルグラム定理を適用すると，

この混合問題に対する弱解の存在性と一意性は容易に示すことができます。□

◆**注意 7.2** 定理 7.2 は，楕円型境界値問題 (7.5), (7.6) の弱解は**アダマールの意味** (in the sence of Hadamard) において適合していることを強調しています。すなわち，それぞれの $f \in L_2(\Omega)$ に対して唯一の弱解 $u \in H_0^1(\Omega)$ が存在し，また，f の「微小」変化は相当する解 u の「微小」変化をもたらすということです。後者の性質は，もし u_1 と u_2 が $f_1 \,(\in L_2(\Omega))$ と $f_2 \,(\in L_2(\Omega))$ に相当する (7.5), (7.6) の $H_0^1(\Omega)$ における弱解ならば，$u_1 - u_2$ もまた $f_1 - f_2 \in L_2(\Omega)$ に相当する $H_0^1(\Omega)$ の弱解になるということに注意すればわかります。このようにして (7.27) により

$$\|u_1 - u_2\|_{H^1(\Omega)} \leq \frac{1}{c_0} \|f_1 - f_2\|_{L_2(\Omega)} \tag{7.28}$$

となり，境界値問題の解の連続依存性がわかります。◇

◆**注意 7.3** 定理 7.2 における条件 $b_i \in W_\infty^1(\Omega)$ は，もともとの仮定 $b_i \in L_\infty(\Omega)$ ($i=1,2,\ldots,n$) へ弱めることができます。この事実を確認するため，b_i のなめらかさの要求はラックス−ミルグラム定理の条件 (c) の吟味とは無関係で，条件 (b) は $b_i \in L_\infty(\Omega)$ ($i=1,2,\ldots,n$) でとにかく示すことができます。残るは，仮定 $b_i \in L_\infty(\Omega)$ ($i=1,2,\ldots,n$) のもとにどのようにして条件 (a) が確認されるかみることです。(7.4) とコーシー−シュワルツの不等式を用いて

$$a(v,v) \geq \tilde{c}|v|_{H^1(\Omega)}^2 - \left(\sum_{i=1}^n \|b_i\|_{L_\infty(\Omega)}^2\right)^{1/2} |v|_{H^1(\Omega)} \|v\|_{L_2(\Omega)} + \int_\Omega c(x)|v(x)|^2 \,\mathrm{d}x$$

$$\geq \frac{1}{2}\tilde{c}|v|_{H^1(\Omega)}^2 + \int_\Omega \left(c(x) - \frac{2}{\tilde{c}}\sum_{i=1}^n \|b_i\|_{L_\infty(\Omega)}^2\right) |v(x)|^2 \,\mathrm{d}x$$

を得ます。次式

$$c(x) - \frac{2}{\tilde{c}}\sum_{i=1}^n \|b_i\|_{L_\infty(\Omega)}^2 \geq 0 \tag{7.29}$$

を仮定すると，(7.20) とよく似た不等式

$$a(v,v) \geq \frac{1}{2}\tilde{c}\sum_{i=1}^n \int_\Omega \left|\frac{\partial v}{\partial x_i}\right|^2 \,\mathrm{d}x$$

を得ることができます。このようにして，(7.20) から (7.22) を導いた過程と同様にして $c_0 = \tilde{c}/(2+2c_*)$ である (7.22) を得ることができます。この事実は，$b_i \in L_\infty(\Omega)$ ($i=1,2,\ldots,n$) の仮定のもとに，(7.4) および (7.29) の成立だけでラックス−ミルグラム定理の条件 (a) が満足されることを述べています。◇

7.2 有限要素法にひそむアイデア

楕円型偏微分方程式問題，例えば，(7.5), (7.6) の有限要素法構成の第 1 ステップは，弱形式

$$\lceil a(u,v) = l(v),\ \forall v \in V \text{ となる } u \in V \text{ をみつけよ}\rfloor \tag{7.30}$$

へ問題を変形することです。ここで，V は解空間[12]です。

第 2 ステップは，問題 (7.30) における V を区分的に連続な多項式関数からなる有限次元部分空間 $V_h \subset V$ に置き換えることです。この多項式関数の次数は，計算領域の細分化により決まります。よって，問題 (7.30) に対し，つぎの近似を考えます。

$$\lceil a(u_h, v_h) = l(v_h),\ \forall v_h \in V_h \text{ となる } u_h \in V_h \text{ をみつけよ}\rfloor \tag{7.31}$$

例えば，(線形独立な) 基底関数 $\phi_i\ (i=1,2,\ldots,N(h))$ は「小さな」台をもつとして

$$\dim V_h = N(h),\quad V_h = \mathrm{span}\{\phi_1, \phi_2, \ldots, \phi_{N(h)}\}$$

を仮定します。近似解 u_h を基底関数 ϕ_i で表し，

$$u_h(x) = \sum_{i=1}^{N(h)} U_i \phi_i(x) \tag{7.32}$$

と書くことができます。ここに，$U_i\ (i=1,2,\ldots,N(h))$ は決定されるべき量です。このようにして問題 (7.31) はつぎのように書くことができます。

$$\left\lceil \sum_{i=1}^{N(h)} a(\phi_i, \phi_j) U_i = l(\phi_j),\ j=1,2,\ldots,N(h) \right.$$
$$\text{となる } (U_1, U_2, \ldots, U_{N(h)}) \in \mathbb{R}^{N(h)} \text{ をみつけよ}\rfloor \tag{7.33}$$

問題 (7.33) は，$U = (U_1, U_2, \ldots, U_{N(h)})^T$ に関する線形方程式であり，行列 $A = (a(\phi_j, \phi_i))$ のサイズは $N(h) \times N(h)$ です。ϕ_i は小さな台をもつので，i と j のほとんどのペアで $a(\phi_j, \phi_i) = 0$ となり，したがって，行列 A は**疎**[13] (sparse) となります。この性質は，解を効率的に求めるという観点から決定的な役割をはたし，特に，高速繰り返し算法が疎行列システムに適用できます。問題 (7.33)

---
[12]　同次ディリクレ境界値問題では $H_0^1(\Omega)$ を示し，また，$a(\cdot,\cdot)$ は $V \times V$ 上での双 1 次汎関数，$l(\cdot)$ は V 上での線形汎関数で，例えば，(7.12) と (7.13) です。
[13]　その要素の多くが 0 となるような行列で，**スパース行列** (sparse matrix) ともいいます。

において $U = (U_1, U_2 \ldots, U_{N(h)})^T$ が求まれば，(7.32) が求める u の近似を与えます。

有限要素法にひそむアイデアの概略がわかったところで，数値解法の具体例を二，三の簡単な例をとおしてみていきましょう。

7.3 区分的に線形な基底関数

この節では，2 つの簡単な例をとおして有限要素法の構成を説明していきます．最初の例は，2 階常微分方程式の 2 点境界値問題を扱い，つぎに 2 次元に問題を拡張し，ポアソン方程式の単位正方形での同次ディリクレ境界値問題を解いていきます．有限要素空間 V_h は，区分的に連続な線形関数と仮定します[14]．

7.3.1 1 次元問題

つぎの境界値問題を考えましょう．

$$\begin{cases} -(p(x)u')' + q(x)u = f(x), & x \in (0,1) \\ u(0) = 0, \ u(1) = 0 \end{cases} \tag{7.34}$$

ここで，$'$ は x に関する微分を表し，$p \in C[0,1], q \in C[0,1], f \in L_2(0,1)$ であり，区間 $[0,1]$ の任意の x で $p(x) \geq \tilde{c} > 0, \ q(x) \geq 0$ とします．この問題の弱形式はつぎのようになります．

$$\begin{aligned} &\left\lceil \int_0^1 p(x)u'(x)v'(x)\,\mathrm{d}x + \int_0^1 q(x)u(x)v(x)\,\mathrm{d}x \right. \\ &= \int_0^1 f(x)v(x)\,\mathrm{d}x, \quad \forall v \in H_0^1(0,1) \quad \text{となる } u \in H_0^1(0,1) \text{ をみつけよ} \rfloor \end{aligned} \tag{7.35}$$

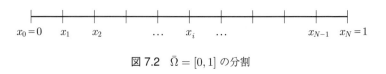

図 7.2　$\bar{\Omega} = [0,1]$ の分割

---

14) より高次な区分的多項式近似については，[31], [86] を参照してください．

7.3 区分的に線形な基底関数

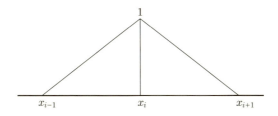

図 7.3 区分的に線形な有限要素基底関数 $\phi_i(x)$

この問題の有限要素近似を構成するために，$\bar{\Omega} = [0,1]$ を n 個の間隔 $[x_i, x_{i+1}]$ $(i = 0, 1, \ldots, N-1)$ に分割します．この様子は図 7.2 に示しますが，$h = 1/N$ $(N \geq 2)$ として点 x_i は $x_i = ih$ $(i = 0, 1, \ldots, N)$ とします．一般的には，**分割**[15](mesh) 点 x_i は必ずしも等間隔である必要はないことを注意しておきますが，ここでは，説明を簡単にするため等間隔とします．

分割された間隔 (x_i, x_{i+1}) は**要素領域** (element domains) または**要素** (elements) といわれ，それゆえ，**有限要素法** (finite element methods) という名称が付されています．この例では，問題 (7.35) の弱解 $u \in H_0^1(0,1)$ は図 7.2 で示された間隔上の区分的に連続な線形関数により近似されます．図 7.3 に示すように，有限要素基底関数

$$\phi_i(x) = \left(1 - \left|\frac{x - x_i}{h}\right|\right)_+, \quad i = 1, 2, \ldots, N-1 \qquad (7.36)$$

の線形結合として近似を表現するのが便利です[16]．$\phi_i \in H_0^1(0,1)$ は明らかです．さらに，$\mathrm{supp}\, \phi_i = [x_{i-1}, x_{i+1}]$ $(i = 1, 2, \ldots, N-1)$ であり，関数 ϕ_i $(i = 1, 2, \ldots, N-1)$ は線形独立です．したがって，

$$V_h := \mathrm{span}\{\phi_1, \phi_2, \ldots, \phi_{N-1}\} \qquad (7.37)$$

---

15) ある領域を分割することを「メッシュを切る」と慣用的にいいます．
16) (6.4) の補間関数とはつぎの関係にあります．$1 \leq i \leq n-1$ に対しては

$$\phi_i(x) = \begin{cases} N_{i-1}^I(x), & x_{i-1} \leq x \leq x_i \\ N_i^D(x), & x_i \leq x \leq x_{i+1} \\ 0, & \text{その他} \end{cases}$$

となり，また，$i = 0$ および $i = n$ に対しては，それぞれ

$$\phi_0(x) = \begin{cases} N_0^D(x), & x_0 \leq x \leq x_1 \\ 0, & \text{その他} \end{cases}, \quad \phi_n(x) = \begin{cases} N_{n-1}^I(x), & x_{n-1} \leq x \leq x_n \\ 0, & \text{その他} \end{cases}$$

です．

となり，V_h は $H_0^1(0,1)$ の $(N-1)$ 次元部分空間となります。

以上より，問題 (7.35) の有限要素近似問題はつぎのように書くことができます。

$$\left\lceil \int_0^1 p(x)u_h'(x)v_h'(x)\,\mathrm{d}x + \int_0^1 q(x)u_h(x)v_h(x)\,\mathrm{d}x \right.$$
$$= \int_0^1 f(x)v_h(x)\,\mathrm{d}x, \quad \forall v_h \in V_h \quad \text{となる } u_h \in V_h \text{ をみつけよ}\rfloor$$
(7.38)

ここで，$u_h \in V_h = \mathrm{span}\{\phi_1, \phi_2, \ldots, \phi_{N-1}\}$ ですから，u_h は基底関数の線形結合として，つぎのように

$$u_h(x) = \sum_{i=1}^{N-1} U_i \phi_i(x) \tag{7.39}$$

と表すことができます。この表現を問題 (7.38) に代入すると，これと等価なつぎの問題 (7.40) を得ます。

$$\left\lceil \sum_{i=1}^{N-1} U_i \int_0^1 \left(p(x)\phi_i'(x)\phi_j'(x) + q(x)\phi_i(x)\phi_j(x) \right) \mathrm{d}x \right.$$
$$= \int_0^1 f(x)\phi_j(x)\,\mathrm{d}x, \quad j = 1, 2, \ldots, N-1$$
$$\text{となる } U = (U_1, U_2, \ldots, U_{N-1})^T \in \mathbb{R}^{N-1} \text{ をみつけよ}\rfloor \tag{7.40}$$

さて，ここで

$$a_{ji} := \int_0^1 \left(p(x)\phi_i'(x)\phi_j'(x) + q(x)\phi_i(x)\phi_j(x) \right) \mathrm{d}x, \quad i,j = 1, 2, \ldots, N-1$$
(7.41)

$$F_j := \int_0^1 f(x)\phi_j(x)\,\mathrm{d}x, \quad j = 1, 2, \ldots, N-1 \tag{7.42}$$

とおくと，問題 (7.40) はつぎの線形方程式

$$AU = F \tag{7.43}$$

として書くことができます。ここで，A と F はそれぞれ

$$A = (a_{ji}), \quad F = (F_1, F_2, \ldots, F_{N-1})^T$$

です。A は対称 ($A^T = A$) で正定 ($x^T A x > 0$, $x \neq 0$) な行列になります。

7.3 区分的に線形な基底関数

$|i-j| > 1$ であるときには,supp $\phi_i \cap$ supp ϕ_j は空となるので,行列 A は3重対角行列 [17](tridiagonal marix) になります.未知関数 u_h を得るために,これを $u_h(x) = \sum_{i=1}^{N-1} U_i \phi_i(x)$ と展開して,U に関する線形方程式 $AU = F$ を解く方法に置き換えたわけです.

行列 A の要素 a_{ji} とベクトル F の要素 F_j は具体的には,数値積分により近似的に計算します.p と q が区間 $[0,1]$ でともに定数である簡単な場合には,A の要素は,つぎのように近似ではなく厳密に求めることができます [18].

$$a_{ij} = p \int_0^1 \phi_i'(x) \phi_j'(x)\, dx + q \int_0^1 \phi_i(x) \phi_j(x)\, dx = \begin{cases} \dfrac{2p}{h} + \dfrac{2qh}{3}, & i = j \\ -\dfrac{p}{h} + \dfrac{qh}{6}, & |i-j| = 1 \\ 0, & |i-j| > 1 \end{cases}$$

これより $i = 1, 2, \ldots, N-1$ として,つぎの一連の線形方程式を得ます.

$$-p \frac{U_{i-1} - 2U_i + U_{i+1}}{h^2} + q \frac{U_{i-1} + 4U_i + U_{i+1}}{6} = \frac{1}{h} \int_{x_{i-1}}^{x_{i+1}} f(x) \phi_i(x)\, dx \tag{7.44}$$

ここで,問題 (7.34) の境界条件により,$U_0 = U_N = 0$ となることに注意しましょう.この式は分割点 x_i での $u_h(x)$ の値を,U_i で与える**3点有限差分スキーム** (three-point finite difference scheme) を表しています.

ちなみに,6.4節の例6.1にこの3点有限差分スキーム (7.44) を適用すると,$p = 1$, $q = 0$, $f = 10$, $h = 1/4$ とし,(6.34) を得ることができます.

---

[17] $|i-j| > 1$ のときには $a_{ji} = 0$, $|i-j| \leq 1$ のときには $a_{ji} \neq 0$ となる行列のことをいいます.

[18] 簡単な計算により,$i = j$ のときは,$\int_0^1 \phi_i'^2(x)\, dx = \int_0^{2h} \dfrac{1}{h^2}\, dx = \dfrac{2}{h}$,
$\int_0^1 \phi_i^2(x)\, dx = \int_0^h \left(\dfrac{x}{h}\right)^2 dx + \int_h^{2h} \left(2 - \dfrac{x}{h}\right)^2 dx = \dfrac{2h}{3}$
$|i-j| = 1$ のときは,$\int_0^1 \phi_i'(x) \phi_j'(x)\, dx = \int_h^{2h} \left(-\dfrac{1}{h^2}\right) dx = -\dfrac{1}{h}$,
$\int_0^1 \phi_i(x) \phi_j(x)\, dx = \int_h^{2h} \left(\dfrac{x}{h} - 1\right)\left(2 - \dfrac{x}{h}\right) dx = \dfrac{h}{6}$
を得ます.

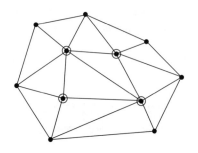

図 7.4　$\bar{\Omega}$ の 3 角形分割

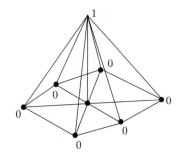

図 7.5　典型的な有限要素基底関数 ϕ

7.3.2　2 次元問題

つぎに問題を 2 次元に拡張します。Ω を多角形の境界 $\partial\Omega$ をもった $\mathbb{R}^2$ における有界領域とします。こうすると Ω は有限個の 3 角形でちょうど覆いつくすことができます [19]。図 7.4 で示すように，Ω の 3 角形分割でいかなるとなりどうしの組も辺と頂点でのみ接しており，それ以外では接することがないと仮定します。3 角形 K の最大の辺の長さを h_K で示し，$h = \max_K h_K$ と定義します。

図において ⊙ で示されたそれぞれの内部節点に対して，基底関数 ϕ を結びつけます。この基底関数は，内部節点で 1 であり，他の節点では 0 とします。図 7.5 に示すように，ϕ は $\bar{\Omega}$ 上で連続関数で，各 3 角形で線形であると仮定します。内部節点にラベルを付けて $1, 2, \ldots, N(h)$ とし，それぞれの基底関数を $\phi_1(x,y), \phi_2(x,y), \ldots, \phi_{N(h)}(x,y)$ とします。関数 $\phi_1, \phi_2, \ldots, \phi_{N(h)}$ は線形独立で，関数空間 $H_0^1(\Omega)$ で $N(h)$ 次元線形部分空間 V_h を張ります。

さて，つぎの楕円型境界値問題を考えましょう。

$$\begin{cases} -\Delta u = f & \text{in } \Omega \\ u = 0 & \text{on } \partial\Omega \end{cases} \quad (7.45)$$

この問題の有限要素近似を構成するために，その弱形式を考えることからはじめます [20]。まず，弱形式はつぎのようになります。

---

[19] 必ずしも一意ではありません。
[20] 7.1 節の弱解に関する解説を参照してください。(7.10) において, $n = 2$, $a_{ij}(x) \equiv 1$ $(i = j)$, $a_{ij}(x) \equiv 0$ $(i \neq j)$, $b_i(x) \equiv 0, \forall i$, $c(x) \equiv 0$ とすれば, (7.46) が得られます。

7.3 区分的に線形な基底関数

「
$$\int_\Omega \left(\frac{\partial u}{\partial x}\frac{\partial v}{\partial x} + \frac{\partial u}{\partial y}\frac{\partial v}{\partial y}\right)\mathrm{dxdy} = \int_\Omega fv\,\mathrm{dxdy}, \quad \forall v \in H_0^1(\Omega)$$
となる $u \in H_0^1(\Omega)$ をみつけよ」 (7.46)

つぎに，この有限要素近似は

「
$$\int_\Omega \left(\frac{\partial u_h}{\partial x}\frac{\partial v_h}{\partial x} + \frac{\partial u_h}{\partial y}\frac{\partial v_h}{\partial y}\right)\mathrm{dxdy} = \int_\Omega fv_h\,\mathrm{dxdy}, \quad \forall v_h \in V_h$$
となる $u_h \in V_h$ をみつけよ」 (7.47)

となります．ここで，

$$u_h(x,y) = \sum_{i=1}^{N(h)} U_i \phi_i(x,y) \tag{7.48}$$

とおくと，問題 (7.47) に対する有限要素法はつぎのように書くことができます．

「
$$\sum_{i=1}^{N(h)} U_i \left[\int_\Omega \left(\frac{\partial \phi_i}{\partial x}\frac{\partial \phi_j}{\partial x} + \frac{\partial \phi_i}{\partial y}\frac{\partial \phi_j}{\partial y}\right)\mathrm{dxdy}\right] = \int_\Omega f\phi_j\,\mathrm{dxdy},$$
$j = 1, 2, \ldots, N(h)$ となる $U = (U_1, U_2, \ldots, U_{N(h)})^T \in \mathbb{R}^{N(h)}$
をみつけよ」 (7.49)

さらに，

$$A = (a_{ij}) \tag{7.50}$$

$$a_{ij} = a_{ji} = \int_\Omega \left(\frac{\partial \phi_i}{\partial x}\frac{\partial \phi_j}{\partial x} + \frac{\partial \phi_i}{\partial y}\frac{\partial \phi_j}{\partial y}\right)\mathrm{dxdy} \tag{7.51}$$

$$F = (F_1, F_2, \ldots, F_{N(h)})^T \tag{7.52}$$

$$F_j = \int_\Omega f\phi_j\,\mathrm{dxdy} \tag{7.53}$$

とおくと，有限要素近似はつぎの線形方程式として書くことができます．

$$AU = F \tag{7.54}$$

上式を解くと，$U = (U_1, U_2, \ldots, U_{N(h)})^T$ が求まり，したがって近似解 (7.48) を求めることができます．行列 A を**剛性行列**[21]といいます．

---

21) 係数行列ともいいます．

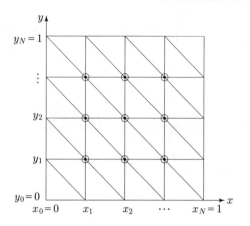

図 7.6 $\bar{\Omega} = [0,1] \times [0,1]$ の 3 角形分割

問題を簡単にするために，$\Omega = (0,1) \times (0,1)$ として図 7.6 に示すような $\bar{\Omega}$ の 3 角形分割を考えましょう．一般的な 3 角形分割は 7.5 節で考察します．ϕ_{ij} を，つぎのように内部節点 (x_i, y_j) に対応する基底関数とします．

$$\phi_{ij}(x,y) = \begin{cases} 1 - \dfrac{x - x_i}{h} - \dfrac{y - y_j}{h}, & (x,y) \in \text{I} \\ 1 - \dfrac{y - y_j}{h}, & (x,y) \in \text{II} \\ 1 - \dfrac{x_i - x}{h}, & (x,y) \in \text{III} \\ 1 - \dfrac{x_i - x}{h} - \dfrac{y_j - y}{h}, & (x,y) \in \text{IV} \\ 1 - \dfrac{y_j - y}{h}, & (x,y) \in \text{V} \\ 1 - \dfrac{x - x_i}{h}, & (x,y) \in \text{VI} \\ 0, & \text{その他} \end{cases} \quad (7.55)$$

ここで，I, II, …, VI は節点 (x_i, y_j) のまわりの 3 角形を示します (図 7.7 参照)．この場合，近似解は

$$u_h(x,y) = \sum_{i=1}^{N-1} \sum_{j=1}^{N-1} U_{ij} \phi_{ij}(x,y) \quad (7.56)$$

となります．ちなみに，基底関数の微分は

7.3 区分的に線形な基底関数

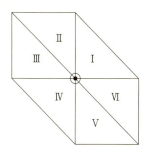

図 7.7 内部節点 ⊙ (x_i, y_j) まわりの 3 角形：I, II, III, IV, V, VI

$$\frac{\partial \phi_{ij}}{\partial x} = \begin{cases} -1/h, & (x,y) \in \text{I} \\ 0, & (x,y) \in \text{II} \\ 1/h, & (x,y) \in \text{III} \\ 1/h, & (x,y) \in \text{IV} \\ 0, & (x,y) \in \text{V} \\ -1/h, & (x,y) \in \text{VI} \\ 0, & \text{その他} \end{cases}, \quad \frac{\partial \phi_{ij}}{\partial y} = \begin{cases} -1/h, & (x,y) \in \text{I} \\ -1/h, & (x,y) \in \text{II} \\ 0, & (x,y) \in \text{III} \\ 1/h, & (x,y) \in \text{IV} \\ 1/h, & (x,y) \in \text{V} \\ 0, & (x,y) \in \text{VI} \\ 0, & \text{その他} \end{cases} \quad (7.57)$$

となり，以上より

$$\sum_{i=1}^{N-1} \sum_{j=1}^{N-1} U_{ij} \int_\Omega \left(\frac{\partial \phi_{ij}}{\partial x} \frac{\partial \phi_{kl}}{\partial x} + \frac{\partial \phi_{ij}}{\partial y} \frac{\partial \phi_{kl}}{\partial y} \right) \mathrm{dxdy}$$

$$= \sum_{i=1}^{N-1} \sum_{j=1}^{N-1} U_{ij} \int_{\mathrm{supp}\ \phi_{kl}} \left(\frac{\partial \phi_{ij}}{\partial x} \frac{\partial \phi_{kl}}{\partial x} + \frac{\partial \phi_{ij}}{\partial y} \frac{\partial \phi_{kl}}{\partial y} \right) \mathrm{dxdy}$$

$$= 4U_{kl} - U_{k-1,l} - U_{k+1,l} - U_{k,l-1} - U_{k,l+1}, \quad k,l = 1,2,\ldots,N-1 \tag{7.58}$$

を得て，問題 (7.49) に対する有限要素近似はつぎと等価になります．

$$-\frac{U_{k+1,l} - 2U_{k,l} + U_{k-1,l}}{h^2} - \frac{U_{k,l+1} - 2U_{k,l} + U_{k,l-1}}{h^2}$$

$$= \frac{1}{h^2} \iint_{\mathrm{supp}\ \phi_{kl}} f(x,y) \phi_{kl}(x,y) \,\mathrm{dxdy}, \quad k,l = 1,2,\ldots,N-1 \tag{7.59}$$

$$U_{kl} = 0 \quad \text{on } \partial\Omega \tag{7.60}$$

漸化式 (7.59) を **5 点有限差分スキーム** (five-point finite difference scheme) といいますが，Ω の特別な 3 角形分割では，有限要素近似は特別な方法で外力項 f を平均化したものになります。

7.4 自己共役楕円型問題

楕円型境界値問題 [22]

$$-\sum_{i,j=1}^{n} \frac{\partial}{\partial x_j}\left(a_{ij}(x)\frac{\partial u}{\partial x_i}\right) + \sum_{i=1}^{n} b_i(x)\frac{\partial u}{\partial x_i} + c(x)u = f(x), \quad x \in \Omega \quad (7.61)$$

$$u = 0 \quad \text{on } \partial\Omega \quad (7.62)$$

を考えます。ここに，Ω は $\mathbb{R}^n$ における有界な開集合とし，$a_{ij} \in L_\infty(\Omega)$ $(i,j = 1, 2, \ldots, n)$，$b_i \in W^1_\infty(\Omega)$ $(i = 1, 2, \ldots, n)$，$c \in L_\infty(\Omega)$，$f \in L_2(\Omega)$ とします。また，

$$\sum_{i,j=1}^{n} a_{ij}(x)\xi_i\xi_j \geq \widetilde{c}\sum_{i=1}^{n} \xi_i^2, \quad \forall \xi = (\xi_1, \xi_2, \ldots, \xi_n) \in \mathbb{R}^n, \quad \forall x \in \bar{\Omega} \quad (7.63)$$

となる正の定数 $\widetilde{c}$ が存在すると仮定します。(7.61), (7.62) の弱形式は 7.1 節を思い出せば

$$\text{「}a(u,v) = l(v), \;\forall v \in H^1_0(\Omega) \text{ となる } u \in H^1_0(\Omega) \text{ をみつけよ」} \quad (7.64)$$

となります。ここで，双 1 次汎関数 $a(\cdot,\cdot)$ と線形汎関数 $l(\cdot)$ は

$$a(u,v) = \sum_{i,j=1}^{n}\int_\Omega a_{ij}\frac{\partial u}{\partial x_i}\frac{\partial v}{\partial x_j}\,\mathrm{d}x + \sum_{i=1}^{n}\int_\Omega b_i(x)\frac{\partial u}{\partial x_i}v\,\mathrm{d}x + \int_\Omega c(x)uv\,\mathrm{d}x \quad (7.65)$$

$$l(v) = \int_\Omega f(x)v(x)\,\mathrm{d}x \quad (7.66)$$

で定義されます。もし，

$$c(x) - \frac{1}{2}\sum_{i=1}^{n}\frac{\partial b_i}{\partial x_i} \geq 0, \quad x \in \bar{\Omega} \quad (7.67)$$

ならば，(7.64) は唯一の解 $u \in H^1_0(\Omega)$，すなわち，(7.61), (7.62) の弱解をもつことを示すことができます。いま，境界値問題が自己共役となる特別な場合，

---

[22] 7.1 節を参照してください。

7.4 自己共役楕円型問題

すなわち

$$a_{ij}(x) = a_{ji}(x), \quad i,j = 1,2,\ldots,n, \quad x \in \bar{\Omega} \tag{7.68}$$

$$b_i(x) \equiv 0, \quad i = 1,2,\ldots,n, \quad x \in \bar{\Omega} \tag{7.69}$$

であり,双 1 次汎関数 $a(\cdot,\cdot)$ が対称,すなわち

$$a(v,w) = a(w,v), \quad \forall v,w \in H_0^1(\Omega) \tag{7.70}$$

である場合を考えましょう.以後この節ではいつもこの仮定をしておきます.以上のようにして,$a_{ij}(x)$ が楕円条件 (7.63) と対称性 $a_{ij}(x) = a_{ji}(x)$ を満たし,$c(x) \geq 0, x \in \bar{\Omega}$ となる自己共役楕円型問題

$$\begin{cases} -\sum_{i,j=1}^{n} \dfrac{\partial}{\partial x_j}\left(a_{ij}(x)\dfrac{\partial u}{\partial x_i}\right) + c(x)u = f(x), & x \in \Omega \\ u = 0 \quad \text{on } \partial\Omega \end{cases} \tag{7.71}$$

を考えます.(7.71) は最小化問題としてつぎのように展開することができます.2 次の汎関数 $J: H_0^1(\Omega) \to \mathbb{R}$ を

$$J(v) = \frac{1}{2}a(v,v) - l(v), \quad v \in H_0^1(\Omega) \tag{7.72}$$

により定義します.このとき,つぎの補題が成立します.

補題 7.1 u を $H_0^1(\Omega)$ における (7.64) の (唯一の) 弱解とし,$a(\cdot,\cdot)$ を $H_0^1(\Omega)$ 上の対称双 1 次汎関数と仮定する.このとき,u は $H_0^1(\Omega)$ 上で $J(\cdot)$ の唯一の最小化となる.

[証明] u を $H_0^1(\Omega)$ における (7.64) の唯一の弱解とし,$v \in H_0^1(\Omega)$ に対して $J(v)-J(u)$ を計算すると

$$\begin{aligned} J(v) - J(u) &= \frac{1}{2}a(v,v) - l(v) - \frac{1}{2}a(u,u) + l(u) \\ &= \frac{1}{2}a(v,v) - \frac{1}{2}a(u,u) - l(v-u) \\ &= \frac{1}{2}a(v,v) - \frac{1}{2}a(u,u) - a(u,v-u) \quad (\because a(u,v) = l(v)) \\ &= \frac{1}{2}\bigl(a(v,v) - 2a(u,v) + a(u,u)\bigr) \quad (\because a(u,v-u) = a(u,v) - a(u,u)) \\ &= \frac{1}{2}\bigl(a(v,v) - a(u,v) - a(v,u) + a(u,u)\bigr) \\ &= \frac{1}{2}a(v-u, v-u) \end{aligned}$$

となり, したがって,

$$J(v) - J(u) = \frac{1}{2}a(v-u, v-u) \tag{7.73}$$

を得ます. (7.22) により, c_0 を正定数として

$$a(v-u, v-u) \geq c_0 \|v-u\|_{H^1(\Omega)}^2 \tag{7.74}$$

が成立するので, これより

$$J(v) - J(u) \geq \frac{c_0}{2}\|v-u\|_{H^1(\Omega)}^2, \quad \forall v \in H_0^1(\Omega) \tag{7.75}$$

となり, 結局

$$J(v) \geq J(u), \quad \forall v \in H_0^1(\Omega) \tag{7.76}$$

を得ます. すなわち, u は $H_0^1(\Omega)$ 上で $J(\cdot)$ を最小化していることになります.

さらに, u は $H_0^1(\Omega)$ において $J(\cdot)$ の唯一の最小化となります. もし, $\widetilde{u}$ もまた, $H_0^1(\Omega)$ において $J(\cdot)$ の最小化ならば

$$J(v) \geq J(\widetilde{u}), \quad \forall v \in H_0^1(\Omega) \tag{7.77}$$

が成り立ちます. (7.76) において $v = \widetilde{u}$, (7.77) において $v = u$ とすれば,

$$J(u) = J(\widetilde{u}) \tag{7.78}$$

を得ます. (7.75) により

$$\|\widetilde{u} - u\|_{H^1(\Omega)} = 0 \tag{7.79}$$

となり, したがって, $u = \widetilde{u}$ となります. ■

また, $J(\cdot)$ は下に凸であることを示すことができます. すなわち,

$$J((1-\theta)v + \theta w) \leq (1-\theta)J(v) + \theta J(w), \quad \forall \theta \in [0,1], \quad \forall v, w \in H_0^1(\Omega) \tag{7.80}$$

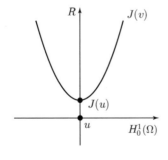

図 7.8 2次汎関数 $J(\cdot)$

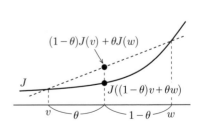

図 7.9 $J(\cdot)$ は下に凸

7.4 自己共役楕円型問題

が成立します (図 7.9 参照)[23]。さらに，もし u が $J(\cdot)$ を最小化するならば $J(\cdot)$ は u について停留点をもちます。すなわち，任意の $v \in H_0^1(\Omega)$ に対して

$$J'(u)v := \lim_{\lambda \to 0} \frac{J(u + \lambda v) - J(u)}{\lambda} = 0 \tag{7.81}$$

が成立します。つぎの式

$$\frac{J(u + \lambda v) - J(u)}{\lambda} = a(u, v) - l(v) + \frac{\lambda}{2} a(v, v) \tag{7.82}$$

が成り立つので，u が $J(\cdot)$ を最小化するならば

$$\lim_{\lambda \to 0} \left[a(u, v) - l(v) + \frac{\lambda}{2} a(v, v) \right] = a(u, v) - l(v) = 0, \quad \forall v \in H_0^1(\Omega) \tag{7.83}$$

となり，これよりつぎの補題が成立します。

補題 7.2 $u \in H_0^1(\Omega)$ が $H_0^1(\Omega)$ 上で $J(\cdot)$ を最小化すると仮定する。このとき，u は問題 (7.64)[24] の (唯一の) 解である。

補題 7.2 は補題 7.1 のちょうど逆をいっていることになり，これらの補題の結果は弱形式においてつぎのように述べることができます。すなわち，自己共役型楕円境界値問題 (7.71) について

問題 P:「$a(u, v) = l(v), \ \forall v \in H_0^1(\Omega)$ となる $u \in H_0^1(\Omega)$ をみつけよ」
という問題は，つぎの最小化問題

問題 Q:「$J(u) \leq J(v), \ \forall v \in H_0^1(\Omega)$ となる $u \in H_0^1(\Omega)$ をみつけよ」
と等価になるということです。

さて，この等価性を使って自己共役型における u の有限要素近似 u_h の変分的性質を考察しましょう。V_h をある次数の区分的連続な多項式からなる $H_0^1(\Omega)$ の有限次元部分空間とすると，問題 P の有限要素近似は

問題 P_h:「$a(u_h, v_h) = l(v_h), \ \forall v_h \in V_h$ となる $u_h \in V_h$ をみつけよ」
となります。ここで使った添字 ($*_h$) を再度使用して[25] 問題 P_h の等価としてつぎの最小化問題 Q_h を得ます。

---

[23] 容易に求めることができる等式 $(1-\theta)J(v) + \theta J(w) = J((1-\theta)v + \theta w) + \frac{1}{2}\theta(1-\theta)a(v-w, v-w)$ と $a(v-w, v-w) \geq 0$ より (7.80) が従います。
[24] 問題 (7.64) は最小化問題のオイラー–ラグランジェ方程式といわれます。
[25] あるいは，単に $H_0^1(\Omega)$ を V_h で置き換えてもよいです。

問題 Q_h:「$J(u_h) \leq J(v_h), \ \forall v_h \in V_h$ となる $u_h \in V_h$ をみつけよ」

このようにして, u_h は汎関数

$$J(v_h) = \frac{1}{2}a(v_h, v_h) - l(v_h)$$

の唯一の最小化として特徴づけされます. ここで, v_h は有限要素空間 V_h 内の任意の元です. この事実は, 有限要素解 u_h は

$$J(u_h) = \min_{v_h \in V_h} J(v_h)$$

の意味で弱解 $u \in H_0^1(\Omega)$ がエネルギー最小の性質を継承しています[26]。

7.5 剛性行列の計算と構成

7.4節で述べた u_h の変分的性質を使って, ポアソン方程式 $-\Delta u = f$ の有限要素近似の構成にもどりましょう. ポアソン方程式を考える領域は Ω とし, $\partial \Omega$ 上で同次ディリクレ境界条件 $u = 0$ に従うとし, 一般的な3角形分割を考えます. ここでは, Ω は正方の特別な場合よりも, 平面での有界な多角形領域と仮定しましょう. この多角形領域は M 個に分割され, それぞれ K 個の3角形からなるとします. したがって, どの3角形の組も辺を共有しているか, あるいはまったく共有していないかのどちらかとなります. $\partial \Omega$ 上で $v_h = 0$ となる性質をもった3角形分割で定義される区分的連続な線形関数 v_h の集合を考えます. そのような線形関数 v_h からなる線形空間を V_h で表します. このようにして, u_h は汎関数

$$J(v_h) = \frac{1}{2}\int_\Omega |\nabla v_h(x,y)|^2 \, \mathrm{d}x\mathrm{d}y - \int_\Omega f(x,y)v_h(x,y)\, \mathrm{d}x\mathrm{d}y$$

の唯一の最小化として特徴づけられます. ここで, v_h は V_h 上を動きます. 同じことですが, V_i をノード (x_i, y_i) での $v_h(x,y)$ の値, ϕ_i をこのノードに対応した区分的連続な線形基底関数, さらに, N を Ω 内でのノードの数として

$$v_h(x,y) = \sum_{i=1}^{N} V_i \phi_i(x,y)$$

---

[26] 一般的には $J(u) < J(u_h)$ です.

7.5 剛性行列の計算と構成

と書くと，この最小化問題をつぎの行列形式で書くことができます．

$$\left\lceil \frac{1}{2} V^T A V - V^T F \text{ が最小となる } V \in \mathbb{R}^N \text{ をみつけよ}\right\rfloor \quad (7.84)$$

ここで，$V = (V_1, V_2, \ldots, V_N)^T$ であり，A は大域剛性行列といわれる $N \times N$ の行列であり，その (i, j) 要素は

$$a(\phi_i, \phi_j) = (\nabla \phi_i, \nabla \phi_j) = \int_\Omega \nabla \phi_i(x, y) \cdot \nabla \phi_j(x, y) \, \mathrm{d}x\mathrm{d}y$$

であり，また，$F = (F_1, F_2, \ldots, F_N)^T$ は，大域負荷ベクトルといわれ，その要素は

$$F_i = (f, \phi_i) = \int_\Omega f(x, y) \phi_i(x, y) \, \mathrm{d}x\mathrm{d}y$$

となります．

Ω の3角形分割における任意の3角形 K を考え，位置ベクトル $r_i = (x_i, y_i)$ ($i = 1, 2, 3$) を導入します．そのラベルは反時計回りに付けることにします．さらに，いわゆる局所座標系 (ξ, η) を考え，図 7.10 に示すように標準3角形を導入しましょう．

3角形 K において任意の点の座標 $r = (x, y)$ は，3つの頂点の座標の凸結合としてつぎのように書くことができます．

$$r = (1 - \xi - \eta) r_1 + \xi r_2 + \eta r_3 \quad (7.85)$$
$$\equiv r_1 \psi_1(\xi, \eta) + r_2 \psi_2(\xi, \eta) + r_3 \psi_3(\xi, \eta)$$

集合 $\{\psi_1, \psi_2, \psi_3\}$ は**節点基底** (nodal basis：あるいは，局所基底 (local basis)) といわれるもので，局所座標で表される線形多項式の集合です．ここで，(7.85) によ

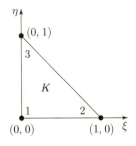

図 7.10 標準3角形と局所座標系

り定義される標準3角形から「大域的」(x,y) 座標系への変換 $(\xi,\eta) \mapsto r = (x,y)$ を考えます．この変換のヤコビ行列 (Jacobian matrix) J は

$$J = \frac{\partial(x,y)}{\partial(\xi,\eta)} = \begin{pmatrix} x_2 - x_1 & y_2 - y_1 \\ x_3 - x_1 & y_3 - y_1 \end{pmatrix}$$

で与えられ，これよりヤコビ行列式 (Jacobian, Jacobian determinant) は

$$\det J = \det \begin{pmatrix} x_2 - x_1 & y_2 - y_1 \\ x_3 - x_1 & y_3 - y_1 \end{pmatrix} = \det \begin{pmatrix} x_1 & y_1 & 1 \\ x_2 & y_2 & 1 \\ x_3 & y_3 & 1 \end{pmatrix} \quad (7.86)$$

と求まります．S を3角形 $K = \Delta(r_1, r_2, r_3)$ の面積とすると，(7.86) は

$$\det J = 2S$$

と書くことができます．同じようにして任意の関数 $v_h \in V_h$ に対して

$$v_h(x,y) = v_h(r(\xi,\eta)) = V_1\psi_1(\xi,\eta) + V_2\psi_2(\xi,\eta) + V_3\psi_3(\xi,\eta) \quad (7.87)$$

と書くことができます．ここで，V_i は頂点の位置ベクトルが r_i $(i=1,2,3)$ の3角形 K の節点での v_h の値を示します．剛性行列の要素を決めるため大域的座標系における v_h の勾配が必要ですが，(7.85) とヤコビ行列 J の形からつぎの関係を得ます．

$$\begin{pmatrix} \dfrac{\partial v_h}{\partial \xi} \\ \dfrac{\partial v_h}{\partial \eta} \end{pmatrix} = J \begin{pmatrix} \dfrac{\partial v_h}{\partial x} \\ \dfrac{\partial v_h}{\partial y} \end{pmatrix}, \quad \begin{pmatrix} \dfrac{\partial v_h}{\partial x} \\ \dfrac{\partial v_h}{\partial y} \end{pmatrix} = J^{-1} \begin{pmatrix} \dfrac{\partial v_h}{\partial \xi} \\ \dfrac{\partial v_h}{\partial \eta} \end{pmatrix} \quad (7.88)$$

これより

$$\begin{aligned} \frac{\partial v_h}{\partial x} &= \frac{1}{\det J}\left((y_3-y_1)\frac{\partial v_h}{\partial \xi} - (y_2-y_1)\frac{\partial v_h}{\partial \eta}\right) \\ \frac{\partial v_h}{\partial y} &= \frac{1}{\det J}\left(-(x_3-x_1)\frac{\partial v_h}{\partial \xi} + (x_2-x_1)\frac{\partial v_h}{\partial \eta}\right) \end{aligned} \quad (7.89)$$

を得ます．したがって，

$$\begin{aligned} (\det J)^2 |\nabla v_h|^2 = &|r_3-r_1|^2\left(\frac{\partial v_h}{\partial \xi}\right)^2 + |r_2-r_1|^2\left(\frac{\partial v_h}{\partial \eta}\right)^2 \\ &- 2(r_3-r_1)\cdot(r_2-r_1)\frac{\partial v_h}{\partial \xi}\frac{\partial v_h}{\partial \eta} \end{aligned} \quad (7.90)$$

7.5 剛性行列の計算と構成

を得て，また，(7.87) および (7.85) より

$$v_h = V_1(1 - \xi - \eta) + V_2 \xi + V_3 \eta$$

となり

$$\frac{\partial v_h}{\partial \xi} = V_2 - V_1, \quad \frac{\partial v_h}{\partial \eta} = V_3 - V_1 \tag{7.91}$$

となります。3角形分割において $v_h(x,y)$ はそれぞれの3角形 K で線形ですから，∇v_h は K 上で定数になり，したがって，3角形 K から

$$\int_\Omega |\nabla v_h(x,y)|^2 \, \mathrm{d}x\mathrm{d}y = \sum_K \int_K |\nabla v_h(x,y)|^2 \, \mathrm{d}x\mathrm{d}y$$

への寄与は

$$\int_K |\nabla v_h(x,y)|^2 \, \mathrm{d}x\mathrm{d}y = S |\nabla v_h|^2$$

$$= \frac{1}{2} \det J |\nabla v_h|^2 = \frac{1}{4S} (\det J)^2 |\nabla v_h|^2$$

となります。(7.90) と (7.91) を上式に代入すると節点の値 V_1, V_2, V_3 に対する2次形式を得ます。簡単な計算により $V_i V_j$ $(i,j = 1,2,3)$ の係数はつぎのように求めることができます。

V_1^2 の係数：$|r_3 - r_1|^2 + |r_2 - r_1|^2 - 2(r_3 - r_1) \cdot (r_2 - r_1) = |r_2 - r_3|^2$

$V_1 V_2$ の係数：$-2|r_3 - r_1|^2 + 2(r_3 - r_1) \cdot (r_2 - r_1) = 2(r_2 - r_3) \cdot (r_3 - r_1)$

$V_1 V_3$ の係数：$-2|r_2 - r_1|^2 + 2(r_3 - r_1) \cdot (r_2 - r_1) = 2(r_2 - r_3) \cdot (r_1 - r_2)$

V_2^2 の係数：$|r_3 - r_1|^2$

$V_2 V_3$ の係数：$2(r_3 - r_1) \cdot (r_1 - r_2)$

V_3^2 の係数：$|r_1 - r_2|^2$

以上より

$$\int_K |\nabla v_h(x,y)|^2 \, \mathrm{d}x\mathrm{d}y = \begin{pmatrix} V_1 & V_2 & V_3 \end{pmatrix} A_k \begin{pmatrix} V_1 \\ V_2 \\ V_3 \end{pmatrix}$$

を得ます。ここで，$k \in \{1, 2, \ldots, M\}$ は3角形 K の全体での番号を表し，A_k

は 3×3 の要素剛性行列であり，つぎのように書くことができます．

$$A_k = \frac{1}{4S}\begin{pmatrix} |r_2-r_3|^2 & (r_2-r_3)\cdot(r_3-r_1) & (r_2-r_3)\cdot(r_1-r_2) \\ & |r_3-r_1|^2 & (r_3-r_1)\cdot(r_1-r_2) \\ (sym.) & & |r_1-r_2|^2 \end{pmatrix}$$

大域剛性行列を組み立てるには節点の局所番号を全体システムに関係させることが必要となります．つぎのように N を Ω での内部の節点番号としましょう．

$$u_h(x,y) = \sum_{i=1}^{N} U_i \phi_i(x,y)$$

N は未知数です．Ω の境界の節点番号を $N+1, N+2, \ldots, N^*$ [27] とします．境界上では，ディリクレ条件を考えているので $u_h=0$ となり，記号を統一的に扱い $U_{N+1}=U_{N+2}=\ldots=U_{N^*}=0$ とすると

$$u_h(x,y) = \sum_{i=1}^{N^*} U_i \phi_i(x,y)$$

と書くことができます．事実，係数 U_j $(j=N+1, N+2, \ldots, N^*)$ は境界条件から 0 であることがわかっています．

k 番目の3角形 K に対して，$N^*\times 3$ のサイズの**ブール行列** [28] (Boolean matrix) L_k を考えます．その要素はつぎのように定義されます．行列 A_k を計算するときに，位置ベクトル r_1 の節点が全体の付番では i $(\in \{1,\ldots,N,\ldots,N^*\})$ 番目の節点ならば，L_k の $(i,1)$ 要素が 1 となります．同様に，位置ベクトル r_2 (r_3) の節点が全体の付番では $j(\ell)$ $(\in \{1,\ldots,N,\ldots,N^*\})$ 番目の節点ならば，L_k の $(j,2)$ $((\ell,3))$ 要素が 1 となります．いわゆる**全体剛性行列** (full stiffness matrix) A^* といわれる行列は，領域の3角形分割における要素 K 上での合計として定義される $N^*\times N^*$ の行列で

$$A^* = \sum_{k=1}^{M} L_k A_k (L_k)^T$$

のことです．

全体負荷ベクトル (full load vector) $F^* = (F_1, \ldots, F_N, \ldots, F_{N^*})^T$ も同様の方法で構成します．A^* と F^* が構成できれば，大域剛性行列 A を得るため

---

[27] N^* は全節点数であり，そのうちの N が内部，N^*-N が境界上の節点数となります．
[28] 要素が 0 または 1 のだけの行列をいいます．

に A^* の最後の $(N^* - N)$ 行 $(N^* - N)$ 列を消去し，また，大域負荷ベクトル F を得るために F^* の最後の $(N^* - N)$ 個を消去してつぎの線形方程式

$$AU = F$$

を解き，未知ベクトル $U = (U_1, U_2, \ldots, U_N)^T$ を求めます。

A と F を直接構成する方法は，境界を少なくとも 1 点含む 3 角形に属する節点に対して特殊な手続きが必要になり，効率的ではありません。そのため，まず，A^* と F^* を構成し，その後圧縮する手続きのほうが単純で，実用上有効な方法となります。

7.6 ガラーキンの直交性

7.6.1 セアの補題

いままでの節で有限要素法の構成を解説してきましたが，ここで，誤差解析の基本的なツールの概略を説明しましょう。

つぎの楕円型境界値問題を考えます。

$$-\sum_{i,j=1}^{n} \frac{\partial}{\partial x_j}\left(a_{ij}(x)\frac{\partial u}{\partial x_i}\right) + \sum_{i=1}^{n} b_i(x)\frac{\partial u}{\partial x_i} + c(x)u = f(x), \ x \in \Omega \quad (7.92)$$

$$u = 0 \quad \text{on } \partial\Omega \quad (7.93)$$

ここで，Ω は $\mathbb{R}^n$ における有界開集合とします。また，$a_{ij} \in L_\infty(\Omega)$ $(i,j = 1, 2, \ldots, n)$, $b_i \in W_\infty^1(\Omega)$ $(i = 1, 2, \ldots, n)$, $c \in L_\infty(\Omega)$, $f \in L_2(\Omega)$ とし，

$$\sum_{i,j=1}^{n} a_{ij}(x)\xi_i\xi_j \geq \widetilde{c}\sum_{i=1}^{n}\xi_i^2, \quad \forall \xi = (\xi_1, \xi_2, \ldots, \xi_n) \in \mathbb{R}^n, \quad \forall x \in \bar{\Omega} \quad (7.94)$$

となる正定数 $\widetilde{c}$ が存在すると仮定します。

(7.92), (7.93) の弱形式はつぎのようになります。

「$a(u, v) = l(v), \ \forall v \in H_0^1(\Omega)$ となる $u \in H_0^1(\Omega)$ をみつけよ」 (7.95)

ここで，双 1 次汎関数 $a(\cdot, \cdot)$ と線形汎関数 $l(\cdot)$ は

$$a(u, v) = \sum_{i,j=1}^{n}\int_\Omega a_{ij}\frac{\partial u}{\partial x_i}\frac{\partial v}{\partial x_j}\,\mathrm{d}x + \sum_{i=1}^{n}\int_\Omega b_i(x)\frac{\partial u}{\partial x_i}v\,\mathrm{d}x + \int_\Omega c(x)uv\,\mathrm{d}x \quad (7.96)$$

$$l(v) = \int_\Omega f(x)v(x)\,dx \tag{7.97}$$

で定義されます。もし

$$c(x) - \frac{1}{2}\sum_{i=1}^{n}\frac{\partial b_i}{\partial x_i} \geq 0, \quad x \in \bar{\Omega} \tag{7.98}$$

が成立すれば，(7.95) は唯一の解 $u \in H_0^1(\Omega)$ をもち，(7.92), (7.93) の弱解になります。さらに，解 u は

$$\|u\|_{H^1(\Omega)} \leq \frac{1}{c_0}\|f\|_{L_2(\Omega)}$$

を満たします。ここで，c_0 は (7.22) のようになります。

さてここで，V_h にさらなる仮定を設けずに，単に $H_0^1(\Omega)$ の有限次元部分空間とします[29]。さて，(7.95) の有限要素近似はつぎのようになります。

「$a(u_h, v_h) = l(v_h)$, $\forall v_h \in V_h$ となる $u_h \in V_h$ をみつけよ」 (7.99)

仮定により，V_h は $H_0^1(\Omega)$ にあるので，ラックス–ミルグラム定理 7.1 により (7.99) は V_h で唯一の解 u_h をもちます。さらに，(7.95) は任意の $v = v_h \in V_h$ に対して成立します。すなわち，

$$a(u, v_h) = l(v_h), \quad \forall v_h \in V_h$$

が成り立ちます。この等式から (7.99) を引くとつぎを得ます。

$$a(u - u_h, v_h) = 0, \quad \forall v_h \in V_h \tag{7.100}$$

性質 (7.100) は**ガラーキンの直交性** (Galerkin orthogonality) といわれ，有限要素法の誤差解析で決定的な役割を果たします。(7.22) で $v = u - u_h \in H_0^1(\Omega)$ とすると

$$\|u - u_h\|_{H^1(\Omega)}^2 \leq \frac{1}{c_0} a(u - u_h, u - u_h)$$

を得ます。したがって，(7.100) を使うと

$$\|u - u_h\|_{H^1(\Omega)}^2 \leq \frac{1}{c_0} a(u - u_h, u - v_h)$$

---

29) ただし，V_h は，計算領域 Ω の「細かさ」h の分割領域で定義される区分的に連続な多項式で構成されることを暗に仮定しています。

7.6 ガラーキンの直交性

となります[30]。さらに、(7.25) により上式の右辺は

$$a(u-u_h, u-v_h) \leq c_1 \|u-u_h\|_{H^1(\Omega)} \|u-v_h\|_{H^1(\Omega)}$$

となり、これら 2 つの不等式より

$$\|u-u_h\|_{H^1(\Omega)} \leq \frac{c_1}{c_0} \|u-v_h\|_{H^1(\Omega)}, \quad \forall v_h \in V_h$$

が誘導できます.以上をまとめるとつぎの補題を得ます.

補題 7.3 (セアの補題 (Céa's lemma)) $u \in H_0^1(\Omega)$ に対する有限要素近似 u_h は,すなわち,問題 (7.92), (7.93) の弱解は,ノルム $\|\cdot\|_{H^1(\Omega)}$ においてつぎの意味で u を最も良く近似しているものとなる.

$$\|u-u_h\|_{H^1(\Omega)} \leq \frac{c_1}{c_0} \min_{v_h \in V_h} \|u-v_h\|_{H^1(\Omega)}$$

◆**注意 7.4** 代表的な有限要素空間 V_h に対して,次式が成り立ちます.

$$\min_{v_h \in V_h} \|u-v_h\|_{H^1(\Omega)} \leq C(u) h^s$$

ここで,$C(u)$ は u のなめらかさに依存した正定数であり,h は分割の大きさのパラメータ (計算領域を分割した要素の最大直径),また,s は u のなめらかさと空間 V_h を構成する多項式の次数に依存する正の実数です.セアの補題を使えば

$$\|u-u_h\|_{H^1(\Omega)} \leq C(u) \left(\frac{c_1}{c_0}\right) h^s \tag{7.101}$$

を得ることができます.上式は,メッシュサイズパラメータ h で大域誤差 $e_h = u - u_h$ の上限を示しています.大域誤差の上限は,**事前上限誤差** (a priori error bound) とよばれます[31].(7.101) は,分割を細かくすればするほど $h \to 0$ となり,有限要素解 $\{u_h\}_h$ の列は $H^1(\Omega)$ ノルムで u に収束することを述べています.この結果により理論的には安心できますが,(7.101) に含まれる定数 $C(u)$ の値[32]を特定するのは難しく,実用上の意味はあまりありません.これに対して,**事後上限誤差** (a posteriori error bound) は,近似解 u_h がどの程度信用できるかを明確にし,大域誤差の計算可能な上限を与えてくれます.事後上限誤差は,7.8 節において解説します. ◇

---

[30] 双 1 次汎関数の性質とガラーキンの直交性により

$$a(u-u_h, u-u_h) = a(u-u_h, u-v_h) + a(u-u_h, v_h-u_h)$$

を得ます.第 2 項は $v_h - u_h \in V_h$ ですから,$\forall v_h - u_h \in V_h$ に対して $a(u-u_h, v_h-u_h) = 0$ を得ます.したがって,$a(u-u_h, u-u_h) = a(u-u_h, u-v_h)$ を得ます.

[31] 「事前」という語句は,(7.101) の右辺の値が u_h を実際に計算するまえにわかるという事実からきています.

[32] この値は,未知の解析解 u に依存している量となります.

○**例 7.2** ここでは,事前上限誤差 (7.101) を具体的な例でみていきましょう。ある楕円型の問題では,比 c_1/c_0 はかなり大きくなり,したがって,大域誤差が小さくなるまえに,メッシュサイズ h を極端に小さくとらなければなりません。Ω を $\mathbb{R}^n$ における有界開集合とし,つぎの境界値問題を考えます。

$$-\varepsilon \Delta u + b \cdot \nabla u = f \quad \text{in} \quad \Omega \quad (7.102)$$

$$u = 0 \quad \text{on} \quad \partial\Omega \quad (7.103)$$

ここで,$\varepsilon > 0$, $b = (b_1, b_2, \ldots, b_n)^T$ であり,$b_i \in W^1_\infty(\Omega)$ $(i = 1, 2, \ldots, n)$ とします。また簡単にするため,Ω のほとんどいたるところ $\operatorname{div} b \leq 0$ を仮定します。このような問題は移流拡散現象の数学モデルを組み立てるときによく生じます。移流現象が拡散現象よりはるかに支配的な場合,いわゆる**ペクレ数** (Péclet number)

$$Pe = \frac{\left(\sum_{i=1}^n \|b_i\|^2_{L_\infty(\Omega)}\right)^{1/2}}{\varepsilon}$$

は非常に大きな値 [33] になります。

簡単な計算により,いまの問題では

$$c_0 = \frac{\varepsilon}{(1 + c_\star^2)^{1/2}}, \quad c_1 = \left(\varepsilon^2 + \sum_{i=1}^n \|b_i\|^2_{L_\infty(\Omega)}\right)^{1/2}$$

になります。したがって,

$$\frac{c_1}{c_0} = (1 + c_\star^2)^{1/2}(1 + Pe^2)^{1/2}$$

となり,(7.101) は

$$\|u - u_h\|_{H^1(\Omega)} \leq (1 + c_\star^2)^{1/2}(1 + Pe^2)^{1/2} C(u) h^s \quad (7.104)$$

となります。このようにして,$\varepsilon \ll 1$ のとき誤差の上限の右辺の定数は,大きなペクレ数のため結果的に大きな値になります。定数 $C(u)$ もまた,u を経由して ε に依存し,状況はより悪くなります [34]。

移流項が支配的な拡散問題は,ペクレ数が大きな値となり,結果的に事前上限誤差が大きくなります。このような場合には,一般的には,メッシュサイズ

---

[33] 例えば,10^6 から 10^8 のオーダーです。
[34] $\varepsilon \ll 1$ のときは通常 $C(u) \gg 1$ となります。

7.6 ガラーキンの直交性

h をできる限り小さくする必要があります。 □

◆**注意 7.5** この例に関して，ペクレ数が大きいときには数値解が振動的になる現象も発生します．メッシュサイズ h を小さくすれば，やはり数値振動も抑えられますが，常にメッシュサイズを小さくすることは計算資源のうえでも得策ではありません．このため，**風上有限要素法** (upwind finite element methods) という手法が開発されています．この節の最後に風上有限要素法について解説します． ◇

この例 7.2 をさらに考察するために，Ω 上で $b \equiv 0$ となる極端な場合をもう一つみてみましょう．このときには，$c_1 = c_0 = \varepsilon$ となり，セアの補題を適用すると

$$\|u - u_h\|_{H^1(\Omega)} \leq \min_{v_h \in V_h} \|u - v_h\|_{H^1(\Omega)}$$

を得ます．実際，この不等式の左辺は，右辺より真に小さくなることはありえません[35]．したがって，

$$\|u - u_h\|_{H^1(\Omega)} = \min_{v_h \in V_h} \|u - v_h\|_{H^1(\Omega)}$$

となり，u_h は $H^1(\Omega)$ ノルムで V_h から u への最良近似になっています．問題が自己共役，すなわち，$a_{ij}(x) \equiv a_{ji}(x)$ $(i, j = 1, 2, \ldots, n)$，$b_i(x) \equiv 0$ $(i = 1, 2, \ldots, n)$ であるとき，この種の結果がもう少し一般的な設定で成立することをエネルギーノルムを導入し，補題 7.4 で述べます．

まず，つぎの定義をします．

$$(v, w)_a := a(v, w), \quad v, w \in H_0^1(\Omega) \tag{7.105}$$

ここで $a(\cdot, \cdot)$ は $H_0^1(\Omega) \times H_0^1(\Omega)$ 上で対称な双 1 次汎関数であり，

$$a(v, v) \geq c_0 \|v\|_{H^1(\Omega)}^2, \quad \forall v \in H_0^1(\Omega) \tag{7.106}$$

が成り立つので，$(\cdot, \cdot)_a$ は内積の公理を満たすことは容易にわかります．$\|\cdot\|_a$ を

$$\|v\|_a := [a(v, v)]^{1/2} \tag{7.107}$$

により定義された**エネルギーノルム** (energy norm) としましょう．

$V_h \subset H_0^1(\Omega)$ であるで，問題 P で $v = v_h \in V_h$ とすれば，

$$a(u, v_h) = l(v_h), \quad v_h \in V_h \tag{7.108}$$

---

[35] 右辺に $v_h = u_h$ を代入すれば容易にわかります．

を得.また,問題 P_h は

$$a(u_h, v_h) = l(v_h), \quad v_h \in V_h \tag{7.109}$$

です。(7.108) から (7.109) を引き,$a(\cdot,\cdot)$ が双 1 次汎関数である事実を使うとガラーキンの直交性の性質

$$a(u - u_h, v_h) = 0, \quad \forall v_h \in V_h \tag{7.110}$$

を導き出すことができます。すなわち,

$$(u - u_h, v_h)_a = 0, \quad \forall v_h \in V_h \tag{7.111}$$

を得ます。このように自己共役の場合は,厳密解 u と有限要素近似 u_h の間の誤差 $u - u_h$ は内積 $(\cdot,\cdot)_a$ において V_h と直交していることがわかります (図 7.11 参照)。直交性 (7.111) の性質を使うことにより

$$\begin{aligned}
\|u - u_h\|_a^2 &= (u - u_h, u - u_h)_a \\
&= (u - u_h, u)_a - (u - u_h, u_h)_a \\
&= (u - u_h, u)_a \\
&= (u - u_h, u)_a - (u - u_h, v_h)_a \\
&= (u - u_h, u - v_h)_a, \quad \forall v_h \in V_h
\end{aligned}$$

を得ます。ここで,コーシー–シュワルツの不等式により

$$\|u - u_h\|_a^2 = (u - u_h, u - v_h)_a \tag{7.112}$$
$$\leq \|u - u_h\|_a \|u - v_h\|_a, \quad \forall v_h \in V_h \tag{7.113}$$

となり,したがって,

$$\|u - u_h\|_a \leq \|u - v_h\|_a, \quad \forall v_h \in V_h \tag{7.114}$$

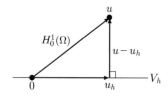

図 7.11 誤差 $u - u_h$ は V_h と直交

7.6 ガラーキンの直交性

を得て，結局

$$\|u - u_h\|_a = \min_{v_h \in V_h} \|u - v_h\|_a \tag{7.115}$$

となります．以上により，自己共役の場合にはセアの補題をより緻密化した，つぎの補題が成立します．

補題 7.4 $u \in H_0^1(\Omega)$ の有限要素近似 $u_h \in V_h$ はエネルギーノルム $\|\cdot\|_a$ で V_h から u への最良近似となる．すなわち，

$$\|u - u_h\|_a = \min_{v_h \in V_h} \|u - v_h\|_a \tag{7.116}$$

が成立する．

セアの補題は楕円型境界値問題に対する有限要素法の誤差解析の核となるものです．つぎの 7.7 節では，Ω 上で区分的に連続な線形関数から構成される簡単な有限要素空間 V_h に対して，自己共役の場合に誤差解析をどのように進めていくか説明します．

7.6.2 風上有限要素法

流れの速さ U (= 定数 > 0)，拡散係数 C (= 定数 > 0) として，つぎの 1 次元定常移流拡散方程式

$$U\frac{\mathrm{d}u}{\mathrm{d}x} = C\frac{\mathrm{d}^2 u}{\mathrm{d}x^2}, \quad 0 < x < L$$

$$u(0) = 0, \ u(L) = 1$$

を考えます．差分法を使用し，両辺に中心差分近似を用いて，この差分近似解を求めると，簡単な計算によりつぎのようになります．

$$u_k = \frac{\left(\frac{1+\alpha}{1-\alpha}\right)^{k-1} - 1}{\left(\frac{1+\alpha}{1-\alpha}\right)^N - 1}, \quad k = 1, 2, \ldots, N+1 \tag{7.117}$$

ここに，h は L を N 分割したもの，すなわち，$L = Nh$ であり，u_k は $u_k = u(x_k)$ の意味です．また，$\alpha = \dfrac{Uh}{2C}$ は**セルペクレ数** (cell Péclet number) といわれるものです．$\alpha > 1$ のとき，すなわち，拡散に比べて移流が支配的な場合には，求まる差分近似解 u_k は k ごとに振動する現象が発生することが (7.117) より

わかります.この数値振動を**ウイグル** (wiggle) といいます.この現象を解消するために,移流項の差分を $\dfrac{u_k - u_{k-1}}{h}$ で置き換えます.この差分において u_k は u_{k-1} の上流,すなわち,風上にあり,そのため**風上差分** (upwind finite difference) とよばれます.このように移流項には風上差分を,拡散項には中心差分を使うと,差分近似解は

$$u_k = \frac{(1+2\alpha)^{k-1} - 1}{(1+2\alpha)^N - 1} \qquad (7.118)$$

となり,$(1+2\alpha)^{k-1} > 0$ であるから,数値振動を起こさなくなります.

この考え方を有限要素法に導入したものが**風上有限要素法**[36]([11]) といわれています.具体的には,移流項にかかる重み関数の形状関数を風上側で大きく,風下側で小さくします.この流線拡散の大きさは,最適値を求める必要があります.一般に,近似解に対する形状関数とは異なる重み関数を用いる手法を**ペトロフ–ガラーキン法** (Petrov-Galerkin methods) といい,この重み関数に流線拡散の関数を用いる手法を **SUPG 法** (Streamline-Upwind/Petrov-Galerkin methods) といいます[37].

○例 **7.3** では,具体的につぎの境界値問題を,2 次元正方形領域 $\Omega = \{(0,1) \times (0,1]\}$ で実際に解いてみましょう.

$$\cos\left(\frac{\pi}{3}\right)\frac{\partial u}{\partial x} + \sin\left(\frac{\pi}{3}\right)\frac{\partial u}{\partial y} = \frac{1}{10^4}\Delta u + 1 \quad \text{in } \Omega \qquad (7.119)$$

$$u(0,y) = u(x,0) = 1, \quad u(1,y) = u(x,1) = 0$$

コンピュータを用いて計算した結果を示します[38].メッシュ数を 32×32 としますが,壁近傍にメッシュを密に配置します(図 7.12).図 7.13 には 256×256 のメッシュを壁付近に密に配置したものを使って,数値安定化なしに計算したものを参照解として実線で示しています.解の挙動を十分に解像できさえすれば数値安定化は不要であることがわかりますが,常にこのような密なメッシュを利用できるわけではありません.それでは少ないメッシュを使うとどうなるでしょうか.32×32 のメッシュでは壁付近に密に配置したとしても,数値安定

---

[36] 流線拡散 (streamline difusion),あるいは,流線風上手法 (streamline upwind techniques) ともいわれます.
[37] 詳細については文献 [11], [13] などを参照してください.
[38] COMSOL Multiphysics の伝熱 (流体) インターフェースを利用しています.

7.6 ガラーキンの直交性

図 7.12　境界値問題 (7.119) の有限要素メッシュ：壁付近に密に配置した 32×32 のメッシュ。(橋口真宜氏のご厚意による。)

化がない場合には点線で示すように解にウイグルが発生していることがわかります。流線拡散および横風拡散[39])を使えば，同じ 32×32 という少ないメッシュ数でも参照解とほぼ同等の解 (1 点鎖線) が得られることがわかります。ちなみに，32×32 の場合のペクレ数は x 軸中央部で最大となり，約 300 です。参照解は最大で約 40 です。　　　　　　　　　　　　　　　　　　　　□

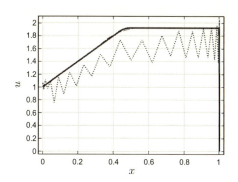

図 7.13　境界値問題 (7.119) の数値安定化の効果：参照解 (実線：256×256 メッシュ)，安定化なし (点線：32×32 メッシュ)，流線拡散と横風拡散による安定化 (破線：32×32 メッシュ，ほとんど実線と重なっています)，縦軸は $u(x, \frac{1}{2})$ を示しています。(橋口真宜氏のご厚意による。)

---

39)　流線風上手法の考えを横方向にも同様に適用したものです。

7.7 エネルギーノルムでの最良誤差の上限

この節では,セアの補題を適用し区分的に線形な基底関数に対して,7.4 節の問題 P の有限要素近似問題 P_h の最良誤差の上限を導出しましょう。1 次元モデル (2 点境界値問題) と 2 次元モデル (同次ディリクレ境界条件に従うポアソン方程式) の 2 つの例を取り上げます。

7.7.1 1 次元問題

$f \in L_2(0,1)$ とし,つぎの境界値問題を考えます。

$$-u'' + u = f(x), \quad 0 < x < 1 \tag{7.120}$$

$$u(0) = 0, \quad u(1) = 0 \tag{7.121}$$

この問題の弱形式は

問題 P1:「$a(u,v) = l(v),\ \forall v \in H_0^1(0,1)$ となる $u \in H_0^1(0,1)$ をみつけよ」
となります。ここで,a, l はつぎのように書くことができます。

$$a(u,v) = \int_0^1 (u'(x)v'(x) + u(x)v(x))\,\mathrm{d}x \tag{7.122}$$

$$l(v) = \int_0^1 f(x)v(x)\,\mathrm{d}x \tag{7.123}$$

対称双 1 次汎関数 $a(\cdot,\cdot)$ は

$$\|w\|_a = (a(w,w))^{1/2} = \Big(\int_0^1 (|w'(x)|^2 + |w(x)|^2)\,\mathrm{d}x\Big)^{1/2}$$

$$= \|w\|_{H^1(0,1)} \tag{7.124}$$

により定義されたエネルギーノルム $\|\cdot\|_a$ を誘導します。

区分的に線形な基底関数を使用したこの問題の有限要素近似は 7.3 節ですでに解説しています[40]。ここで,$[0,1]$ を等分割ではなく,一般的な分割

$$0 = x_0 < x_1 < \ldots < x_N = 1$$

を考えます。分割点 $x_i\ (i = 0, 1, \ldots, N)$ は同じ間隔である必要はありません。$N \geq 2$ とすると,開区間 $(0,1)$ には少なくとも 1 個の分割点が存在します。$h_i = x_i - x_{i-1}$ とおき,メッシュパラメータ $h = \max\limits_{i} h_i$ を定義します。分割

---
[40] (7.34) において,$p(x) \equiv 1$ と $q(x) \equiv 1$ とすればこの問題になります。

7.7 エネルギーノルムでの最良誤差の上限

をこのようにして，つぎの有限要素基底関数

$$\phi_i(x) = \begin{cases} 0, & x \leq x_{i-1} \text{の場合} \\ \dfrac{x - x_{i-1}}{h_i}, & x_{i-1} \leq x \leq x_i \text{の場合} \\ \dfrac{x_{i+1} - x}{h_{i+1}}, & x_i \leq x \leq x_{i+1} \text{の場合} \\ 0, & x_{i+1} \leq x \text{の場合} \end{cases} \tag{7.125}$$

を考えます．ここで，$i = 1, 2, \ldots, N-1$ です．また，

$$V_h = \mathrm{span}\{\phi_1, \phi_2, \ldots, \phi_{N-1}\}$$

とおくと明らかに，V_h は $H_0^1(0,1)$ の $(N-1)$ 次元部分空間になります．問題 P1 を有限要素法により

問題 P1$_h$：「$a(u_h, v_h) = l(v_h), \forall v_h \in V_h$ となる $u_h \in V_h$ をみつけよ」

と近似します．

さて，双1次汎関数 $a(\cdot, \cdot)$ は対称ですので，セアの補題によりつぎが成り立ちます．

$$\|u - u_h\|_{H^1(0,1)} = \|u - u_h\|_a = \min_{v_h \in V_h} \|u - v_h\|_a = \min_{v_h \in V_h} \|u - v_h\|_{H^1(0,1)} \tag{7.126}$$

ここで $\mathcal{I}_h u \in V_h$ を，分割点 x_i $(i = 0, 1, \ldots, N)$ で u と一致し，分割 $\{x_0, x_1, \ldots, x_N\}$ 上の区分的に連続な線形関数とします．このようにして

$$\mathcal{I}_h u(x) = \sum_{i=1}^{N-1} u(x_i) \phi_i(x) \tag{7.127}$$

と書くことができます．関数 $\mathcal{I}_h u$ は V_h が有限要素空間ですから，u の**補間関数**とよばれます．(7.126) で $v_h = \mathcal{I}_h u$ と選ぶと

$$\|u - u_h\|_{H^1(0,1)} \leq \|u - \mathcal{I}_h u\|_{H^1(0,1)} \tag{7.128}$$

となります．このようにして $H^1(0,1)$ ノルムでの大域誤差 $u - u_h$ の上限を知るために，同じノルムで補間誤差 $u - \mathcal{I}_h u$ の上限を探します．実際には，評価式

$$\|u - \mathcal{I}_h u\|_{H^1(0,1)} \leq \frac{h}{\pi} \left(1 + \frac{h^2}{\pi^2}\right)^{1/2} \|u''\|_{L_2(0,1)} \tag{7.129}$$

が成り立ちます．

定理 7.3 $u \in H^2(0,1)$ とし，$\mathcal{I}_h u$ を (7.127) で定義した有限要素空間 V_h から u の補間関数と仮定する．このとき，つぎの誤差の上限に関する式が成立する．

$$\|u - \mathcal{I}_h u\|_{L_2(0,1)} \leq \left(\frac{h}{\pi}\right)^2 \|u''\|_{L_2(0,1)} \tag{7.130}$$

$$\|u' - (\mathcal{I}_h u)'\|_{L_2(0,1)} \leq \frac{h}{\pi} \|u''\|_{L_2(0,1)} \tag{7.131}$$

[証明] 分割区間 $[x_{i-1}, x_i]$ $(1 \leq i \leq N)$ を考え，$x \in [x_{i-1}, x_i]$ に対して $\zeta(x) = u(x) - \mathcal{I}_h u(x)$ と定義します．このとき，$\zeta \in H^2(x_{i-1}, x_i)$ であり，$\zeta(x_{i-1}) = \zeta(x_i) = 0$ が成立します．したがって，ζ はつぎの収束する**フーリエサイン級数** (Fourier sine-series)

$$\zeta(x) = \sum_{k=1}^{\infty} a_k \sin \frac{k\pi(x - x_{i-1})}{h_i}, \quad x \in [x_{i-1}, x_i]$$

に展開できます．ここで，つぎの式が成り立つことに注意しましょう．

$$\int_{x_{i-1}}^{x_i} [\zeta(x)]^2 \, \mathrm{d}x = \frac{h_i}{2} \sum_{k=1}^{\infty} |a_k|^2$$

フーリエサイン級数 ζ を微分し，ζ' と ζ'' のフーリエ係数を求めると，それぞれ $(k\pi/h_i)a_k$，$-(k\pi/h_i)^2 a_k$ となり，したがって

$$\int_{x_{i-1}}^{x_i} [\zeta'(x)]^2 \, \mathrm{d}x = \frac{h_i}{2} \sum_{k=1}^{\infty} \left(\frac{k\pi}{h_i}\right)^2 |a_k|^2$$

$$\int_{x_{i-1}}^{x_i} [\zeta''(x)]^2 \, \mathrm{d}x = \frac{h_i}{2} \sum_{k=1}^{\infty} \left(\frac{k\pi}{h_i}\right)^4 |a_k|^2$$

を得ます．$k^4 \geq k^2 \geq 1$ より，

$$\int_{x_{i-1}}^{x_i} [\zeta(x)]^2 \, \mathrm{d}x \leq \left(\frac{h_i}{\pi}\right)^4 \int_{x_{i-1}}^{x_i} [\zeta''(x)]^2 \, \mathrm{d}x$$

$$\int_{x_{i-1}}^{x_i} [\zeta'(x)]^2 \, \mathrm{d}x \leq \left(\frac{h_i}{\pi}\right)^2 \int_{x_{i-1}}^{x_i} [\zeta''(x)]^2 \, \mathrm{d}x$$

が成り立つことは容易にわかります．しかし，$\mathcal{I}_h u$ は区間 (x_{i-1}, x_i) で線形関数ですから

$$\zeta''(x) = u''(x) - (\mathcal{I}_h u)''(x) = u''(x)$$

となります．したがって，$i = 1, 2, \ldots, N$ で合計し，$h = \max_i h_i$ とおくと

$$\|\zeta\|_{L_2(0,1)}^2 \leq \left(\frac{h}{\pi}\right)^4 \|u''\|_{L_2(0,1)}^2$$

7.7 エネルギーノルムでの最良誤差の上限

$$\|\zeta'\|_{L_2(0,1)}^2 \leq \left(\frac{h}{\pi}\right)^2 \|u''\|_{L_2(0,1)}^2$$

を得ます。平方根をとり $\zeta = u - (\mathcal{I}_h u)$ であることを思い出せば、定理の結果が従います。 ∎

さて、(7.129) はつぎのようにこの定理から直接得ることができます。

$$\|u - \mathcal{I}_h u\|_{H^1(0,1)}^2 = \|u - \mathcal{I}_h u\|_{L_2(0,1)}^2 + \|(u - \mathcal{I}_h u)'\|_{L_2(0,1)}^2$$

$$\leq \frac{h^2}{\pi^2}\left(1 + \frac{h^2}{\pi^2}\right)\|u''\|_{L_2(0,1)}^2$$

このように補間誤差の上限 (7.129) がわかりましたので、不等式 (7.128) に (7.129) を代入し、事前上限誤差をつぎのように得ることができます。

$$\|u - u_h\|_{H^1(0,1)} \leq \frac{h}{\pi}\left(1 + \frac{h^2}{\pi^2}\right)^{1/2}\|u''\|_{L_2(0,1)} \qquad (7.132)$$

上式は、$u'' \in L_2(0,1)$ を仮定するならば、$H^1(0,1)$ ノルムで測られる有限要素解の誤差は、$h \to 0$ のとき $\mathcal{O}(h)$ で 0 に収束することをいっています。

境界値問題 (7.120), (7.121) において最後に注意すべきことは、f の仮定、すなわち、$f \in L_2(0,1)$ は $u'' \in L_2(0,1)$ を暗に含んでいるということです。もちろん、境界値問題の弱形式で $v = u$ と選べば

$$\int_0^1 |u'(x)|^2 \, dx + \int_0^1 |u(x)|^2 \, dx = \int_0^1 f(x)u(x) \, dx$$

$$\leq \left(\int_0^1 |f(x)|^2 \, dx\right)^{1/2}\left(\int_0^1 |u(x)|^2 \, dx\right)^{1/2} \qquad (7.133)$$

となり、したがって、

$$\left(\int_0^1 |u(x)|^2 \, dx\right)^{1/2} \leq \left(\int_0^1 |f(x)|^2 \, dx\right)^{1/2}$$

となります。すなわち、

$$\|u\|_{L_2(0,1)} \leq \|f\|_{L_2(0,1)}$$

が得られます。これにより (7.133) より

$$\|u'\|_{L_2(0,1)} \leq \|f\|_{L_2(0,1)}$$

も得られます。最後に，もとの微分方程式より $u'' = u - f$ ですから

$$\|u''\|_{L_2(0,1)} = \|u - f\|_{L_2(0,1)} \leq \|u\|_{L_2(0,1)} + \|f\|_{L_2(0,1)} \leq 2\|f\|_{L_2(0,1)}$$

を得ます．以上より，$u'' \in L_2(0,1)$ であることを証明しました[41]．

ここで，$\|u''\|_{L_2(0,1)}$ に関する上限を (7.132) に代入するとつぎを得ます．

$$\|u - u_h\|_{H^1(0,1)} \leq \frac{2h}{\pi}\left(1 + \frac{h^2}{\pi^2}\right)^{1/2} \|f\|_{L_2(0,1)} \qquad (7.134)$$

この (7.134) において，右辺の f は既知関数であり，また，$h = \max_i h_i$ は $[0,1]$ の任意の分割で容易に計算でき，したがって，$H^1(0,1)$ ノルムでの大域誤差 $u - u_h$ (左辺) の計算可能な上限を与えています．

この節で示した論点は，一般の有限要素法における事前誤差解析の代表的なものです．要約すれば，セアの補題と補間誤差の上限を使うということです．この 2 つにより上限誤差 (7.132) を導きました．結局，

$$\|u''\|_{L_2(0,1)} \leq C_* \|f\|_{L_2(0,1)} \qquad (7.135)$$

のようなタイプの上限[42]で十分満足できれば，少なくとも原理的には大域誤差の計算可能な上限 (7.134) を得たということがいえます．なお，(7.135) は，楕円型の**正則性** (regularity)[43] 評価とよばれています．しかしながら，(多次元) 楕円型境界値問題に対して

$$|u|_{H^2(\Omega)} \leq C_* \|f\|_{L_2(\Omega)} \qquad (7.136)$$

の形の正則性評価を証明するには多少やっかいな作業をともないます[44]．事実，多次元問題に対して，(7.136) は，境界 $\partial\Omega$ と係数 a_{ij}, b_i, c が十分なめらかでないかぎり成立しません．なお悪いことに，(7.136) において，定数 C_* の大きさが正確にわかることはほとんどありません．結局，事前上限誤差を大域誤差の計算評価に使うことは難しいということです．多くの場合，解析解と有限要素近似との誤差の大きさに関する正確な情報を望むわけですから，この事

---

41) 事実，$u, u' \in L_2(0,1)$ であることはわかっていますが，さらに $u \in H^2(0,1)$ をも証明しました．
42) あるいは，別の表現をすれば $|u|_{H^2(0,1)} \leq C_* \|f\|_{L_2(0,1)}$ (左辺はセミノルムであることに注意) となります．
43) 「正則性」は，いわゆる複素関数論の "正則" の意味とは異なります．
44) この問題は 7.7.3 項のアウビン–ニッチェの双対性 (Aubin-Nitsche duality) で議論します．

7.7　エネルギーノルムでの最良誤差の上限

実は実用上の計算の観点から重大な欠陥になります．7.8節において，別な方法で「事後」誤差解析を議論し，これによりこの欠陥を解消しさらに，u_h の項で誤差の計算可能な上限を与えます．

7.7.2　2次元問題

ここでは，$\Omega = (0,1) \times (0,1)$ とし，つぎの楕円型境界値問題

$$-\Delta u = f \quad \text{in } \Omega \tag{7.137}$$

$$u = 0 \quad \text{on } \partial\Omega \tag{7.138}$$

を取り上げます．まず，この問題の弱形式は，つぎのようになることを思い出しましょう．

「$\int_\Omega \left(\dfrac{\partial u}{\partial x}\dfrac{\partial v}{\partial x} + \dfrac{\partial u}{\partial y}\dfrac{\partial v}{\partial y} \right) \mathrm{dxdy} = \int_\Omega fv \,\mathrm{dxdy}, \quad \forall v \in H_0^1(\Omega)$

となる $u \in H_0^1(\Omega)$ をみつけよ」 $\tag{7.139}$

この (7.139) に対する有限要素近似を構成するために，7.3節で示した図 7.4 の3角形分割をして，$h = 1/N$ とし，$x_i = ih$ ($i = 0, 1, \ldots, N$), $y_j = jh$ ($j = 0, 1, \ldots, N$) のようにします．このとき，Ω 内部に含まれる節点 (x_i, y_j) (⊙ で図示) に対して，基底関数 ϕ_{ij} を (7.55) で定義します．さらに，

$$V_h = \mathrm{span}\{\phi_{ij} \ (i = 1, 2, \ldots, N-1; \ j = 1, 2, \ldots, N-1)\}$$

とすると，(7.137) (および (7.139)) の有限要素近似は

「$\int_\Omega \left(\dfrac{\partial u_h}{\partial x}\dfrac{\partial v_h}{\partial x} + \dfrac{\partial u_h}{\partial y}\dfrac{\partial v_h}{\partial y} \right) \mathrm{dxdy} = \int_\Omega fv_h \,\mathrm{dxdy}, \quad \forall v_h \in V_h$

となる $u_h \in V_h$ をみつけよ」 $\tag{7.140}$

となります．つぎのように

$$l(v) = \int_\Omega f(x)v(x)\,\mathrm{dx} \tag{7.141}$$

$$(v, w)_a = a(v, w) = \int_\Omega \left(\dfrac{\partial v}{\partial x}\dfrac{\partial w}{\partial x} + \dfrac{\partial v}{\partial y}\dfrac{\partial w}{\partial y} \right) \mathrm{dxdy} \tag{7.142}$$

とおくと，(7.139) は

問題 P2：「$a(u,v) = l(v), \forall v \in H_0^1(\Omega)$ となる $u \in H_0^1(\Omega)$ をみつけよ」と書くことができ，また，有限要素法 (7.140) は

問題 $P2_h$:「$a(u_h, v_h) = l(v_h), \forall v_h \in V_h$ となる $u_h \in V_h$ をみつけよ」のように書くことができます。セアの補題により

$$\|u - u_h\|_a = \min_{v_h \in V_h} \|u - v_h\|_a \le \|u - \mathcal{I}_h u\|_a \tag{7.143}$$

が成立します。ここで，$\mathcal{I}_h u$ は $\bar{\Omega} = [0,1] \times [0,1]$ 上での関数 u の区分的に連続な線形補間関数であり，

$$(\mathcal{I}_h u)(x,y) = \sum_{i=1}^{N-1} \sum_{j=1}^{N-1} u(x_i, y_j) \phi_{ij}(x,y) \tag{7.144}$$

のことです。明らかに，$(\mathcal{I}_h u)(x_k, y_l) = u(x_k, y_l)$ となります。さて，$\|u - \mathcal{I}_h u\|_a$ を評価していきましょう。

まず，(7.142) より

$$\begin{aligned}\|u - \mathcal{I}_h u\|_a^2 &= \int_\Omega \left|\frac{\partial}{\partial x}(u - \mathcal{I}_h u)\right|^2 \mathrm{dxdy} + \int_\Omega \left|\frac{\partial}{\partial y}(u - \mathcal{I}_h u)\right|^2 \mathrm{dxdy} \\ &= \sum_\triangle \left\{ \int_\triangle \left|\frac{\partial}{\partial x}(u - \mathcal{I}_h u)\right|^2 \mathrm{dxdy} + \int_\triangle \left|\frac{\partial}{\partial y}(u - \mathcal{I}_h u)\right|^2 \mathrm{dxdy} \right\} \end{aligned} \tag{7.145}$$

となります。ここで，$\triangle$ は Ω の分割における3角形のことです。例えば，

$$\triangle = \{(x,y) \mid x_i \le x \le x_{i+1}, \ y_j \le y \le y_{j+1} + x_i - x\} \tag{7.146}$$

とし，

$$\int_\triangle \left|\frac{\partial}{\partial x}(u - \mathcal{I}_h u)\right|^2 \mathrm{dxdy} + \int_\triangle \left|\frac{\partial}{\partial y}(u - \mathcal{I}_h u)\right|^2 \mathrm{dxdy} \tag{7.147}$$

を評価するために，正規3角形を

$$K = \{(s,t) \mid 0 \le s \le 1, \ 0 \le t \le 1 - s\} \tag{7.148}$$

とし，さらに，$\triangle$ から K への**アフィン写像** (affine mapping) $(x,y) \mapsto (s,t)$ を

$$x = x_i + sh, \quad 0 \le s \le 1 \tag{7.149}$$
$$y = y_j + th, \quad 0 \le t \le 1 \tag{7.150}$$

で定義します。ここで，$\bar{u}(s,t) := u(x,y)$ とおくと，つぎの関係を得ます。

$$\frac{\partial u}{\partial x} = \frac{\partial \bar{u}}{\partial s} \cdot \frac{\partial s}{\partial x} + \frac{\partial \bar{u}}{\partial t} \cdot \frac{\partial t}{\partial x} = \frac{1}{h} \cdot \frac{\partial \bar{u}}{\partial s} \tag{7.151}$$

7.7 エネルギーノルムでの最良誤差の上限

$$\frac{\partial u}{\partial y} = \frac{\partial \bar{u}}{\partial s} \cdot \frac{\partial s}{\partial y} + \frac{\partial \bar{u}}{\partial t} \cdot \frac{\partial t}{\partial y} = \frac{1}{h} \cdot \frac{\partial \bar{u}}{\partial t} \qquad (7.152)$$

写像 $(s,t) \mapsto (x,y)$ のヤコビ行列式は

$$\det J = \det \frac{\partial(x,y)}{\partial(s,t)} = \det \begin{pmatrix} x_s & x_t \\ y_s & y_t \end{pmatrix} = \det \begin{pmatrix} h & 0 \\ 0 & h \end{pmatrix} = h^2 \qquad (7.153)$$

となります。このようにして

$$\int_\triangle \left| \frac{\partial}{\partial x}(u - \mathcal{I}_h u) \right|^2 \mathrm{dxdy}$$

$$= \int_K \left| \frac{\partial}{\partial s}\bigl(\bar{u}(s,t) - [(1-s-t)\bar{u}(0,0) + s\bar{u}(1,0) + t\bar{u}(0,1)]\bigr) \right|^2 \mathrm{dsdt}$$

$$= \int_0^1 \int_0^{1-s} \left| \frac{\partial \bar{u}}{\partial s}(s,t) - [\bar{u}(1,0) - \bar{u}(0,0)] \right|^2 \mathrm{dsdt}$$

$$= \int_0^1 \int_0^{1-s} \left| \frac{\partial \bar{u}}{\partial s}(s,t) - \int_0^1 \frac{\partial \bar{u}}{\partial s}(\sigma,0)\,\mathrm{d}\sigma \right|^2 \mathrm{dsdt}$$

$$= \int_0^1 \int_0^{1-s} \left| \int_0^1 \left(\frac{\partial \bar{u}}{\partial s}(s,t) - \frac{\partial \bar{u}}{\partial s}(\sigma,t) \right) \mathrm{d}\sigma \right.$$
$$\left. + \int_0^1 \left(\frac{\partial \bar{u}}{\partial s}(\sigma,t) - \frac{\partial \bar{u}}{\partial s}(\sigma,0) \right) \mathrm{d}\sigma \right|^2 \mathrm{dsdt}$$

$$= \int_0^1 \int_0^{1-s} \left| \int_0^1 \int_\sigma^s \frac{\partial^2 \bar{u}}{\partial s^2}(\theta,t)\,\mathrm{d}\theta\mathrm{d}\sigma + \int_0^1 \int_0^t \frac{\partial^2 \bar{u}}{\partial s \partial t}(\sigma,\eta)\,\mathrm{d}\eta\mathrm{d}\sigma \right|^2 \mathrm{dsdt}$$

$$\leq 2 \int_0^1 \int_0^{1-s} \int_0^1 \int_0^1 \left| \frac{\partial^2 \bar{u}}{\partial s^2}(\theta,t) \right|^2 \mathrm{d}\theta\mathrm{d}\sigma\mathrm{dsdt}$$
$$+ 2 \int_0^1 \int_0^{1-s} \int_0^1 \int_0^1 \left| \frac{\partial^2 \bar{u}}{\partial s \partial t}(\sigma,\eta) \right|^2 \mathrm{d}\eta\mathrm{d}\sigma\mathrm{dsdt}\,^{45)}$$

$$\leq 2 \int_0^1 \int_0^1 \left| \frac{\partial^2 \bar{u}}{\partial s^2}(\theta,t) \right|^2 \mathrm{d}\theta\mathrm{dt} + \int_0^1 \int_0^1 \left| \frac{\partial^2 \bar{u}}{\partial s \partial t}(\sigma,\eta) \right|^2 \mathrm{d}\sigma\mathrm{d}\eta$$

$$= 2 \int_{x_i}^{x_{i+1}} \int_{y_j}^{y_{j+1}} \left| \frac{\partial^2 u}{\partial x^2}(x,y) \right|^2 \cdot |h^2|^2 \cdot h^{-2}\,\mathrm{dxdy}$$
$$+ \int_{x_i}^{x_{i+1}} \int_{y_j}^{y_{j+1}} \left| \frac{\partial^2 u}{\partial x \partial y}(x,y) \right|^2 \cdot |h^2|^2 \cdot h^{-2}\,\mathrm{dxdy}$$

---

45) なぜならば,一般に $|a+b|^2 \leq 2|a|^2 + 2|b|^2$ だからです。

を得ます．したがって，

$$\int_{\triangle}\left|\frac{\partial}{\partial x}(u-\mathcal{I}_h u)\right|^2 \mathrm{dxdy} \leq 2h^2 \int_{x_i}^{x_{i+1}} \int_{y_j}^{y_{j+1}} \left(\left|\frac{\partial^2 u}{\partial x^2}\right|^2 + \frac{1}{2}\left|\frac{\partial^2 u}{\partial x \partial y}\right|^2\right) \mathrm{dxdy} \tag{7.154}$$

となり，同様にしてつぎを得ます．

$$\int_{\triangle}\left|\frac{\partial}{\partial y}(u-\mathcal{I}_h u)\right|^2 \mathrm{dxdy} \leq 2h^2 \int_{x_i}^{x_{i+1}} \int_{y_j}^{y_{j+1}} \left(\left|\frac{\partial^2 u}{\partial y^2}\right|^2 + \frac{1}{2}\left|\frac{\partial^2 u}{\partial x \partial y}\right|^2\right) \mathrm{dxdy} \tag{7.155}$$

(7.154) と (7.155) を (7.145) に代入すると

$$\|u-\mathcal{I}_h u\|_a^2 \leq 4h^2 \int_{\Omega}\left(\left|\frac{\partial^2 u}{\partial x^2}\right|^2 + \left|\frac{\partial^2 u}{\partial x \partial y}\right|^2 + \left|\frac{\partial^2 u}{\partial y^2}\right|^2\right) \mathrm{dxdy} \tag{7.156}$$

となり，(7.143) と (7.156) により最終的に

$$\|u-u_h\|_a \leq 2h|u|_{H^2(\Omega)} \tag{7.157}$$

の関係を得ます．

以上より，つぎの定理を証明したことになります．

定理 7.4 u を境界値問題 (7.137) の弱解とし，u_h を (7.140) により定義される区分的に線形な有限要素近似とする．$u \in H^2(\Omega) \cap H_0^1(\Omega)$ を仮定するとつぎが成り立つ．

$$\|u-u_h\|_a \leq 2h|u|_{H^2(\Omega)} \tag{7.158}$$

系 7.1 定理 7.4 の仮定のもと，つぎが成り立つ．

$$\|u-u_h\|_{H^1(\Omega)} \leq \sqrt{5}h|u|_{H^2(\Omega)} \tag{7.159}$$

[証明] 定理 7.4 により

$$\|u-u_h\|_a^2 = |u-u_h|_{H^1(\Omega)}^2 \leq 4h^2|u|_{H^2(\Omega)}^2 \tag{7.160}$$

が成り立ちます．$u \in H_0^1(\Omega)$ と $u_h \in V_h \subset H_0^1(\Omega)$ より $u-u_h \in H_0^1(\Omega)$ が従います．ポアンカレ–フリードリヒの不等式により

$$\|u-u_h\|_{L_2(\Omega)}^2 \leq \frac{1}{4}|u-u_h|_{H^1(\Omega)}^2 \tag{7.161}$$

を得，

7.7 エネルギーノルムでの最良誤差の上限

$$\|u - u_h\|_{H^1(\Omega)}^2 = \|u - u_h\|_{L_2(\Omega)}^2 + |u - u_h|_{H^1(\Omega)}^2 \tag{7.162}$$

$$\leq \frac{5}{4}|u - u_h|_{H^1(\Omega)}^2 \leq 5h^2|u|_{H^2(\Omega)}^2 \tag{7.163}$$

となり，系の結果が従います。∎

(7.161) と (7.157) より，つぎの不等式が成立することもわかります。

$$\|u - u_h\|_{L_2(\Omega)} \leq h\,|u|_{H^2(\Omega)} \tag{7.164}$$

7.7.3 アウビン–ニッチェの双対性

(7.164) の誤差評価は，u とその有限要素近似 u_h との L_2 ノルムにおける誤差が $\mathcal{O}(h)$ のサイズであることをいっています。しかし，この上限はきわめて消極的であり，$\mathcal{O}(h^2)$ のサイズに改善できることがわかります。その証明を以下に示します。

まず，最初に $w \in H^2(\Omega) \cap H_0^1(\Omega)$, $\Omega = (0,1) \times (0,1)$ ならば

$$\|\Delta w\|_{L_2(\Omega)}^2 = \int_\Omega \left(\frac{\partial^2 w}{\partial x^2} + \frac{\partial^2 w}{\partial y^2}\right)^2 \mathrm{dxdy}$$

$$= \int_\Omega \left(\frac{\partial^2 w}{\partial x^2}\right)^2 \mathrm{dxdy} + 2\int_\Omega \frac{\partial^2 w}{\partial x^2} \cdot \frac{\partial^2 w}{\partial y^2} \mathrm{dxdy} + \int_\Omega \left(\frac{\partial^2 w}{\partial y^2}\right)^2 \mathrm{dxdy}$$

が成り立ちます。部分積分し [46]

$$\int_\Omega \frac{\partial^2 w}{\partial x^2} \cdot \frac{\partial^2 w}{\partial y^2} \mathrm{dxdy} = \int_\Omega \frac{\partial^2 w}{\partial x \partial y} \cdot \frac{\partial^2 w}{\partial x \partial y} \mathrm{dxdy}$$

$$= \int_\Omega \left|\frac{\partial^2 w}{\partial x \partial y}\right|^2 \mathrm{dxdy}$$

となります。このようにして

$$\|\Delta w\|_{L_2(\Omega)}^2 = \int_\Omega \left(\left|\frac{\partial^2 w}{\partial x^2}\right|^2 + 2\left|\frac{\partial^2 w}{\partial x \partial y}\right|^2 + \left|\frac{\partial^2 w}{\partial y^2}\right|^2\right) \mathrm{dxdy}$$

$$= |w|_{H^2(\Omega)}^2$$

---

[46] 具体的には，

$$\lim_{n\to\infty} \|w_n - w\|_{H^2(\Omega)} = 0 \quad (*)$$

となる関数列 $\{w_n\}_{n=1}^\infty \in C_0^\infty(\Omega)$ を考えます。$w_n \in C_0^\infty(\Omega)$ については部分積分の等式が成立します。ここで，$C_0^\infty(\Omega)$ が $H^2(\Omega) \cap H_0^1(\Omega)$ で稠密であることを用いて，$(*)$ において極限をとればよいわけです。

を得ます．さて，与えられた $g \in L_2(\Omega)$ に対して，$w_g \in H_0^1(\Omega)$ をつぎの境界値問題の弱解とします．

$$-\Delta w_g = g \quad \text{in} \quad \Omega \tag{7.165}$$

$$w_g = 0 \quad \text{on} \quad \partial\Omega \tag{7.166}$$

このとき，$w_g \in H^2(\Omega) \cap H_0^1(\Omega)$ であり，また，

$$|w_g|_{H^2(\Omega)} = \|\Delta w_g\|_{L_2(\Omega)} = \|g\|_{L_2(\Omega)} \tag{7.167}$$

が成り立ちます．以上で準備が整いましたので，L_2 ノルムにおける最適な誤差の上限を求めていきましょう．

L_2 での内積 $(\cdot,\cdot)$ にコーシー–シュワルツの不等式を適用すると

$$(u - u_h, g) \leq \|u - u_h\|_{L_2(\Omega)} \|g\|_{L_2(\Omega)}, \quad \forall g \in L_2(\Omega)$$

が成り立ちます．したがって，つぎを得ます．

$$\|u - u_h\|_{L_2(\Omega)} = \sup_{g \in L_2(\Omega)} \frac{(u - u_h, g)}{\|g\|_{L_2(\Omega)}} \tag{7.168}$$

$g \in L_2(\Omega)$ に対して，関数 $w_g \in H_0^1(\Omega)$ は問題 (7.165) の弱解になり，

$$a(w_g, v) = l_g(v), \quad \forall v \in H_0^1(\Omega) \tag{7.169}$$

を満たします．ここで，

$$l_g(v) = \int_\Omega gv \, \mathrm{dxdy} = (g, v) \tag{7.170}$$

$$a(w_g, v) = \int_\Omega \left(\frac{\partial w_g}{\partial x} \frac{\partial v}{\partial x} + \frac{\partial w_g}{\partial y} \frac{\partial v}{\partial y} \right) \mathrm{dxdy} \tag{7.171}$$

とおきました．さて，有限要素近似 (7.169) はつぎの問題

問題 P3$_h$：「$a(w_{gh}, v_h) = l_g(v_h), \forall v_h \in V_h$ となる $w_{gh} \in V_h$ をみつけよ」
になり，これを考えましょう．(7.169) と問題 P3$_h$ および誤差の上限 (7.157) より，

$$\|w_g - w_{gh}\|_a \leq 2h|w_g|_{H^2(\Omega)} \tag{7.172}$$

を得ます．(7.167) により結局，

$$\|w_g - w_{gh}\|_a \leq 2h\|g\|_{L_2(\Omega)} \tag{7.173}$$

となります．ここで，

$$(u - u_h, g) = (g, u - u_h) = l_g(u - u_h)$$
$$= a(w_g, u - u_h) = a(u - u_h, w_g) \tag{7.174}$$

となり，また，$w_{gh} \in V_h$ と (7.111) より

$$a(u - u_h, w_{gh}) = 0 \tag{7.175}$$

となります。したがって，(7.174) よりつぎが成り立ちます．

$$(u - u_h, g) = a(u - u_h, w_g) - a(u - u_h, w_{gh})$$
$$= a(u - u_h, w_g - w_{gh})$$
$$= (u - u_h, w_g - w_{gh})_a$$

上式の右辺にコーシー–シュワルツの不等式を適用すると

$$(u - u_h, g) \leq \|u - u_h\|_a \|w_g - w_{gh}\|_a$$

となり，ここで，(7.157) と (7.173) により

$$(u - u_h, g) \leq 4h^2 |u|_{H^2(\Omega)} \cdot \|g\|_{L_2(\Omega)} \tag{7.176}$$

を得ます．(7.176) を (7.168) の右辺に代入すると，最終的に

$$\|u - u_h\|_{L_2(\Omega)} \leq 4h^2 |u|_{H^2(\Omega)} \tag{7.177}$$

となり，上式は L_2 ノルムでの改善された誤差の上限を与えています。ここで示した証明は，**アウビン–ニッチェの双対性** (Aubin-Nitsche duality) といわれているものです．

7.8 双対性による事後誤差解析

この節では，大域誤差の上限を導き，それが対象となる微分方程式の係数と求められた近似解のみによって評価できることを示します。この誤差を**事後誤差**といい，7.6 節の事前誤差とは区別します．

説明を簡素化するために，つぎの 2 点境界値問題を扱いましょう．

$$-u'' + b(x)u' + c(x)u = f(x), \quad 0 < x < 1 \tag{7.178}$$
$$u(0) = 0, \quad u(1) = 0 \tag{7.179}$$

ここで，b, c, f はそれぞれ，$b \in W^1_\infty(0,1)$, $c \in L_\infty(0,1)$, $f \in L_2(0,1)$ としま

す．さて，

$$a(w,v) = \int_0^1 \Big(w'(x)v'(x) + b(x)w'(x)v(x) + c(x)w(x)v(x)\Big)\,\mathrm{d}x \quad (7.180)$$

$$l(v) = \int_0^1 f(x)v(x)\,\mathrm{d}x \quad (7.181)$$

とおくと，問題 (7.178), (7.179) の弱形式はつぎのように書くことができます．

問題 P4：「$a(u,v) = l(v)$, $\forall v \in H_0^1(\Omega)$ となる $u \in H_0^1(\Omega)$ をみつけよ」

また，

$$c(x) - \frac{1}{2}b'(x) \geq 0, \quad x \in (0,1) \quad (7.182)$$

を仮定すると問題 P4 には，唯一の弱解 $u \in H_0^1(0,1)$ が存在します．問題 P4 に対する有限要素近似は，点 x_i $(0 = x_0 < x_1 < \ldots < x_N = 1)$ による区間 $[0,1]$ の分割 [47] を考えて，この分割上で区分的に連続な多項式からなる有限要素空間 $V_h \subset H_0^1(0,1)$ を定義することにより構成できます．問題を簡単にするために，7.3 節で述べたように，V_h は区分的に連続な線形関数から構成されると仮定します．境界値問題の有限要素近似はつぎのようになります．

問題 P4$_h$：「$a(u_h, v_h) = l(v_h)$, $\forall v_h \in V_h$ となる $u_h \in V_h$ をみつけよ」

ここで，$h_i = x_i - x_{i-1}$ $(i = 1, 2, \ldots, N)$ とし，$h = \max_i h_i$ とおきます．

さて，知りたいのは事後上限誤差です．すなわちメッシュパラメータ h と有限要素近似解 u_h の項で大域誤差 $u - u_h$ の大きさを見極めたいわけです．このため，つぎの補助的な境界値問題を考えます．

$$-z'' - (b(x)z)' + c(x)z = (u - u_h)(x), \quad 0 < x < 1 \quad (7.183)$$

$$z(0) = 0, \quad z(1) = 0 \quad (7.184)$$

これら (7.183), (7.184) を，問題 (7.178), (7.179) に対する**双対問題** [48] (dual problems) といいます．

双対問題の定義を使い誤差解析を行いますが，まず，つぎが成り立ちます [49]．

$$\|u - u_h\|_{L_2(0,1)}^2 = (u - u_h, u - u_h)$$
$$= (u - u_h, -z'' - (bz)' + cz) = a(u - u_h, z) \quad (7.185)$$

---

[47] 均一である必要はありません．
[48] あるいは**随伴問題** (adjoint problems) ともいいます．
[49] 最後の式は $(u - u_h)(0) = 0$, $(u - u_h)(1) = 0$ に注意しながら内積の計算をするだけです．

7.8 双対性による事後誤差解析

ここで，ガラーキンの直交性を使うと

$$a(u - u_h, z_h) = 0, \quad \forall z_h \in V_h \tag{7.186}$$

が成り立ち，さらに，分割 $0 = x_0 < x_1 < \cdots < x_N = 1$ に付随して，関数 z の区分的に連続で線形な補間関数である $z_h = \mathcal{I}_h z \in V_h$ と選ぶと

$$a(u - u_h, \mathcal{I}_h z) = 0 \tag{7.187}$$

となります。このようにして，

$$\begin{aligned} \|u - u_h\|_{L_2(0,1)}^2 &= a(u - u_h, z - \mathcal{I}_h z) \\ &= a(u, z - \mathcal{I}_h z) - a(u_h, z - \mathcal{I}_h z) \\ &= (f, z - \mathcal{I}_h z) - a(u_h, z - \mathcal{I}_h z) \end{aligned} \tag{7.188}$$

が得られます。この段階で，(7.188) の右辺はもはや未知関数 u を含んでいないことがわかります。さて，(7.188) の右辺の第2項は

$$\begin{aligned} a(u_h, z - \mathcal{I}_h z) &= \sum_{i=1}^{N} \int_{x_{i-1}}^{x_i} u_h'(x)(z - \mathcal{I}_h z)'(x)\,\mathrm{d}x \\ &\quad + \sum_{i=1}^{N} \int_{x_{i-1}}^{x_i} b(x)\,u_h'(x)\,(z - \mathcal{I}_h z)(x)\,\mathrm{d}x \\ &\quad + \sum_{i=1}^{N} \int_{x_{i-1}}^{x_i} c(x)\,u_h(x)(z - \mathcal{I}_h z)(x)\,\mathrm{d}x \end{aligned}$$

となりますが，上式の右辺の初項は $(z - \mathcal{I}_h z)(x_i) = 0$ $(i = 0, 1, \ldots, N)$ であることに注意して部分積分すると

$$a(u_h, z - \mathcal{I}_h z) = \sum_{i=1}^{N} \int_{x_{i-1}}^{x_i} \left(-u_h''(x) + b(x)u_h'(x) + c(x)u_h(x) \right)(z - \mathcal{I}_h z)(x)\,\mathrm{d}x \tag{7.189}$$

が得られます。さらに，(7.188) の右辺の初項は

$$(f, z - \mathcal{I}_h z) = \sum_{i=1}^{N} \int_{x_{i-1}}^{x_i} f(x)\,(z - \mathcal{I}_h z)(x)\,\mathrm{d}x \tag{7.190}$$

ですから，(7.189) と (7.190) を (7.188) に代入するとつぎのようになります。

$$\|u - u_h\|_{L_2(0,1)}^2 = \sum_{i=1}^{N} \int_{x_{i-1}}^{x_i} R(u_h)(x)\,(z - \mathcal{I}_h z)(x)\,\mathrm{d}x \tag{7.191}$$

ここで，関数 $R(u_h)$ は**有限要素残差** (finite element residuals) といわれるもので，$i = 1, 2, \ldots, N$ に対して

$$R(u_h)(x) = f(x) + u_h''(x) - b(x)u_h'(x) - c(x)u_h(x), \quad x \in (x_{i-1}, x_i) \tag{7.192}$$

です．有限要素残差は，近似解 u_h が微分方程式 $-u'' + b(x)u' + c(x)u = f(x)$ の区間 $(0,1)$ 上で満足しない程度を測る尺度になります．さて，(7.191) の右辺にコーシー–シュワルツの不等式を適用すると

$$\|u - u_h\|_{L_2(0,1)}^2 \leq \sum_{i=1}^{N} \|R(u_h)\|_{L_2(x_{i-1}, x_i)} \|z - \mathcal{I}_h z\|_{L_2(x_{i-1}, x_i)} \tag{7.193}$$

を得ます．上式の最後の項は，7.7 節の定理 7.3 により

$$\|z - \mathcal{I}_h z\|_{L_2(x_{i-1}, x_i)} \leq \left(\frac{h_i}{\pi}\right)^2 \|z''\|_{L_2(x_{i-1}, x_i)}, \quad i = 1, 2, \ldots, N \tag{7.194}$$

となります[50]．(7.194) を (7.193) に代入すると

$$\|u - u_h\|_{L_2(0,1)}^2 \leq \frac{1}{\pi^2} \sum_{i=1}^{N} h_i^2 \|R(u_h)\|_{L_2(x_{i-1}, x_i)} \|z''\|_{L_2(x_{i-1}, x_i)} \tag{7.195}$$

となり，したがって，

$$\|u - u_h\|_{L_2(0,1)}^2 \leq \frac{1}{\pi^2} \left(\sum_{i=1}^{N} h_i^4 \|R(u_h)\|_{L_2(x_{i-1}, x_i)}^2\right)^{1/2} \|z''\|_{L_2(0,1)} \tag{7.196}$$

を得ます．

残る課題は，(7.196) の右辺の z'' を消去することです．

$$z'' = u_h - u - (b\,z)' + c\,z = u_h - u - b\,z' + (c - b')z \tag{7.197}$$

であることに注意すると

$$\|z''\|_{L_2(0,1)} \leq \|u - u_h\|_{L_2(0,1)} + \|b\|_{L_\infty(0,1)} \|z'\|_{L_2(0,1)} + \|c - b'\|_{L_\infty(0,1)} \|z\|_{L_2(0,1)} \tag{7.198}$$

となります．上式の右辺の $\|z'\|_{L_2(0,1)}$ と $\|z\|_{L_2(0,1)}$ はともに $\|u - u_h\|_{L_2(0,1)}$

---

[50] $\mathcal{I}_h z$ は (x_{i-1}, x_i) $(i = 1, 2, \ldots, N)$ で線形関数ですから $\zeta = z - \mathcal{I}_h z$ とすると，任意の $x \in (x_{i-1}, x_i)$ に対して，$\zeta''(x) = z''(x)$ となることを使っています．

7.8 双対性による事後誤差解析

の項で抑えることができることを以下に示します．まず，

$$(-z'' - (bz)' + cz, z) = (u - u_h, z) \tag{7.199}$$

が成り立つことは容易にわかります．$z(0) = 0, z(1) = 0$ となることに注意し，(7.199) の右辺を部分積分すると

$$(-z'' - (bz)' + cz, z) = (z', z') + (bz, z') + (cz, z)$$
$$= \|z'\|_{L_2(0,1)}^2 + \frac{1}{2}\int_0^1 b(x)\big(z^2(x)\big)' \mathrm{d}x + \int_0^1 c(x) z^2(x)\, \mathrm{d}x$$

となり，さらに，右辺第 2 項を部分積分すると

$$= \|z'\|_{L_2(0,1)}^2 - \frac{1}{2}\int_0^1 b'(x) z^2(x)\, \mathrm{d}x + \int_0^1 c(x) z^2(x)\, \mathrm{d}x$$
$$= \|z'\|_{L_2(0,1)}^2 + \int_0^1 \left(c(x) - \frac{1}{2}b'(x)\right) z^2(x)\, \mathrm{d}x \tag{7.200}$$

を得ます．したがって，(7.199) と (7.200) より

$$\|z'\|_{L_2(0,1)}^2 + \int_0^1 \left(c(x) - \frac{1}{2}b'(x)\right) z^2(x)\, \mathrm{d}x = (u - u_h, z)$$

となり，仮定 (7.182) により

$$\|z'\|^2 \leq (u - u_h, z) \leq \|u - u_h\|_{L_2(0,1)} \|z\|_{L_2(0,1)} \tag{7.201}$$

の不等式を得ます．ポアンカレ–フリードリヒの不等式 (B.2 節) を使うと

$$\|z\|_{L_2(0,1)}^2 \leq \frac{1}{2}\|z'\|_{L_2(0,1)}^2 \tag{7.202}$$

であるので，(7.201) と (7.202) より

$$\|z\|_{L_2(0,1)} \leq \frac{1}{2}\|u - u_h\|_{L_2(0,1)} \tag{7.203}$$

を得ます．これを (7.201) の右辺に代入すると

$$\|z'\|_{L_2(0,1)} \leq \frac{1}{\sqrt{2}}\|u - u_h\|_{L_2(0,1)} \tag{7.204}$$

を得ます．(7.203) と (7.204) を (7.198) に代入し，つぎを得ます．

$$\|z''\|_{L_2(0,1)} \leq K\|u - u_h\|_{L_2(0,1)} \tag{7.205}$$

ここで，

$$K = 1 + \frac{1}{\sqrt{2}}\|b\|_{L_\infty(0,1)} + \frac{1}{2}\|c - b'\|_{L_\infty(0,1)}$$

です．(7.205) を (7.196) へ代入すると，最終的な結果となる計算可能な事後上限誤差

$$\|u - u_h\|_{L_2(0,1)} \leq \frac{K}{\pi^2} \left(\sum_{i=1}^{N} h_i^4 \|R(u_h)\|_{L_2(x_{i-1}, x_i)}^2 \right)^{1/2} \quad (7.206)$$

を得ることができます．この右辺は，対象となる微分方程式の係数のみを含んでおり，それゆえ，容易に計算できます．「事後」という名称は，(7.206) が近似誤差を定量化するうえで，u_h が計算された後に可能であることからきています．

事後上限誤差 (7.206) が計算できるので，この量に基づき分割の粗さを再調整する**適合細分化格子法** (adaptive mesh refinements) が考えられますが，これについては文献 [29] に委ねます．

8. ナビエ–ストークス方程式

　第5章では，完全流体である非圧縮渦なしの流れを扱いました。この章では，非圧縮粘性流体について解説していきます。粘性により生ずる応力と流体の運動である変形速度を関係づけた運動方程式がナビエ–ストークス方程式[1](Navier-Stokes equations)であり，流体力学において決定的な役割を果たします。地球規模の気象予報から，航空機の翼設計，エンジン内部の燃焼流解析などの物造り，さらには，血液の流れの解析などの医学分野，あるいは，水泳の泳法のスポーツ科学など幅広い分野でナビエ–ストークス方程式が基礎方程式となります。ナビエ–ストークス方程式は，特殊な条件下以外ではその非線形性のため解析解を得ることはほとんど不可能で，現象の把握には数値解法に頼らざるをえないわけです。有限要素法は，ナビエ–ストークス方程式を解くために発展してきたといっても過言ではないかもしれません。

8.1　ナビエ–ストークス方程式の有限要素解析

　非圧縮性で密度 ρ が一定の流体のナビエ–ストークス方程式は，一般的に書けばつぎのようになります。

$$\frac{\partial v}{\partial t} + (v \cdot \nabla)v = -\frac{1}{\rho}\nabla p + \nu \Delta v + f \tag{8.1}$$

ここで，$v = (u(t,x,y,z), v(t,x,y,z), w(t,x,y,z))$ は速度場を表し，u, v, w は流体の速度ベクトルの x, y, z 方向のそれぞれの成分，$p = p(t,x,y,z)$ は圧力場，$f = (f_x, f_y, f_z)$ は単位質量当たりの**体積力**[2](volume force) を表して

---

[1] フランスの土木技術者 Claude L.M.H. Navier (1785–1836) が提唱，後にアイルランドの数学者 George G. Stokes (1819–1903) がナビエ–ストークス方程式として一般化し，その功績により2人の名前がついています。
[2] または，**外力**ともいわれます。

います。また，ν は**動粘性係数** (kinematic viscosity) といわれ，**力学的粘性係数** (dynamic viscosity) μ を使い $\nu = \dfrac{\mu}{\rho}$ と表せます。あるいは，**実質微分** (substantial differentiation)

$$\frac{\mathrm{D}}{\mathrm{Dt}} \equiv \frac{\partial}{\partial t} + u\frac{\partial}{\partial x} + v\frac{\partial}{\partial y} + w\frac{\partial}{\partial z}$$

を使い

$$\frac{\mathrm{D}v}{\mathrm{Dt}} = -\frac{1}{\rho}\nabla p + \nu\Delta v + f \tag{8.2}$$

と表記することもあります。非圧縮性の流体では，連続の式

$$\mathrm{div}\, v = 0 \tag{8.3}$$

を満たす必要があり，(8.1) あるいは (8.2) と連続の式 (8.3) をあわせてナビエ–ストークス方程式ということもあります。

　流体解析は実際に流れ場の様子を見て初めて理解ができます。ここではコンピュータシミュレーションを利用して，流れ場の様子を具体的にみていきましょう[3]。

8.1.1　非圧縮性 2 次元流のナビエ–ストークス方程式

　ここからは，議論を容易にするために流体は 2 次元とします。(8.1) あるいは (8.2) を書き下すとつぎのようになります。

$$\frac{\partial u}{\partial t} + u\frac{\partial u}{\partial x} + v\frac{\partial u}{\partial y} = -\frac{1}{\rho}\frac{\partial p}{\partial x} + \frac{\mu}{\rho}\left(\frac{\partial^2 u}{\partial x^2} + \frac{\partial^2 u}{\partial y^2}\right) + f_x \tag{8.4}$$

$$\frac{\partial v}{\partial t} + u\frac{\partial v}{\partial x} + v\frac{\partial v}{\partial y} = -\frac{1}{\rho}\frac{\partial p}{\partial y} + \frac{\mu}{\rho}\left(\frac{\partial^2 v}{\partial x^2} + \frac{\partial^2 v}{\partial y^2}\right) + f_y \tag{8.5}$$

これらの方程式とともに u, v は連続の式 (8.3)，すなわち

$$\frac{\partial u}{\partial x} + \frac{\partial v}{\partial y} = 0 \tag{8.6}$$

を満たす必要があります。

　非圧縮性流体の基礎方程式を速度ベクトル成分 u, v と圧力 p という基本変数について解こうとすると，圧力の時間発展に関する方程式がないために何か工夫が必要になります。これについては，8.1.3 項で解説します。

---

[3]　COMSOL Multiphyics を利用しました。

8.1 ナビエ–ストークス方程式の有限要素解析

ナビエ–ストークス方程式は，流れの代表長さ L，代表速度 U で無次元化すると，

$$\frac{\partial u}{\partial t} + u\frac{\partial u}{\partial x} + v\frac{\partial u}{\partial y} + \frac{\partial p}{\partial x} - \frac{1}{Re}\left(\frac{\partial^2 u}{\partial x^2} + \frac{\partial^2 u}{\partial y^2}\right) - f_x = 0 \quad (8.7)$$

$$\frac{\partial v}{\partial t} + u\frac{\partial v}{\partial x} + v\frac{\partial v}{\partial y} + \frac{\partial p}{\partial y} - \frac{1}{Re}\left(\frac{\partial^2 v}{\partial x^2} + \frac{\partial^2 v}{\partial y^2}\right) - f_y = 0 \quad (8.8)$$

と書き換えることができます[4]。ここで，Re は**レイノルズ数** (Reynolds number) であり，

$$Re = \frac{\rho UL}{\mu}$$

として定義される無次元量です。ペクレ数 (7.6 節) と同じく，慣性項と粘性項の比を表すものであり，Re 数の大小によって移流が卓越するか，あるいは，拡散的な挙動をとるか，といったことをおおまかに見積もることができます。

注意すべき点は，流体場は必ず壁に接しており，壁上では流体の粘性によって速度ベクトルが 0 になるという**すべりなし条件**[5] (no-slip conditions) を満たす必要があるということです。したがって，仮に Re 数が 10^4 といった大きな値になったときでも，上式で粘性項を省略することはできません。粘性項を省略するとその条件を満足することができなくなるからです。数学的にみると，ナビエ–ストークス方程式の最高微分階数は 2 階であるのに，粘性項を省略すると 1 階の偏微分方程式になってしまうからです。

このような問題は特異摂動[6]問題として知られています。係数がいくら小さくなっても粘性項は省略できないので，壁近傍では Δu または Δv が非常に大きくなる領域があるということが予想できます。プラントル (Prandtl, L.) はこの予想を数式で表現することで 1904 年に**境界層理論** (boundary layer theory) をつくりあげ，これによって当時，粘性項を省略した非粘性流体では予測できなかった流体が壁から受ける摩擦抵抗を計算で予測できるようになりました。一方で，境界層理論は流れが**はく離** (separation) した場合については適用でき

---

4) これらの式の u, v, p, x, y, t, f_* などは (8.4), (8.5) と同じ記号を使っていますが，無次元量であることに注意してください。
5) 非粘性流体では壁表面上の速度は一般には 0 とはならず，流体は表面上ですべりながら流れることになります。
6) 関数方程式中の微小パラメータ ε を $\varepsilon = 0$ とした縮退系と，$\varepsilon \to 0$ とした極限の系の振る舞いがまったく異なるような系を**特異摂動系**といいます。

せんでした。コンピュータが発達した今日ではナビエ–ストークス方程式そのものを数値的に解くことができるようになり，流れのはく離も含めてすべりなし条件を満たす解を算出できるようになりました。そのような状況にあっても壁付近に発達する境界層流のイメージを明確にもつことが非常に重要であり，解析しようとする形状を分析し，壁近傍の境界層を解像するようなメッシュ配置を適切に行う必要があります。

8.1.2 弱形式の導出

それでは2次元非圧縮性流れについての弱形式をまず導出しましょう。任意の $u^*, v^*, p^* \in H_0^1(\Omega)$ (重み関数) をそれぞれ，x 方向運動方程式，y 方向運動方程式，連続の式に乗じて，つぎのように計算領域 Ω で積分します。

$$\int_\Omega u^* \left[\frac{\partial u}{\partial t} + u\frac{\partial u}{\partial x} + v\frac{\partial u}{\partial y} + \frac{\partial p}{\partial x} - \frac{1}{Re}\left(\frac{\partial^2 u}{\partial x^2} + \frac{\partial^2 u}{\partial y^2}\right) - f_x \right] \mathrm{dxdy} = 0 \tag{8.9}$$

$$\int_\Omega v^* \left[\frac{\partial v}{\partial t} + u\frac{\partial v}{\partial x} + v\frac{\partial v}{\partial y} + \frac{\partial p}{\partial y} - \frac{1}{Re}\left(\frac{\partial^2 v}{\partial x^2} + \frac{\partial^2 v}{\partial y^2}\right) - f_y \right] \mathrm{dxdy} = 0 \tag{8.10}$$

$$\int_\Omega p^* \left(\frac{\partial u}{\partial x} + \frac{\partial v}{\partial y} \right) \mathrm{dxdy} = 0 \tag{8.11}$$

簡単のために，Ω はすべて壁で囲まれているとすると，境界上では u^*, v^* はすべて 0 になり，部分積分を施すことにより求める弱形式をつぎのように得ることができます。(8.11) はそのままですが，改めて書いておきます。

$$\int_\Omega \left[u^* \left(\frac{\partial u}{\partial t} + u\frac{\partial u}{\partial x} + v\frac{\partial u}{\partial y} \right) - \frac{\partial u^*}{\partial x} p \right.$$
$$\left. + \frac{1}{Re}\left(\frac{\partial u^*}{\partial x}\frac{\partial u}{\partial x} + \frac{\partial u^*}{\partial y}\frac{\partial u}{\partial y}\right) - u^* f_x \right] \mathrm{dxdy} = 0 \tag{8.12}$$

$$\int_\Omega \left[v^* \left(\frac{\partial v}{\partial t} + u\frac{\partial v}{\partial x} + v\frac{\partial v}{\partial y} \right) - \frac{\partial v^*}{\partial y} p \right.$$
$$\left. + \frac{1}{Re}\left(\frac{\partial v^*}{\partial x}\frac{\partial v}{\partial x} + \frac{\partial v^*}{\partial y}\frac{\partial v}{\partial y}\right) - v^* f_y \right] \mathrm{dxdy} = 0 \tag{8.13}$$

$$\int_\Omega p^* \left(\frac{\partial u}{\partial x} + \frac{\partial v}{\partial y} \right) \mathrm{dxdy} = 0 \tag{8.14}$$

8.1 ナビエ–ストークス方程式の有限要素解析

8.1.3 離散化

ここでは上で導いた弱形式の離散化を行います。常微分方程式の時間積分の方法 (6.4 節) と有限要素法を用いた楕円型偏微分方程式

$$-\Delta u = f$$

の離散化 (7.3.2 項) を組み合わせます。この考え方は**線の方法** (method of lines)([85]) あるいは**半離散化方法** (semi-discrete methods) とよばれています。この手法の利点は，時間積分に使う方法と，空間離散化に使う方法を独立に考えられることです。つまり，時間積分法として，すでにでてきたBDF法に加えて**一般化 α 法**[7](generalized-α methods) や**ルンゲ–クッタ法**[8](Runge-Kutta methods) などを自由に使うことができます。一方で，最近は，流体構造連成問題の高性能シミュレーションを行う目的で時間–空間を一体化して有限要素法で離散化する空間–時間有限要素法が研究されています[9]。

さて，Ω を n 個の小さな要素に分割して，その要素ごとに対する関数 $N_i(x,y)$，$K_i(x,y)$ $(i=1,2,\ldots,n)$ を考えます。これらは線形独立で関数空間 $H_0^1(\Omega)$ で n 次元線形部分空間を張る基底関数とします。このとき弱形式に対する有限要素近似は

$$u_h(t,x,y) = \sum_{i=1}^n U_i(t) N_i(x,y) \tag{8.15}$$

$$v_h(t,x,y) = \sum_{i=1}^n V_i(t) N_i(x,y) \tag{8.16}$$

$$p_h(t,x,y) = \sum_{i=1}^n P_i(t) K_i(x,y) \tag{8.17}$$

として

$$\int_\Omega \left[u_h^* \Big(\frac{\partial u_h}{\partial t} + u_h \frac{\partial u_h}{\partial x} + v_h \frac{\partial u_h}{\partial y}\Big) - \frac{\partial u_h^*}{\partial x} p_h \right.$$
$$\left. + \frac{1}{Re}\Big(\frac{\partial u_h^*}{\partial x}\frac{\partial u_h}{\partial x} + \frac{\partial u_h^*}{\partial y}\frac{\partial u_h}{\partial y}\Big) - u_h^* f_x \right] \mathrm{dxdy} = 0 \tag{8.18}$$

---

7) この方法は，大きく異なる固有値が混在した**硬い系** (stiff systems) の構造力学問題などで高次モード抑制をめざしながら，低周波側で減衰精度を保つことを目的に考案された手法です。パラメータを特定の値にすることにより，**ニューマーク β 法** (Newmark-β method) ともなりえます。詳細は文献 [35], [60] などを参照してください。

8) 数値解析の一般的な成書には必ず解説されています。

9) 92 頁の脚注を参照してください。

$$\int_\Omega \left[v_h^* \Big(\frac{\partial v_h}{\partial t} + u_h \frac{\partial v_h}{\partial x} + v_h \frac{\partial v_h}{\partial y}\Big) - \frac{\partial v_h^*}{\partial y} p_h \right.$$
$$\left. + \frac{1}{Re} \Big(\frac{\partial v_h^*}{\partial x}\frac{\partial v_h}{\partial x} + \frac{\partial v_h^*}{\partial y}\frac{\partial v_h}{\partial y}\Big) - v_h^* f_y \right] \mathrm{dxdy} = 0 \tag{8.19}$$

$$\int_\Omega p_h^* \Big(\frac{\partial u_h}{\partial x} + \frac{\partial v_h}{\partial y}\Big) \mathrm{dxdy} = 0 \tag{8.20}$$

となり，U_i, V_i, P_i を求めることになります．(8.15) を (8.18) に代入して計算する過程を下記に示します．(8.19) と (8.20) については同様ですので読者に委ねます．

まず，(8.18) の左辺の第 1 項は

$$\int_\Omega u_h^* \frac{\partial u_h}{\partial t} \mathrm{dxdy} = \sum_{i=1}^n \int_\Omega N_j(x,y) N_i(x,y)\, \mathrm{dxdy}\, \frac{\mathrm{d}U_i}{\mathrm{dt}}, \quad j=1,2,\ldots,n$$

となり，ここで，

$$M = (m_{ij}), \quad m_{ij} = m_{ji} = \int_\Omega N_j(x,y) N_i(x,y)\, \mathrm{dxdy}$$
$$U = (U_1, U_2, \ldots, U_n)^T$$

とおくと

$$= M \frac{\mathrm{d}U}{\mathrm{dt}} \tag{8.21}$$

を得ます．続いて第 2 項は

$$\int_\Omega u_h^* \Big(u_h \frac{\partial u_h}{\partial x} + v_h \frac{\partial u_h}{\partial y}\Big) \mathrm{dxdy}$$
$$= \sum_{i=1}^n \int_\Omega N_j \Big(U_i N_i U_i \frac{\partial N_i}{\partial x} + V_i N_i U_i \frac{\partial N_i}{\partial y}\Big) \mathrm{dxdy}$$
$$= \sum_{i=1}^n \int_\Omega N_j \Big(U_i N_i \frac{\partial N_i}{\partial x} + V_i N_i \frac{\partial N_i}{\partial y}\Big) \mathrm{dxdy}\, U_i, \quad j=1,2,\ldots,n$$

となり，ここで，

$$A(U,V) = (a_{ji}), \quad a_{ji} = \int_\Omega N_j \Big(U_i N_i \frac{\partial N_i}{\partial x} + V_i N_i \frac{\partial N_i}{\partial y}\Big) \mathrm{dxdy}$$

とおくと

$$= A(U,V) U \tag{8.22}$$

となります．第 3 項から第 5 項も同様につぎのように得ることができます．

8.1 ナビエ–ストークス方程式の有限要素解析

$$\int_\Omega \frac{\partial u_h^*}{\partial x} p_h \,\mathrm{dxdy} = H_x P \tag{8.23}$$

$$\frac{1}{Re}\int_\Omega \Big(\frac{\partial u_h^*}{\partial x}\frac{\partial u_h}{\partial x} + \frac{\partial u_h^*}{\partial y}\frac{\partial u_h}{\partial y}\Big)\mathrm{dxdy} = DU \tag{8.24}$$

$$\int_\Omega u_h^* f_x \,\mathrm{dxdy} = F_x \tag{8.25}$$

ただし,

$$H_x = (h_{ji}^x), \quad h_{ji}^x = \int_\Omega \frac{\partial N_j}{\partial x} K_i \,\mathrm{dxdy}, \quad P = (p_1, p_2, \ldots, p_n)^T$$

$$D = (d_{ij}), \quad d_{ij} = d_{ji} = \int_\Omega \Big(\frac{\partial N_j}{\partial x}\frac{\partial N_i}{\partial x} + \frac{\partial N_j}{\partial y}\frac{\partial N_i}{\partial y}\Big)\mathrm{dxdy}$$

$$F_x = (f_{ji}^x), \quad f_{ji}^x = \int_\Omega N_j f_i^x \,\mathrm{dxdy}, \quad f_x = (f_1^x, f_2^x, \ldots, f_n^x)^T$$

とおいています。(8.21)〜(8.25) をまとめて,(8.18) に対する半離散化式をつぎのように得ることができます。

$$M\frac{\mathrm{d}U}{\mathrm{dt}} + \big[A(U,V) + D\big]U - H_x P - F_x = 0$$

(8.12)〜(8.14) の弱形式に対する離散化を以下にまとめておきます。

$$\begin{cases} M\dfrac{\mathrm{d}U}{\mathrm{dt}} + \big[A(U,V) + D\big]U - H_x P - F_x = 0 \\ M\dfrac{\mathrm{d}V}{\mathrm{dt}} + \big[A(U,V) + D\big]V - H_y P - F_y = 0 \\ H_x^T U + H_y^T V = 0 \end{cases} \tag{8.26}$$

ここで,

$$U = (U_1, U_2, \ldots, U_n)^T$$
$$V = (V_1, V_2, \ldots, V_n)^T \tag{8.27}$$
$$P = (p_1, p_2, \ldots, p_n)^T$$

$$M = (m_{ij}), \quad m_{ij} = m_{ji} = \int_\Omega N_j(x,y) N_i(x,y) \,\mathrm{dxdy} \tag{8.28}$$

$$A(U,V) = (a_{ji}), \quad a_{ji} = \int_\Omega N_j \Big(U_i N_i \frac{\partial N_i}{\partial x} + V_i N_i \frac{\partial N_i}{\partial y}\Big)\mathrm{dxdy} \tag{8.29}$$

$$H_x = (h_{ji}^x), \quad h_{ji}^x = \int_\Omega \frac{\partial N_j}{\partial x} K_i \, \mathrm{dxdy} \tag{8.30}$$

$$D = (d_{ij}), \quad d_{ij} = d_{ji} = \int_\Omega \Big(\frac{\partial N_j}{\partial x}\frac{\partial N_i}{\partial x} + \frac{\partial N_j}{\partial y}\frac{\partial N_i}{\partial y}\Big) \mathrm{dxdy} \tag{8.31}$$

$$F_x = (f_{ji}^x), \quad f_{ji}^x = \int_\Omega N_j f_i^x \, \mathrm{dxdy}, \quad f_x = (f_1^x, f_2^x, \ldots, f_n^x)^T \tag{8.32}$$

これらの式は時間に関して常微分方程式の形をしているので，時間方向に解くことができますが，圧力 P に関して時間発展項がなく，そのため解き方に工夫を要します．ここでは，**直接法**[10) について説明します．そのために，時間について差分法である 1 段 (ステップ) の BDF 法 (すなわち，後退オイラー法[11)])を適用します．ここでは説明を簡単にするため，体積力のない場合を扱います．差分表現はつぎのようになります．

$$\begin{cases} M\dfrac{U^{n+1} - U^n}{\Delta t} + \big[A(U^n, V^n) + D\big]U^{n+1} - H_x P^{n+1} = 0 \\[2mm] M\dfrac{V^{n+1} - V^n}{\Delta t} + \big[A(U^n, V^n) + D\big]V^{n+1} - H_y P^{n+1} = 0 \\[2mm] H_x^T U^{n+1} + H_y^T V^{n+1} = 0 \end{cases} \tag{8.33}$$

ここで，Δt は時間軸を一定の小区間に分割したもので，例えば，$U^n = U(n\Delta t)$ を表しています．本来の後退オイラー法では，(8.33) 中の $A(U^n, V^n)$ は $A(U^{n+1}, V^{n+1})$ ですが，こうすると行列 $A(U^{n+1}, V^{n+1})$ の中に未知数である U^{n+1}, V^{n+1} を含むことになり非線形項となり，このわずらわしさを解消するため，上記のように移流項を線形化しています．$U^{n+1}, V^{n+1}, P^{n+1}$ について解くために行列の形で表すとつぎのようになります．

---

10) または，**速度-圧力法** (velocity-pressure methods) ともいいます．直接法の他，ペナルティ数を導入し圧力を消去する**ペナルティ関数法** (penalty function methods)，音速を使い連続の式に擬似的な圧縮性を導入した**疑似圧縮性法** (pseudo-compressible methods)，保存型表示されたナビエ-ストークス方程式から速度を求め，これを連続の式に代入して圧力に関するポアソン方程式を解くようにした **MAC 法** (Marker and Cell methods) などがあります ([11])．
11) 6.4 節を参照してください．

8.2　2次元キャビティ流れ

$$\begin{pmatrix} \dfrac{M}{\Delta t} + A(U^n, V^n) + D & 0 & -H_x \\ 0 & \dfrac{M}{\Delta t} + A(U^n, V^n) + D & -H_y \\ H_x^T & H_y^T & 0 \end{pmatrix}$$

$$\times \begin{pmatrix} U^{n+1} \\ V^{n+1} \\ P^{n+1} \end{pmatrix} = \begin{pmatrix} \dfrac{M}{\Delta t} U^n \\ \dfrac{M}{\Delta t} V^n \\ 0 \end{pmatrix} \quad (8.34)$$

以上が，流れの時間発展を表す**非定常解析** (unsteady-state analysis) で，これに対して**定常解析** (steady-state analysis) の場合には，時間微分項を 0 としたつぎの非線形連立 1 次代数方程式を解くことになります．

$$\begin{cases} [A(U, V) + D] U - H_x P = 0 \\ [A(U, V) + D] V - H_y P = 0 \\ H_x^T U + H_y^T V = 0 \end{cases} \quad (8.35)$$

また，Re 数が大きい場合には数値安定化を施すのは必須の要件であり，いままで述べてきた離散式に加えて数値安定化を施すことが有限要素法による解析の内容になります．

8.2　2次元キャビティ流れ

　定常解のある流れ場をコンピュータで計算してみましょう[12]．流れは 2 次元流れであるとし，図 8.1 に示す 1 辺の長さ L の正方形領域の中で運動するとします．正方形領域を**キャビティ** (cavity) とよびます．キャビティの上面は移動式ベルトが設置され，速度 U で右方向に動いています．このとき，キャビティの内部に生じる流体運動を解析することが**2 次元キャビティ問題** (two-dimensional cavity problems) です．長さ L と速度 U を使ってナビエ–ストークス方程式を無次元化したものを有限要素法で解析します．そのとき生じる Re 数は 1,000

---

[12]　ここでは，COMSOL Multiphysics を使っています．

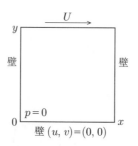

図 8.1 2次元キャビティ問題：上面は移動式ベルトにより速度 U で右方向に動いており，その他は壁となっているキャビティ。壁面では x 方向の速度 u も y 方向の速度 v もともに 0 です。[13]

とします。この場合には定常解があることが知られています。流体解析の基本である境界層流と**せん断流**[14] (shear flow) について考察するために，有限要素メッシュとして図 8.2 (a) のマップト (格子状) と，同図 (b) の 3 角形と境界層形からなる混合型の 2 種類を使います。解の精度を検証するためにギア (Ghia, U.) ら ([47]) の有名な計算値との比較を行います。彼らは有限差分法で高精度計算を行いました。彼らの 128×128 の不等間隔格子による結果を比較の対象とします。

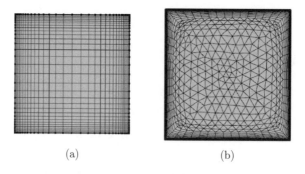

図 8.2 2次元キャビティ流れ解析のための異なるメッシュ形式。(a) マップトメッシュ：要素数は，32×32。(b) 3 角形と境界層形の混合型メッシュ。

---

[13] 以下の図 8.1〜8.9 は橋口真宜氏のご厚意による。
[14] 流れと垂直方向に流速の値が変化する流れで，**ずり流れ**ともいいます。

8.2　2次元キャビティ流れ

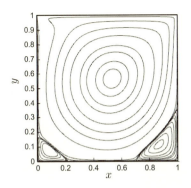

図 8.3　有限要素法による 2 次元キャビティの流線解析の結果：有限要素は 128×128 のマップトメッシュを使用。キャビティの下部角付近の 2 次渦領域がギアら ([47]) の結果とよく一致しています。

まずマップトメッシュでの計算結果を示します。有限要素数をギアらが使った同じ 128×128 のマップトメッシュにより解析した流線図を図 8.3 に示します。キャビティ中央に大きな渦領域が生じており，キャビティの下部角付近に 2 次渦が誘起されています。この 2 次渦の領域の大きさを比較するとギアらの結果とよくあっています。さらに，キャビティの中心を通過する線分 $y = 0.5$ 上の y 方向速度成分 $v(x, 0.5)$，$x = 0.5$ 上の x 方向速度成分 $u(0.5, y)$ を比較した結果が図 8.4 です。図中の丸印はギアらの計算結果です。マップトメッシュの数が 128×128 (太実線) では，本計算結果はギアらの結果とよくあっています。マップトメッシュの数を減少させ，64×64 (細線)，32×32 (太破線)，16×16 (細破線) と変化させた場合，64×64 でもほぼ一致していることがわかります。この結果より，流れ場の状況をマップトメッシュはうまく解像していることがわかります。

一方，境界層を十分に解像することを目的とした 3 角形メッシュと境界層メッシュの混合形での計算結果を図 8.5 に示します。同図 (a) が $v(x, 0.5)$，(b) が $u(0.5, y)$ の結果を示しています。図 8.4 と同様，図中の丸印はギアらの計算結果です。メッシュ密度を 2 倍 (細破線)，3 倍 (破線)，4 倍 (太実線) と増やした場合でも，ギアらとの一致度は，v の速度が最大になる箇所であまり良くないことがわかります。これは，境界層の解像は壁でのすべりなし条件を満たすためには必須ですが，そこから主流に入っていく部分に速度勾配をもつ強いせん断流がある場合には，そこにもメッシュを適切に配置する必要があることを

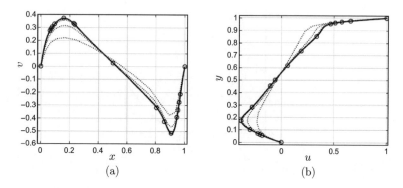

図 8.4 2 次元キャビティ流線解析における中心軸上の速度成分に与えるマップトメッシュの影響：丸印はギアらの計算結果，太実線，細実線，太破線，細破線はそれぞれ有限要素のマップトメッシュ数 128×128, 64×64, 32×32, 16×16 の場合を表しています。64×64 のマップトメッシュで，ギアらの結果と一致しています。(a) x 軸上の y 方向速度成分 $v(x, 0.5)$，(b) y 軸上の x 方向速度成分 $u(0.5, y)$。

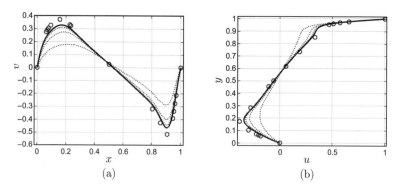

図 8.5 2 次元キャビティ流線解析における中心軸上の速度成分に与える 3 角・境界層の混合メッシュの影響：丸印はギアらの計算結果，メッシュ密度を 2 倍 (細破線)，3 倍 (破線)，4 倍 (太実線) と増やした場合でも，v の速度が最大になる箇所でギアらとの一致度はあまり良くないことを示しています。(a) x 軸上の y 方向速度成分 $v(x, 0.5)$，(b) y 軸上の x 方向速度成分 $u(0.5, y)$。

示しています.すなわち,流体解析は本質的にメッシュを多く切る必要があります.より複雑な流体問題においては,スーパーコンピュータの運用に頼らざるをえない理由はここにあります[15]).

8.3　円柱まわりの 2 次元流れ

8.3.1　ストークス近似

つぎに,速度 U で流れる一様流の中に置かれた円柱まわりの 2 次元流れについてみていきましょう.一様流の流速を U,円柱の直径を $2a$ とし,Re 数が非常に小さい場合を考えます.これは U が非常に小さい,a が非常に小さい,あるいは流体の動粘性係数 $\nu = \dfrac{\mu}{\rho}$ が非常に大きい場合に実現されます.このとき,移流項は粘性項に比べて無視できるとすると,ナビエ–ストークス方程式はつぎのようになります.体積力はないとします.

$$\frac{\partial u}{\partial t} + \frac{\partial p}{\partial x} - \frac{1}{Re}\left(\frac{\partial^2 u}{\partial x^2} + \frac{\partial^2 u}{\partial y^2}\right) = 0 \qquad (8.36)$$

$$\frac{\partial v}{\partial t} + \frac{\partial p}{\partial y} - \frac{1}{Re}\left(\frac{\partial^2 v}{\partial x^2} + \frac{\partial^2 v}{\partial y^2}\right) = 0 \qquad (8.37)$$

連続の式 $\dfrac{\partial u}{\partial x} + \dfrac{\partial v}{\partial y} = 0$ は質量保存則を表すので,どんな場合でもこのままの形で残しておきます.

(8.36) および (8.37) は,非線形である移流項を無視しているので線形の方程式となっています.これはナビエ–ストークス方程式に対する近似方程式であり,**ストークス方程式** (Stokes' equations) とよんでいます.また,この近似のことを**ストークス近似** (Stokes' approximation) といいます.しかしながら,この形は**ストークスのパラドックス**[16)](Stokes' paradox) とよばれる問題点があることが知られています.

---

15)　スーパーコンピュータを使いこなすうえでも,このような比較的単純な問題を明快に解けるように訓練を積み上げることが肝要です.
16)　一般に柱状体に一様流があたる場合の 2 次元的な流れに対して,無限遠で一様流速という境界条件を満たす解をもたないこと.ストークス自身が言及していました.

8.3.2 オセーン近似

では,非線形移流項の形を変更して線形化してみましょう.現在,**オセーン近似**[17](Oseen's approximation) とよばれる方法です.方程式はつぎのようになります.

$$\frac{\partial u}{\partial t} + U\frac{\partial u}{\partial x} + \frac{\partial p}{\partial x} - \frac{1}{Re}\left(\frac{\partial^2 u}{\partial x^2} + \frac{\partial^2 u}{\partial y^2}\right) = 0 \quad (8.38)$$

$$\frac{\partial v}{\partial t} + U\frac{\partial v}{\partial x} + \frac{\partial p}{\partial y} - \frac{1}{Re}\left(\frac{\partial^2 v}{\partial x^2} + \frac{\partial^2 v}{\partial y^2}\right) = 0 \quad (8.39)$$

この方程式も線形ですが,円柱を過ぎる一様流を表す解が求まり,ストークス近似にともなうパラドックスが解消します.オセーン近似を使った友近 晋ら ([88]) の計算によれば,抗力係数 (または抵抗係数)[18] C_d はつぎのように得られています.

$$C_d = \frac{8\pi}{Re\,S}\left[1 - \frac{1}{32}\left(\frac{5}{16S} - \frac{1}{2} + S\right)Re^2 + \mathcal{O}((Re^2 \log Re)^2)\right] \quad (8.40)$$

ここで,S は

$$S = \frac{1}{2} - 0.57721 - \log\left(\frac{Re}{8}\right) \quad (8.41)$$

です.この式の適用限界は $Re = \mathcal{O}(1)$ であると考えられています.また,この式の第 1 項はラム (Lamb, H.) ([69]) の求めた結果と一致しています.

8.3.3 2 次元円柱まわりのナビエ–ストークス有限要素解

図 8.6 は,Re 数が 0.1 および 10 でのナビエ–ストークス方程式の 2 次元円柱まわりの有限要素解による流線を示しています.ファンダイク (Van Dyke) の実験 ([95]) $Re = 13.1$ の結果と比較すると,ここで計算した $Re = 10$ の結果とよく一致しているのがわかります.

さて,円柱が流体から受ける流れ方向の力,つまり流体抵抗を予測することは大変重要なことです.最近,細胞を粒子と考えて誘電泳動の研究がさかんに行われていますが,そのときに,このように Re 数の小さな流体から粒子が受ける抵抗を知る必要があります.

---

17) 1910 年,W. Oseen により提唱されました.
18) **抗力** (drag force) とは,物体に対して速度に平行な方向にはたらく分力のことをいいます.ちなみに,物体に対して速度に垂直な方向にはたらく分力が**揚力** (lifting power) になります.

8.3 円柱まわりの2次元流れ

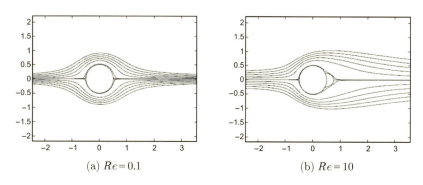

(a) $Re=0.1$

(b) $Re=10$

図 8.6　2次元円柱まわりのナビエ–ストークス解：流線

抗力 D は流体の密度 ρ, 流速 U, 円柱の半径 a によってその値が変化し，条件が変わるたびにその値を求める必要があります。それを避けるために，次式で定義される抗力係数 C_d を使うのが一般的です。C_d は Re 数によって決まるので条件が変わっても C_d 値から抗力 D を求めることができます。

$$C_d = \frac{D}{\frac{1}{2}\rho U^2 (2a)} \tag{8.42}$$

実際に，Re 数を 0.1 から 10 まで変化させたときのナビエ–ストークス解の抗力係数 C_d を図 8.7 に示します。ナビエ–ストークス方程式の有限要素解 (実

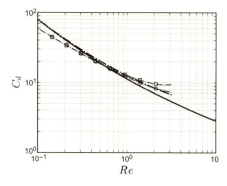

図 8.7　低い Re 数での円柱の抗力係数の比較：ナビエ–ストークス解 (実線)，オセーン近似解 (1点鎖線)，友近らの結果 (1点鎖線+○)，ラムの結果 (1点鎖線+□)。オセーン近似の有限要素解は $Re = 0.1$ でナビエ–ストークス解と一致しています。

線) のほかに，オセーン近似による有限要素解 (1 点鎖線)，友近らの式 (1 点鎖線に円をつけたもの)，その第 1 項のみ (すなわち，ラムの結果：1 点鎖線に□をつけたもの) を比較しています．オセーン近似の有限要素解は $Re=0.1$ でナビエ–ストークス解と一致していることがわかります．オセーン近似を完全に解いた結果とナビエ–ストークス方程式の解がどのような関係にあるかはいままで不明でしたが，図 8.7 により明確になりました．一方，友近らの結果はラムの結果を改善していますが，オセーン近似を有限要素法で正しく解いた結果よりは劣っています．このように，従来不明であったことが有限要素法を使うことで明らかにできます．

8.4 円柱まわりの非定常流れ

円柱まわりの流れは Re 数が増加すると定常状態から時間周期状態へと遷移します．これは，分岐理論における**ホップ分岐**[19] (Hopf bifurcation) といわれるものです．Re が 70 近辺から，円柱の後流には**カルマン渦列**[20] (von Kármán's vortex streets) が形成されるようになります．ここでは $Re=140$ における円柱まわりの流れを解析してみましょう．ファンダイクの実験 ([95]) では，同じ Re 数の結果があり，カルマン渦列が後部に生じています．

さて，計算では円柱の上流側では x 軸方向速度を U にし，y 軸方向には 0 に設定しますが，このままでは円柱の下流側にカルマン渦列が生じません．そこで初期のある時刻まで y 軸方向速度成分として $\dfrac{U}{100}$ を与えることで対称性をくずすことにします．その結果，流れ場に正弦的な変動が現れます．時間積分法には，一般化 α 法[21] を使い，無次元時間 $\dfrac{tU}{2a}=100$ における瞬間流線を図 8.8 に示します．円柱近傍には非対称の渦が生じ，後方に放出されているのがわかります．また，抗力係数 C_d と揚力係数 C_ℓ の時間履歴を図 8.9 に示します．ちなみに，揚力係数 C_ℓ は次式で表せます．

$$C_\ell = \dfrac{L}{\frac{1}{2}\rho U^2 (2a)} \tag{8.43}$$

---

19) 系の平衡点のヤコビ行列の固有値が，実部の負側から虚軸上を同時に横切り正に変わるとき，安定なリミットサイクルが出現する現象をホップ分岐といいます．
20) 非流線形の物体から下流に交互に発生する渦列のことをいいます．
21) 157 頁の脚注を参照してください．

8.4 円柱まわりの非定常流れ

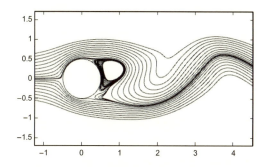

図 8.8　$Re = 140$ での円柱の瞬間流線：無次元時間が $\dfrac{tU}{S} = 100$ の時刻での流線を示しています。

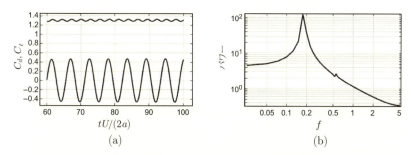

図 8.9　$Re = 140$ での円柱に生じる抗力係数 C_d と揚力係数 C_ℓ の時間履歴と揚力係数のパワースペクトル。(a) C_d, C_ℓ の時間履歴：グラフ上部で小さく波打っている波形が C_d で，下部の振幅の大きい波形が C_ℓ．横軸は，無次元時間。(b) C_ℓ のパワースペクトル：横軸は無次元周波数で，揚力のその値は $f = 0.175$ であることがわかります。

抗力，揚力ともに正弦的な振動をしており，平均値は $C_d \fallingdotseq 1.3, C_\ell \fallingdotseq 0$ です。
すでに示した基礎式は，時間を代表長さ L（ここでは円柱直径 $2a$）と代表流速 U で無次元化しています。わかりやすいように実時間を t^* とすると，基礎式中の t は $t = \dfrac{U}{L} t^*$ の関係があります。いま，実周期 T^* の現象があったとすると，無次元周期 T との間には同じ関係が成り立ちます。一方，実周波数 f^* は実周期 T^* の逆数ですので，無次元周波数 f との間には $f = \dfrac{L}{U} f^*$ の関係が成り立ちます。そこで，**ストローハル数**[22] (Strouhal number) $S_t = \dfrac{L}{U} f^*$ を導入す

---

22) 流れによる振動現象の無次元周波数のことです。

ると,無次元周波数 f は S_t と一致します.FFT (Fast Fourier Transform:高速フーリエ変換) を使って揚力係数の時間履歴に含まれる周波数成分を抽出すると,流体計算は無次元時間で実行されていますので,得られた周波数は無次元周波数であり,それはストローハル数そのものになります.ここでの計算値は $S_t = 0.175$ となります.これらをロシュコ (Roshko, A.) の実験値 ([84]) と比較すると,$C_d = 1.1, S_t = 0.183$ なのでおおよそあっています.計算は純粋な 2 次元流れを仮定できますが,実験は 3 次元空間で行われます.2 次元性を確保すべく,端面板を使うなどの工夫を施しますが,完全な 2 次元流の実験は困難です.一般に,2 次元計算に基づく抗力係数は実験に比べて高めの数値を算出します.したがって,ここでの差異は 2 次元性を仮定したことに起因していると考えられます.

さて,円柱は対称な形をしています.それを一様な流れ場に置くと,小さな Re 数であれば上流下流でほぼ対称な流線を保持する定常状態が実現されますが,Re 数を増やしていくと円柱背後に小さな渦領域が形成され上流下流の流線に非対称性を生じるようになります.Re 数が 140 と大きくなると小さなかく乱を導入することで正弦的に規則正しい渦放出をともなう非定常状態が実現されます[23]).

それではさらに Re 数を増やしていくとどうなるでしょうか.それは**乱流**になります.乱流は本質的に 3 次元かつ非定常現象ですから計算を行うにはそれなりのコンピュータが必要になります.一方で,乱流モデルを使って計算負荷を低減しようという試みもなされていますが,**クロージャー問題**[24]) (または,完結問題:closure problems) を抱えていますので未解決です.乱流モデルには根本的な問題が潜んでいます.それは流れ場全体が乱流であることを仮定している点にあります.タバコの煙を見ると,最初煙が 1 本きれいに立ちのぼり (層流),あるところでその 1 本の煙がくずれ (遷移し) て,その後,乱流化しま

---

23) プラントルは対称な円柱から非対称性が生じるはずがないと円柱を真円にする努力を重ねましたが,カルマンは,円柱からの渦列の発生は自然に生ずると推測し,渦列の安定性を理論的に検討し,渦列が生じてよいという結論を導きました.**カルマン渦列**の名前は彼に由来します.流体には元来,非線形性が存在し,そのため単に Re 数を変化させることでこのような興味深い現象を起こす能力があります.

24) 乱流では,統計量 (例えば流速や圧力の平均値) を評価します.ナビエ–ストークス方程式からこれらの平均値の方程式をつくると,未知量に流速や圧力の高次モーメントが現れます.そこで,この高次モーメントの方程式をたてるとさらに高次のモーメントが現れ,方程式が閉じません.この問題をクロージャー問題といいます.

8.4 円柱まわりの非定常流れ

す.すなわち,流れ場によっては最初,層流であり遷移を経て乱流になるということです.この問題を解決するにはナビエ–ストークス方程式をそのまま解くという直接法がもっとも近道です.しかしこの方法は非常に大きな計算資源を必要とします.流体解析はメッシュを使って計算が行われるので,当然ながらメッシュの解像度の範囲内ではナビエ–ストークス方程式を正確に解いてくれますが,逆にメッシュ以下のサイズの流体運動を解像できないので**エイリアス誤差** (aliasing errors) が生じ,これが全体の計算を誤り,結果が発散してしまいます.

桑原邦郎 ([59], [68]) は,世界に先駆けてこの点に注目しました.彼の考え方は大変ユニークで,エイリアス誤差を生じる高波数成分を 4 階微分に比例する数値拡散項で減衰させてしまうというものです.これは数値的処理のため乱流モデルは不要になり,層流から乱流まで遷移を含めてすべて自動的に計算できるという考え方でした.ナビエ–ストークス方程式の拡散は 2 階の微分項で表されており,そこの特徴は損なわず移流と拡散のバランスによる流れ場の様相の変化を記述でき,計算が正確になされるというものです[25].この方法は **3 次精度風上差分法**とよばれ,その成果により航空機や自動車,建築分野などで良い計算が短期間に実現できるようになりました[26].この方法は現在,**陰的 LES 法**[27] (implicit Large Eddy Simulation) に分類されています.陽的な乱流モデルではなく,数値的に陰的なモデルを導入したという意味を込めたようです.しかし,実際にはもっと深い意味をもっているように思われます.

この考え方は差分法だけではなく有限要素法で実施しても有効なはずです.乱流モデルを使用せず,数値拡散として流線拡散と横風拡散の 2 つを使って,2 次元円柱に生じる抗力係数 C_d と Re 数の関係が実際に有限要素法で確かめられており,2 次元計算のため C_d の計算値は実験値よりは高めですが,**抵抗崩

---

[25] この方法によれば,直接法に比べてメッシュの細かさを軽減できます.それでも巨大なコンピュータ資源が必要でした.彼は私財を投じて当時 (1980 年代) のスーパーコンピュータを購入し,世界に先駆けてこの分野の研究をリードしました.

[26] 乱流モデルによる計算結果は 100% 以上の大きな誤差が生じていましたが,この方法によれば,自動車のスケールモデルの風洞実験値を 10% 程度の誤差で予測できた結果が残っています ([50], [52], [64]).

[27] LES 法は,乱流を数値解析するときに用いられる数学モデルの一種で,乱流の比較的大きな構造のみを直接計算の対象とし,それより細かい乱れに対しては適当な物理モデルにより表現するものです.乱流モデルにはこの他,2 点相関モデル,レイノルズ平均モデルなどがあります.

壊[28] (drag crysis) の現象を定性的に再現できています[29]。また，多方向風上差分法を使った橋口ら ([51]) による計算では，3 次精度風上差分法として 4 階微分に比例する数値拡散を入れ計算精度を上げていますが，有限要素法の結果はその結果とほぼ同等です。

　8.2 節の 2 次元キャビティ流れについても同様に計算できることが文献 [49] によって示されています。以上の事実は，有限要素法の解決能力，すなわち，ナビエ–ストークス方程式を直接解くことで層流から乱流まで遷移を含めて解をだす能力をもっている，ということを暗示しています。コンピュータの計算速度の大幅な向上と大規模メモリの利用は眼前にあり，有限要素法による問題解決がますます有用になる時代が来ることは間違いないでしょう。

---

[28] 抵抗崩壊とは，Re 数の増加とともに境界層の乱流化により，はく離点の後方への移動が原因となり，抗力係数が激減する現象をいいます。

[29] https://www.comsol.jp/paper/possibility-of-implicit-les-for-two-dimensional-incompressible-lid-driven-cavity-14684 (2013)

9. 細胞性粘菌の走化性動態解析

　1グラムの土壌中には数10億個の細菌が生息し，その種類は100万種にものぼります ([46])．大村 智氏は，土壌に潜む細菌を採取し，微生物の生産する有用な天然有機化合物の探索研究を続け，これまでに類のない450種を超える新規化合物を発見し，なかでも，1980年代初めの動物用の駆虫薬抗寄生虫抗生物質イベルメクチン[1]は動物だけでなく人間の寄生虫の駆除にも使えることをつきとめました．特に盲目症をともなうオンコセルカ症[2]に対してきわめて効果が高く，症状の悪化を防いだり，感染を防いだりできるようになることがわかっています[3]．

　このように土壌中に生息する細菌の探求は，生命現象の解明に重要な役割をはたしており，また，同時に新規抗がん剤などの創製にも注目されています．この章では，1970年代初頭にケラー (Keller, E.F.) とシーゲル (Segel, L.A.) により提唱された，細胞性粘菌の走化性動態モデルについて解析していきます．

9.1　ケラー—シーゲル方程式

　細胞性粘菌[4]は単細胞アメーバで，それは土壌のバクテリアを餌として成長・分裂を繰り返しています．良好な食物連鎖がはたらいているときには，バクテリアは土壌に均一に分布していますが，食物連鎖がどこかでとぎれると，バクテリアの分布は均一ではなくなり，アメーバは飢餓状態に落ち入ります．この

---

1) ivermectin．商品名ストロメクトール．
2) Onchocerciasis．河川盲目症ともいわれ，世界中で年間1800万人が罹患しており，開発途上国では失明の主要な原因となっています．
3) 大村 智氏は，これらの貢献：「線虫の寄生によって引き起こされる感染症に対する新たな治療法に関する発見」により2015年ノーベル生理学・医学賞を受賞されました．
4) Dictyostelium discoideum：和名キイロタマホコリカビ．

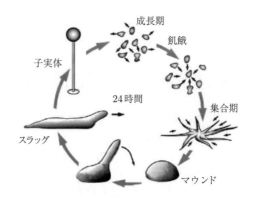

図 9.1 細胞性粘菌の生活環 (文献 [17] より引用)：細胞性粘菌の単細胞アメーバは，飢餓状態に落ち入ると自ら化学物質を分泌し，他のアメーバを誘引するはたらきをし，その結果多数のアメーバが集合するようになります。ケラー–シーゲル方程式は，アメーバの集合化が起きる現象をモデル化したものです。

とき，アメーバはアクラシン (acrasin)[5] を分泌し，アクラシンは他のアメーバを誘引するはたらきをし，その結果，多数のアメーバが集合するようになります[6]。アメーバの集合状態はナメクジのような多細胞体になり，さらに時間が経つと柄と頭からなる胞子嚢柄 (sporangiophore) に発達し，子実体 (fruiting bodies) になります。この頭は新しい胞子 (spores) となり，新たにできた胞子は子実体から分離し，発芽して，また，土壌のバクテリアを餌とする単細胞アメーバとなります。この一連の生活環 (図 9.1) が繰り返されていますが，**ケラー–シーゲル方程式** (Keller-Segel equations) ([65], [66]) は，アメーバの集合化が起きる現象を対象としてモデル化したものです。

細胞性粘菌は，どこにでも存在し，また，その生活環が約 24 時間であることから発生学研究にとって有用なモデル生物としてさかんに研究が進められています。また，**走化性** (chemotaxis) という著しい特徴をもっており，白血球のそれとよく似ていることからも走化性モデルの代表的存在になっています。

---

5) タマホコリカビ類のアクラシンの化学的実体が cAMP(環状アデノシン–リン酸：cyclic Adenosine Monophosphate) です。

6) アクラシンを抑制するアクラシナゼ (acrasinase) も存在しますが，ここではそれはモデル化の対象としません。

9.1 ケラー–シーゲル方程式

まず，空間 1 次元でケラー–シーゲル方程式がどのように構築されたかみていきましょう．t を時間，x を空間 1 次元とします．細胞性アメーバの集中密度を $a = a(t,x)$，アメーバが分泌する化学物質 cAMP を $c = c(t,x)$ とし，つぎの仮定を設けます．

仮定 9.1 (1) 解析の対象とする時間スケールでは，アメーバは死滅したり，新たに発生することはない．

(2) cAMP は，アメーバの密度に比例して生成され，一方，cAMP 自身の集中に比例して減少する．

この仮定 9.1 のもとに，保存則がつぎのようにはたらきます．すなわち，

$$a_t + \phi_x^a = 0 \tag{9.1}$$

$$c_t + \phi_x^c = fa - kc \tag{9.2}$$

が成立します．この分野の慣例により添字は偏微分を表し，すなわち，$a_t = \dfrac{\partial a}{\partial t}$ のことです．また，ϕ^a と ϕ^c は，それぞれアメーバと cAMP の流束を表し，f と k は正定数とします．

仮定 9.2 cAMP の移動は，拡散のみによってなされ，つぎの**フィックの第 1 法則**[7](Fick's law) を仮定する．

$$\phi^c = -\delta c_x \tag{9.3}$$

ここで，δ は拡散係数で，正定数である．

仮定 9.3 アメーバの移動は，ランダムな項と cAMP に誘引される項からなり，この誘引は cAMP の空間勾配とアメーバ自身の密度に比例する．すなわち，つぎを仮定する．

$$\phi^a = -\mu a_x + \nu a c_x \tag{9.4}$$

ここで，μ, ν とも正定数であり，μ はアメーバの運動係数を表し，また，ν は誘引項の強さを表す．

◆**注意 9.1** (9.4) の右辺の第 2 項は，**走化性**といわれます．　　◇
◆**注意 9.2** (9.4) の右辺の第 1 項は，結果的にフィックの第 1 法則になっています．◇

---

7) 拡散流束は濃度勾配に比例するという法則です．

(9.4) を (9.1) へ, (9.3) を (9.2) へ代入すると, つぎのアメーバの拡散と走化性に関する方程式が化学物質 cAMP との連成[8] として得られます.

$$\begin{cases} a_t = \mu a_{xx} - \nu(ac_x)_x \\ c_t = \delta c_{xx} + fa - kc \end{cases} \quad (9.5)$$

9.2 ケラー–シーゲル方程式の線形解析

さて, 方程式 (9.5) を $t > 0$ で $0 < x < L$ の領域で解くことを考え, その両端 $x = 0$ と $x = L$ で移流はないとします. すなわち, 零流速境界条件 $a_x = 0, c_x = 0$ を与えます[9]. 一連の問題はつぎのようになります.

$$\text{問題}\,\Sigma : \begin{cases} a_t = \mu a_{xx} - \nu(ac_x)_x, & (t,x) \text{ in } (0,\infty) \times (0,L) \\ c_t = \delta c_{xx} + fa - kc, & (t,x) \text{ in } (0,\infty) \times (0,L) \\ a_x = 0, c_x = 0, & \text{on } x = 0,\ x = L \\ a(0,x) = a_0(x), c(0,x) = c_0(x), & x \text{ in } (0,L) \end{cases} \quad (9.6)$$

最下行は初期プロファイルを表していますが, 対象が生態系ですから $\inf_x a_0(x) \geq 0$, $\inf_x c_0(x) \geq 0$ を考えるのが適切です. まず, 問題 Σ には平衡解, すなわち, $a(t,x) = \bar{a}, c(t,x) = \bar{c}$ ($\bar{a}, \bar{c}$ は正定数) が, 条件

$$f\bar{a} - k\bar{c} = 0 \quad (9.7)$$

のもとに存在します[10]. この平衡状態は, アメーバの集中化が発生する前の土壌では, アメーバとその分泌する cAMP が時間的にも空間的にも均一な状態であることを表しています.

この平衡状態からの局所的な安定性を線形解析でみていきましょう. いま,

$$a(t,x) = \bar{a} + A(t,x), \quad c(t,x) = \bar{c} + C(t,x) \quad (9.8)$$

---

[8] オリジナルの論文 ([65]) では, cAMP を抑制する第 2 の物質も考慮して方程式が構築されていますが, ここでは, (9.5) のようにアメーバと cAMP だけの連成としています. また, 現在でも研究の対象はほとんどが基本的に (9.5) の形をしています.

[9] 数学では, ノイマン境界条件とよびます.

[10] (9.7) は, アメーバの密度と cAMP が均衡していることをいっています.

9.2 ケラー–シーゲル方程式の線形解析

とします。ここで，A, C は $\bar{a}, \bar{c}$ に対する微小な摂動とします[11]。(9.8) を (9.6) に代入すると

$$A_t = \mu A_{xx} - \nu\bigl((\bar{a}+A)C_x\bigr)_x, \quad C_t = \delta C_{xx} + fA - kC \quad (9.9)$$

という摂動方程式を得ます。この方程式は非線形ですが，「微小な摂動項の積はやはり微小になる」という仮定のもとにつぎのように線形化します。

$$A_t = \mu A_{xx} - \nu\bar{a}C_{xx}, \quad C_t = \delta C_{xx} + fA - kC \quad (9.10)$$

この (9.10) は線形ですから，解の重ね合わせが可能になります。そこで，解をモーダル解とし，A, C をつぎで書くことにします[12]。

$$A(t,x) = c_a \cos \lambda x \, e^{\sigma t}, \quad C(t,x) = c_c \cos \lambda x \, e^{\sigma t} \quad (9.11)$$

ここで，λ, σ は決定されるべきパラメータで，c_* は定数です。(9.11) を (9.10) に代入すると

$$(\sigma + \mu\lambda^2)c_a - \nu\bar{a}\lambda^2 c_c = 0, \quad -fc_a + (\sigma + k + \delta\lambda^2)c_c = 0 \quad (9.12)$$

を得て，整理するとつぎのようになります。

$$\begin{pmatrix} \sigma + \mu\lambda^2 & -\nu\bar{a}\lambda^2 \\ -f & \sigma + k + \delta\lambda^2 \end{pmatrix} \begin{pmatrix} c_a \\ c_c \end{pmatrix} = \begin{pmatrix} 0 \\ 0 \end{pmatrix} \quad (9.13)$$

したがって，有意な係数 c_* をもつためには，左辺の行列の行列式が 0 である，すなわち，

$$\sigma^2 + \gamma_1 \sigma + \gamma_2 = 0 \quad (9.14)$$

という条件を得ます。ここに，

$$\gamma_1 = \lambda^2(\mu + \delta) + k, \quad \gamma_2 = \lambda^2\bigl(\mu(\delta\lambda^2 + k) - f\nu\bar{a}\bigr) \quad (9.15)$$

とおきました。さて，(9.14) の根は

$$\sigma_\pm = \frac{1}{2}\Bigl(-\gamma_1 \pm \sqrt{\gamma_1^2 - 4\gamma_2}\Bigr) \quad (9.16)$$

となります。$\gamma_1 > 0$ より σ_- は負の実根または実部が負となる複素根となり

---

[11] 摂動 A, C も零流速境界条件を満たしていることに注意しましょう。
[12] (9.10) は第 1 式，第 2 式とも両辺が等しくなり，また，右辺はともに A, C を含んでいるので，A と C は定数係数を除いて (9.11) の同じ形でなければなりません。零流速境界条件を満たす必要があります。

ます。この場合は，A, C とも時間発展が減衰するので，摂動の項はやがて消えてもとの平衡解にもどります。すなわち，σ_- は (9.10) において安定にはたらきます。興味のある現象は，加えた摂動により系が不安定にはたらく場合です。この条件は，σ_+ が正の実根になることです。それは，$\gamma_2 < 0$，すなわち，

$$\mu(\delta\lambda^2 + k) < f\nu\bar{a} \tag{9.17}$$

という条件が得られます。λ は摂動の周波数で，零流速境界条件を満足するためには

$$\lambda = \frac{n\pi}{L}, \quad n = 0, 1, 2, \ldots \tag{9.18}$$

が要請されます。各 n に対して周波数 λ_n と σ_n が求まります。したがって，(9.18) を (9.17) に代入して

$$\mu\left\{\delta\left(\frac{n\pi}{L}\right)^2 + k\right\} < f\nu\bar{a} \tag{9.19}$$

が満たされるとき，n 次モードが増大し，局所不安定を引き起こし，これが結果的にアメーバの集中化現象になります。以上を定理にまとめるとつぎのようになります。

定理 9.1 (9.10) において，(9.19) が成立するときに n 次モードが局所不安定となる。

◆**注意 9.3** 局所不安定は，アメーバの運動係数 μ，cAMP の拡散係数 δ と減衰係数 k が小さいと起きやすく，また，モード周波数 n と領域 L が小さいほど起きやすくなります。反対に，cAMP のアメーバに対する反応係数 f，走化性の強さ ν が大きいほど局所不安定が発生しやすくなります。 ◇

図 9.2 に線形化でのシミュレーション例を示します。(9.10) のパラメータを $\mu = 1, \bar{a} = 1, \delta = 1, f = 1, k = 1, L = \pi$ とし，$\nu = 9$ とすると，(9.17) より 2 次のモードまで不安定になります。摂動を $A(0, x) = C(0, x) = 1/10$ としてシミュレーションした結果が図 (a) で A の初期の摂動プロファイル (実線) と $t = 19$ 時点での摂動が不安定になった結果 (破線) が示してあります。また，図 (b) は初期の摂動プロファイルを $A(0, x) = C(0, x) = \frac{1}{10}\cos 2\left(x - \frac{\pi}{2}\right)$ としたときの A の初期摂動プロファイル (実線) と，$t = 0.1$ 時点での摂動が不安定になった結果 (破線) が示してあります。この場合も，2 次のモードまで不安定となっています。

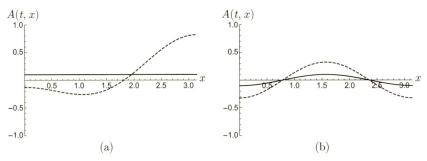

図 9.2 線形化でのシミュレーション例：(9.10) のパラメータを $\mu = 1, \bar{a} = 1$, $\delta = 1, f = 1, k = 1, L = \pi$ とし，走化係数を $\nu = 9$ としたときの A の初期摂動プロファイル (実線) と不安定になった結果のプロファイル (破線)。(a) は，$A(0,x) = \frac{1}{10}$ (実線)，$C(0,x) = \frac{1}{5}$ としたときの $t = 19$ 時点での摂動が不安定になった A の結果 (破線)。(b) は，$A(0,x) = \frac{1}{10}\cos 2(x - \frac{\pi}{2})$, $C(0,x) = A(0,x)$ としたとき，$t = 0.1$ 時点での摂動が不安定になった A のプロファイル (破線)。

線形解析では，一端不安定になれば時間経過とともにその解 (線形解) は発散してしまいますが，実際の非線形系ではどのような振る舞いをするのか次節でみていきましょう。

9.3 ケラー–シーゲル方程式の非線形計算

さて，9.2 節では，所与の方程式を線形化して平衡解からの局所不安定性を考察してきました。ここでは，もとの問題 Σ を非線形方程式のまま有限要素法で解いてみましょう。まず，a の弱形式を求めます。

時間微分を 1 ステップ BDF，すなわち，後退オイラー法を使い，基底関数を $\varphi \in H_0^1(0,L)$ とすると

$$\int_0^L \frac{a^n - a^{n-1}}{\delta t}\varphi\,dx = \mu\int_0^L a_{xx}^n \varphi\,dx - \nu\int_0^L a_x^n c_x^n \varphi\,dx - \nu\int_0^L a^n c_{xx}^n \varphi\,dx$$

と時間離散化できます。ただし，a^n, a_x^n などは

$$a^n = a(t,x)\big|_{t=n}, \quad a_x^n = \frac{\partial}{\partial x}a(t,x)\bigg|_{t=n}$$

の意味です。右辺の第 1 項と第 3 項に，基底関数 φ の性質を使い，つぎの弱形

式が得られます．

$$\int_0^L \frac{a^n - a^{n-1}}{\delta t}\varphi \, \mathrm{d}x = -\mu \int_0^L a_x^n \varphi' \, \mathrm{d}x + \nu \int_0^L a^n c_x^n \varphi' \, \mathrm{d}x \qquad (9.20)$$

同様にして，c の弱形式は基底関数を $\phi \in H_0^1(0, L)$ として，つぎのように得られます．

$$\int_0^L \frac{c^n - c^{n-1}}{\delta t}\phi \, \mathrm{d}x = -\delta \int_0^L c_x^n \phi' \, \mathrm{d}x + f \int_0^L a^n \phi \, \mathrm{d}x - k \int_0^L c^n \phi \, \mathrm{d}x \qquad (9.21)$$

弱形式 (9.20) と (9.21) を使い，これらを有限要素法プログラム[13]に入力し適切な空間分割を施せば，陰解法により a^n と c^n を得ることができます．また，$a^0 = a(0, x)$, $c^0 = c(0, x)$ であり，これらは，変数の初期プロファイルで与えるべきものです．

図 9.3 は，パラメータを $f = 1, k = 1, L = \pi$ とし，走化係数を $\nu = 9$，また，初期プロファイルを $a_0(x) = 1.1, c_0(x) = 1.2$ としたときの cAMP の動態を示しています．この初期プロファイルでは，古典解は

$$a(t, x) = 1.1, \quad c(t, x) = 1.1 + \frac{1}{10}\mathrm{e}^{-t}$$

と求めることができ，アメーバは初期プロファイルのまま変化しないことがわかります．図 9.3 の右図は，cAMP の $t = 0, 1, 2, 5$ での断面を示し，同左図は 3 次元表示したものです．ちなみに，空間分割は 1,000 分割とし，境界部分を密にメッシュを切っています．BDF の時間刻みは $1/20\,[\mathrm{s}]$ として計算した結果です．

また，図 9.4 と図 9.5 は，初期プロファイルを $a_0(x) = 1.1, c_0(x) = 1.1 - \cos 2x$ としたときの動態を示しています．その他のパラメータは，図 9.3 と同じです．図 9.4 にみられるように，時間経過直後にアメーバの集中化が領域中央部分で起きているのがわかります．約 $1\,[\mathrm{s}]$ で解は収束しています．図 9.5 は，図 9.4 に対応する cAMP の動態を示しています．

さらに，初期プロファイルを $a_0(x) = 1.1, c_0(x) = 1.1 + \dfrac{1}{100}\cos x$ とし，その他のパラメータは図 9.3 と同じにしたときの動態を，図 9.6 と図 9.7 に示します．この場合，cAMP にわずかな摂動を重畳させたわけですが，時間は前出

---

[13] 本章での具体的な計算は，COMSOL Multiphysics を利用しています．

9.3 ケラー–シーゲル方程式の非線形計算

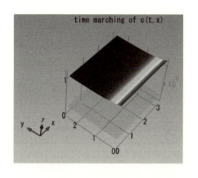
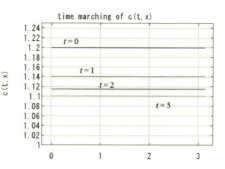

図 9.3　有限要素法による非線形シミュレーション：$c(t,x)$ (cAMP) の動態：初期プロファイルは $a_0(x) = 1.1$, $c_0(x) = 1.2$。左図は，$c(t,x)$ (cAMP) の時間発展；空間・時間・変数 ($x-y-z$) の 3 次元表示。x (空間) 軸のスケール=1/1, y (時間) 軸のスケール=1/2, z (変数) 軸のスケール=1/1。右図は，初期プロファイルおよび $t = 1, 2, 5$ におけるプロファイル断面を示します。

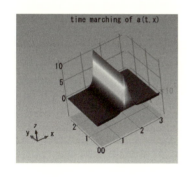
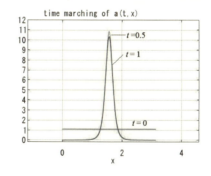

図 9.4　$a(t,x)$ (アメーバ) の時間発展：パラメータは図 9.3 に同じ。初期プロファイルは $a_0(x) = 1.1$, $c_0(x) = 1.1 - \cos 2x$。左図は，空間・時間・変数 ($x-y-z$) の 3 次元表示。x (空間) 軸のスケール=1/1, y (時間) 軸のスケール=1/2, z (変数) 軸のスケール=1/1。右図は初期プロファイルおよび 0.5 [s] 後，1 [s] 後のプロファイル断面を示します。

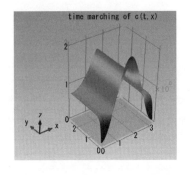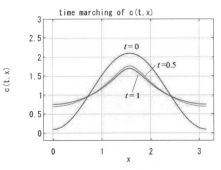

図 9.5 図 9.4 に対応する $c(t,x)$ (cAMP) の時間発展：左図は 3 次元表示を示し，右図は初期プロファイルおよび 0.5 [s] 後，1 [s] 後のプロファイル断面を示します。

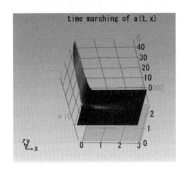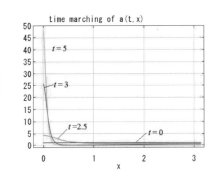

図 9.6 $a(t,x)$ (アメーバ) の時間発展：パラメータは図 9.3 に同じ。初期プロファイルは $a_0(x) = 1.1$, $c_0(x) = 1.1 + \frac{1}{100}\cos x$. x (空間) 軸のスケール=1/1, y (時間) 軸のスケール=1/2, z (変数) 軸のスケール=1/1.

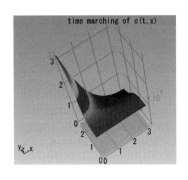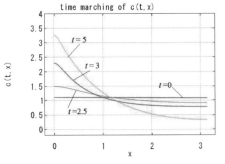

図 9.7 $c(t,x)$ (cAMP) の時間発展：図 9.6 に対応。

の例よりかかるものの，約 2.5 [s] で $x=0$ の境界部分でアメーバの集中化が起きています．

なお，Σ は初期プロファイルが $x=\dfrac{L}{2}(=x_c)$ について対称性を有するならば，その解もまた $x=x_c$ について対称性を有することがいえます．説明を簡単にするために，いま考えている領域を $x \in (-L, L)$ とします．Σ を満たす解 $a(t,x), c(t,x)$ をとってくると，$a(t,-x), c(t,-x)$ もまた Σ を満たします．$a(0,x)=a(0,-x), c(0,x)=c(0,-x)$ ならば，解の一意性 (命題 9.1) より $a(t,x)=a(t,-x), c(t,x)=c(t,-x)$ がいえます．図 9.6 と図 9.7 は，その初期プロファイルが非対称であるため，アメーバは非対称な集中化を起こしていることになります．

9.4 非線形解析

ケラー–シーゲル方程式は，前節までに解説したように細胞性粘菌の走化性運動による集合体形成現象を記述する生物数理モデルです．現在では，以下のタイプのモデルが数学的な観点から研究されています．

$$\begin{cases} a_t = \Delta a - \nu \nabla \cdot (a \nabla c), & (t,x) \text{ in } (0,\infty) \times \Omega \\ c_t = \Delta c + fa - kc, & (t,x) \text{ in } (0,\infty) \times \Omega \end{cases} \quad (9.22)$$

ここで，$\Omega \subset \mathbb{R}^n$ であり，(9.22) に対して，境界条件と初期値をつぎのように設定して初期値境界値問題がよく扱われます．

$$\frac{\partial a}{\partial n}(t,x) = \frac{\partial c}{\partial n}(t,x) = 0, \qquad \text{on } \partial\Omega \quad (9.23)$$

$$a(0,x) = \overline{a}(x),\ c(0,x) = \overline{c}(x), \quad \text{in } \Omega \quad (9.24)$$

ここで，(9.23) は $\partial\Omega$ の法線方向にそった微分を示し，ノイマン境界条件になっています．a,c などの生物学的な意味内容は一般の $\mathbb{R}^n$ では失われてしまいますが，$n \leq 3$ とした 3 次元空間以内では 9.1~9.3 節で解説したように，それぞれ，アメーバの数 (a) と cAMP(c) に相当しています．

初期プロファイル $\overline{a}, \overline{c}$ を非負値関数とし，ν, f, k は正定数，$\Omega \subset \mathbb{R}^n$ をなめらかな境界をもつ領域とします．まず，つぎの命題が成立します．

命題 9.1 (a,c) を (9.22) の古典解とするとき，以下が成り立つ．

(1) $\int_\Omega a\,dx = \int_\Omega \bar{a}\,dx$

(2) $\bar{a} \not\equiv 0$ とすると，$a > 0,\ c > 0$．

(3) $\int_\Omega c(t,x)\,dx = e^{-kt}\int_\Omega \bar{c}(x)\,dx + \dfrac{f}{k}(1-e^{-kt})\int_\Omega \bar{a}(x)\,dx$

◆**注意 9.4** 命題 9.1(1) は，**質量保存則** (law of conservation of mass) が成立することをいっています．また，(2) は，アメーバの初期プロファイルを恒等的に 0 でないとすると，解は必ず正になることをいっており，これは正値性・強最大値原理を用いて証明できます．(3) は，cAMP の領域積分はアメーバと cAMP の初期プロファイルで表されることをいっており，また，時間極限では

$$\lim_{t\to\infty}\int_\Omega c(t,x)\,dx = \frac{f}{k}\int_\Omega \bar{a}(x)\,dx$$

が成立します．

9.4.1　1次元系の解析

ここでは，空間次元が 1 次元の場合を考えましょう．$\Omega = (L_1, L_2)$ とし，(9.6) の問題 Σ を改めてつぎのように書きます．

問題 Σ_1：
$$\begin{cases} a_t = a_{xx} - \nu(ac_x)_x, & (t,x)\ \text{in}\ (0,\infty)\times\Omega \\ c_t = c_{xx} + fa - kc, & (t,x)\ \text{in}\ (0,\infty)\times\Omega \\ a_x(t,L_i) = c_x(t,L_i) = 0, & t\ \text{in}\ (0,\infty),\ i=1,2 \\ a(0,x) = \bar{a}(x),\ c(0,x) = \bar{c}(x), & x\ \text{in}\ \Omega \end{cases}$$
(9.25)

近似系

さて，問題 Σ_1 において定数 ν が 1, f, k に比べて十分小さいときを考えましょう．このとき，変数変換 $\tau = \nu t$ を施すと，(9.25) の第 1, 2 方程式はつぎのように変換されます．

$$\begin{cases} a_\tau = \dfrac{a_{xx}}{\nu} - (ac_x)_x \\ \nu c_\tau = c_{xx} - kc + fa \end{cases} \quad (9.26)$$

いま考えているのは，拡散項が走化性項に比べて卓越している場合 ($1/\nu \gg 1$)

9.4 非線形解析

ですので，上式の第1方程式は走化性項を無視して，

$$a_\tau = \frac{a_{xx}}{\nu} \tag{9.27}$$

と考えるのが妥当です。また，別の見方をすると，(9.25) の第1方程式が線形化される条件が，変換された系において走化性は拡散に比べて無視できるほど微小であるということになります。さらに，第2方程式は変数変換された c の時間発展そのものが微小であり

$$0 = c_{xx} - kc + fa \tag{9.28}$$

として差し支えなくなります。以上により，問題 Σ_1 に対してつぎの近似である問題 Σ_τ を得ることができます。

$$\text{問題 } \Sigma_\tau : \begin{cases} a_\tau = \dfrac{1}{\nu} a_{xx}, & (\tau, x) \text{ in } (0, \infty) \times \Omega \\ 0 = c_{xx} - kc + fa, & (\tau, x) \text{ in } (0, \infty) \times \Omega \\ a_x(\tau, L_i) = c_x(\tau, L_i) = 0, & \tau \text{ in } (0, \infty), \ i = 1, 2 \\ a(0, x) = \bar{a}(x), & x \text{ in } \Omega \end{cases} \tag{9.29}$$

(9.29) の問題 Σ_τ においてその変数は，本来は $\tilde{a}, \tilde{c}$ などと書くべきですが，これらを改めて a, c と表記しています。

流体力学における非圧縮性粘性流体のナビエ–ストークス方程式では，移流項が拡散項に比べて卓越しているときでも，静止壁面上では速度 0 を保つために拡散項を無視できませんが，この事実からも問題 Σ_τ は妥当な近似系といえるでしょう。また，後ほどその妥当性を数値解析で示します。

近似系の時間極限における動態

つぎの定理で証明されるように，問題 Σ_τ の解 (a, c) は $\tau \to \infty$ とするとそれぞれ定数関数に収束します。

定理 9.2 ([21])　$\bar{a}(x) \in L_1(\Omega)$ とする。問題 Σ_τ の解を (a, c) とする。このとき，任意の $x \in \Omega$ に対して以下の等式が成り立つ。

$$\lim_{\tau \to \infty} a(\tau, x) = a_0 \tag{9.30}$$

$$\lim_{\tau \to \infty} c(\tau, x) = \frac{f}{k} a_0 \tag{9.31}$$

ただし，a_0 はアメーバの初期プロファイル $\bar{a}(x)$ の直流分であり，

$$a_0 = \frac{1}{L_2 - L_1} \int_{L_1}^{L_2} \bar{a}(x)\,\mathrm{d}x$$

である。

[証明]　(9.29) の第 1 式は線形の熱方程式であり，その解 a は偏微分方程式におけるフーリエ級数展開を用いた解法 ([15]) により以下のように求めることができます。

$$a(\tau, x) = \frac{A_0}{2} + \sum_{n=1}^{\infty} A_n \cos \lambda_n (x - L_1)\, \mathrm{e}^{-\frac{\lambda_n^2}{\nu}\tau} \tag{9.32}$$

ここで，λ_n と A_n は以下のようになります。

$$\lambda_n = \frac{n\pi}{L_2 - L_1} \tag{9.33}$$

$$A_n = \frac{2}{L_2 - L_1} \int_{L_1}^{L_2} \bar{a}(x) \cos \lambda_n (x - L_1)\,\mathrm{d}x \tag{9.34}$$

同様に，(9.29) の第 2 式の解も

$$c(\tau, x) = \frac{fA_0}{2k} + \sum_{n=1}^{\infty} \frac{f}{k + \lambda_n^2} A_n \cos \lambda_n (x - L_1)\, \mathrm{e}^{-\frac{\lambda_n^2}{\nu}\tau} \tag{9.35}$$

と得ることができ [14]，(9.32) および (9.35) より定理が従います。∎

予　想

つぎに，問題 Σ_1 (9.25) において，定数 ν が十分小さい場合について考察します。まず，問題 Σ_1 は一定の初期条件のもとに時間大域的古典解 (a, c) が一意的に存在することが知られています。

命題 9.2 ([83])　初期プロファイル $\bar{a}, \bar{c}$ が

$$\bar{a}, \bar{c} \in H^1(\Omega), \quad \inf_{x \in \Omega} \bar{a} > 0, \quad \inf_{x \in \Omega} \bar{c} > 0$$

を満たすならば，問題 Σ_1 の時間大域的古典解 (a, c) が一意的に存在する [15]。

命題 9.2 により，定理 9.2 と同様の結果が成り立つと予想できます。

---

14)　(9.32) と (9.35) は，(9.29) の第 3 式のノイマン条件を満たすことに注意してください。
15)　爆発解は存在しないということです。

9.4 非線形解析

予想 9.1 問題 Σ_1 において，定数 ν が十分小さいとし，その時間大域的古典解を (a, c) とする．このとき，任意の $x \in \Omega$ に対して以下の等式が成り立つ．

$$\lim_{t \to \infty} a(t, x) = a_0 \tag{9.36}$$

$$\lim_{t \to \infty} c(t, x) = \frac{f}{k} a_0 \tag{9.37}$$

予想の有限要素解析

問題 Σ_1 におけるパラメータを $\nu = 0.01$, $f = 1$, $k = 1$, $L_1 = 0$, $L_2 = \pi$ とし，a の初期プロファイルを $\bar{a} = 1.1 - \cos 2x$ とします．このとき，$\bar{c} = 1.1$ となり，したがって，時間極限では $a \to 1.1$, $c \to 1.1$ となります．図 9.8, 図 9.9 は，問題 Σ_1 にこれらのパラメータを使い有限要素法で解いた結果[16] であり，予想 9.1 の内容をよく表現しています．

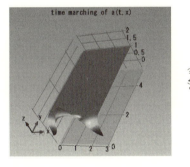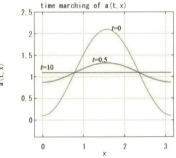

図 9.8 予想 9.1 の数値例：パラメータは，$\nu = 0.01$, $f = 1$, $k = 1$, $L_1 = 0$, $L_2 = \pi$ とし，a の初期プロファイルを $\bar{a} = 1.1 - \cos 2x$, c の初期プロファイルを $\bar{c} = 1.2$ としたときのアメーバ a の動態．左図は 3 次元表示で，x (空間) 軸のスケール=1/1, y (時間) 軸のスケール=1/2, z (変数) 軸のスケール=1/1．右図は，初期プロファイルと $t = 0.5, 10$ での空間断面を示しています．$t > 1.5$ でほぼ定常状態の $\bar{c} = 1.1$ に収束しています．

---

16) メッシュは均等 1000 分割，時間離散は BDF1 ステップ解法で時間刻みは $\frac{1}{20}$ を用いました．

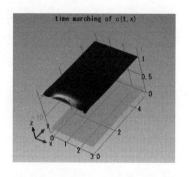 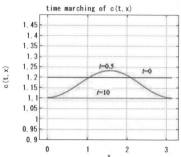

図 9.9 予想 9.1 の数値例：cAMP の c の動態を示しています．左図，右図とも図 9.8 に対応しています．

9.4.2 2次元系の解析

2次元系の解析については，文献 [22] の第3章によくまとめられており，これを参照しながら解説していきましょう．空間次元が2次元のときには，未知関数を $a(t,x,y), c(t,x,y)$ として方程式は以下のようになります．

問題 Σ_2 :
$$\begin{cases} a_t = \Delta a - \nu \nabla \cdot (a \nabla c), & \text{in } (0,\infty) \times \Omega \\ c_t = \Delta c + fa - kc, & \text{in } (0,\infty) \times \Omega \\ a_n(t,x,y) = c_n(t,x,y) = 0, & \text{on } (0,\infty) \times \partial\Omega \\ a(0,x,y) = \bar{a}(x,y), c(0,x,y) = \bar{c}(x,y), & \text{in } \Omega \end{cases}$$
(9.38)

ここで，n は境界 $\partial\Omega$ への法線ベクトルを表します．このとき，つぎの**チルドレス–パーカスの予想** (Childress-Percus's conjecture) がたてられました ([34])．

予想 9.2 (チルドレス–パーカスの予想) 問題 Σ_2 において，つぎの (1), (2) を満たす正数 θ がとれる．

(1) $\int_\Omega \bar{a}(x,y)\,\mathrm{d}x < \theta$ ならば解は時間大域的に存在し有界である．

(2) $\int_\Omega \bar{a}(x,y)\,\mathrm{d}x > \theta$ で，$a(t,x,y)$ が有限時間で**爆発** (blow up)[17] し，爆

---

[17] 関数 a が有限時間で爆発するとは，$\limsup_{t \to T} \max_{(x,y)\in\overline{\Omega}} a(t,x,y) = \infty$ となる $T \in (0,\infty)$ が存在するときをいいます．

9.4 非線形解析

発時刻での $a(t,x,y)$ の特異性はデルタ関数[18]的であるような解が存在する。特に，Ω が原点を中心とする円板の場合，(x,y) に関して**球対称**[19]な解のみを考えるならば $\theta = \dfrac{8\pi}{\nu f}$ で与えられる。

チルドレス–パーカスの予想は，つぎのように正しいことが証明されています。

命題 9.3 ([53], [54]) $\Omega = \{(x,y) \in \mathbb{R}^2 \mid x^2 + y^2 < L^2\}$ とする。このとき，空間変数 x,y について球対称な問題 Σ_2 の正値解 (a,c) でつぎを満たすものが存在する。

(1) $\displaystyle\int_\Omega \overline{a}\,\mathrm{d}x > \dfrac{8\pi}{\nu f}$
(2) a は有限時間 T で原点のみで爆発する。
(3) $a(T-0, x, y) = \dfrac{8\pi}{\nu f}\delta_0(x,y) + \phi(x,y)$

ここで，δ_0 は原点におけるデルタ関数で，$\phi(x,y)$ は

$$\phi(x,y) = \frac{C}{x^2+y^2}\mathrm{e}^{-2\sqrt{|\log\sqrt{x^2+y^2}|}}(1+o(1)), \quad x^2+y^2 \to 0$$

である。また，C は正定数で，o は高位の無限小を表すランダウの記号である。

(4) $\displaystyle\sup_\Omega a(t,x,y) = a(t,0,0), \quad \lim_{t \to T}(T-t)a(t,0,0) = \infty$

命題 9.3 は，有限時間で原点のみで爆発する球対称解が存在することをいっていますが，一般に爆発点は原点だけなのかの疑問にはつぎの命題が答えています。

命題 9.4 ([82]) $\Omega = \{(x,y) \in \mathbb{R}^2 \mid x^2 + y^2 < L^2\}$ のとき，有限時間爆発をする正値球対称解 (a,c) に対して，a の爆発点は原点のみである。

○**例 9.1** ここで，問題 Σ_2 のパラメータに具体的に数値を与えて爆発現象を観察してみましょう。パラメータは，$\nu = 20, f = 1, k = 1, \Omega = \{(x,y) \mid x^2+y^2 <$

---

[18] デルタ関数 (delta functions) $\delta_{x_0}(x)$ とは，$\delta_{x_0}(x) = 0\ (x \neq x_0)$，$\displaystyle\int_{\mathbb{R}^n}\delta_{x_0}(x)\,\mathrm{d}x = 1$ を満たす関数として定義され，任意の連続関数 $\varphi(x)$ に対して，$\displaystyle\int_{\mathbb{R}^n}\varphi(x)\delta_{x_0}(x)\,\mathrm{d}x = \varphi(x_0)$ となるような超関数です。

[19] この場合は $\mathbb{R}^2$ で考えているので，関数 $f(x,y)$ が半直線 $[0,\infty)$ 上の関数 $\varphi(r)$ を用いて $f(x,y) = \varphi(\sqrt{x^2+y^2})$ と書けるとき，f は球対称 (spherical symmetry) であるといいます。

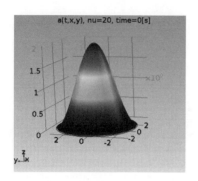
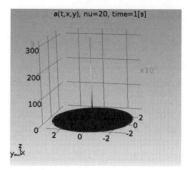

図 9.10 命題 9.3 および 9.4 の数値例：パラメータは，$\nu = 20$, $f = 1$, $k = 1$, $\Omega = \{(x, y) \mid x^2 + y^2 < \pi^2\}$ とし，a と c の初期プロファイルをそれぞれ $\bar{a} = 1 + \cos\sqrt{x^2 + y^2}$, $\bar{c} = 1$ としたときのアメーバ a の初期プロファイル (左図) と $t = 1$ での原点での爆発過程の状況 (右図) を示しています。

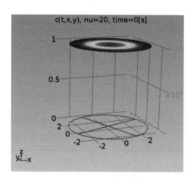
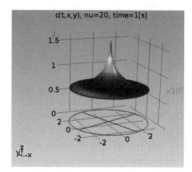

図 9.11 命題 9.3 および 9.4 の数値例：図 9.10 と同様。cAMP である c の動態を示しています。

$\pi^2\}$ とし，a と c の初期プロファイルをそれぞれ $\bar{a} = 1 + \cos\sqrt{x^2 + y^2}$, $\bar{c} = 1$ と設定します。$\int_\Omega \bar{a}\,dx = 2\pi^2 > \dfrac{8\pi}{\nu f} = \dfrac{2}{5}\pi$ となり，爆発解の存在の条件を満たしています。図 9.10 は，有限要素法 [20] で求めたアメーバ a の爆発の現象をとらえています。左図は，初期プロファイルであり，右図 ($t = 1$) はアメーバが原点で爆発する過程を表しています。同様に，図 9.11 は，cAMP である c の動態を示しています。 □

---

[20] メッシュは，原点近傍 (原点を中心とした半径 $\frac{3}{1000}$) を 3 角形で 70 分割，その他の領域は 4 角形で 512 分割とし，時間離散化は BDF1 ステップで時間刻みは $\frac{1}{20}$ を用いました。

9.4 非線形解析

さらに，空間 1 次元のときとは異なり，問題 Σ_2 の解の存在性は，初期プロファイル $\bar{a}$ の質量，すなわち $\int_\Omega \bar{a}\,dx$ と ν, f とのバランスに依存することがわかっています。

命題 9.5 ([30], [43], [81])　Ω をなめらかな境界をもつ $\mathbb{R}^2$ の有界領域とする。また，$\bar{a}, \bar{c} \in H^1(\Omega)$ とする。

(1) $\displaystyle\int_\Omega \bar{a}\,dx < \frac{4\pi}{\nu f}$ ならば，問題 Σ_2 の時間大域的な古典解 (a,c) が存在し，有界である。

(2) 特に，初期プロファイル $\bar{a}, \bar{c}$ が $\Omega = \{(x,y) \in \mathbb{R}^2 \mid x^2 + y^2 < L^2\}$ 上の球対称関数であるとする。このとき，$\displaystyle\int_\Omega \bar{a}\,dx < \frac{8\pi}{\nu f}$ ならば，問題 Σ_2 の時間大域的な古典解 (a,c) が存在し有界である。

また，解 a の有限時間爆発についてもいくつかのことが知られており，爆発点の個数についても議論がなされていますが，解が有限時間で爆発するための初期プロファイルに関する条件などは，未解決問題です。詳しくは，文献 [55] などを参照してください。

第Ⅲ部

附　録

A. ベクトルと行列

この章では，ベクトルと行列の基本事項についてまとめておきます．詳細は参考文献 [2], [4] などを参考にしてください．

A.1 ベクトルと行列の演算

mn 個の要素 a_{ij} ($i=1,2,\ldots,m; j=1,2,\ldots,n$) からなる配列

$$A = \begin{pmatrix} a_{11} & a_{12} & \cdots & a_{1n} \\ a_{21} & a_{22} & \cdots & a_{2n} \\ \cdots & \cdots & \cdots & \cdots \\ a_{m1} & a_{m2} & \cdots & a_{mn} \end{pmatrix} \tag{A.1}$$

を $m \times n$ **行列** (matrix) といい，特に $m = n$ のとき A を m 次**正方行列** (square matrix) といいます．また，$n=1$ のとき $m \times 1$ 行列を m 次元**列ベクトル** (column vector) といい

$$a = \begin{pmatrix} a_1 \\ a_2 \\ \vdots \\ a_m \end{pmatrix} \tag{A.2}$$

と書きます[1]．

対角要素以外の要素はすべて 0 である正方行列を**対角行列** (diagonal matrix) といい，しばしば $\mathrm{diag}\, A$ と書きます．特に対角要素がすべて 1 である対角行列を**単位行列** (unit matrix または identity matrix) といい，I または E で表します．また，すべての要素が 0 である行列は**零行列** (null matrix) で，単に

---

[1] $m=1$ のときは，$1 \times n$ 行列を n 次元**行ベクトル** (row vector) といいます．また，(A.2) を $a = \mathrm{col}(a_1, a_2, \ldots, a_m)$ と書くこともあります．

0 と書きます。$m \times n$ 行列 $A = (a_{ij})$ の行と列を入れ替えてできる $n \times m$ 行列 a_{ji} を A の**転置行列** (transpose matrix) といい，A^T で表します[2]。$A = A^T$ が成立する行列 A を**対称行列** (symmetric matrix) といい，また，$A = -A^T$ が成立する行列を**歪対称行列** (skew-symmetric matrix) といいます。歪対称行列の場合にはその対角要素は 0 となります[3]。

2 つの $m \times n$ 行列 $A = (a_{ij})$ と行列 $B = (b_{ij})$ に対して，$C = (a_{ij} \pm b_{ij})$ となる行列 C を A と B との**和** (sum) または**差** (difference) といい，$C = A \pm B$ と書きます。加法について，つぎの**交換法則** (commutative law) と**結合法則** (associative law) が成立します。

$$A + B = B + A \qquad \text{(交換法則)} \qquad (A.3)$$

$$(A + B) + C = A + (B + C) \qquad \text{(結合法則)} \qquad (A.4)$$

スカラー α と行列 $A = (a_{ij})$ とのスカラー積と $m \times n$ 行列 $A = (a_{ik})$ と $n \times r$ 行列 $B = (b_{kj})$ の**積** (products) をつぎのように定義します。

$$\alpha A := (\alpha a_{ij}) \qquad (A.5)$$

$$AB := \Big(\sum_{k=1}^{n} a_{ik} b_{kj} \Big) \qquad (A.6)$$

このとき，行列 AB [4] のサイズは $m \times r$ となります。これらの定義により，つぎの関係が成立します。

$$A(BC) = (AB)C \qquad \text{(積の結合法則)} \qquad (A.7)$$

$$A(B + C) = AB + AC \qquad \text{(積の分配法則)} \qquad (A.8)$$

$$(A + B)C = AC + BC \qquad (A.9)$$

$$(A + B)^T = A^T + B^T \qquad \text{(和の転置行列)} \qquad (A.10)$$

$$(AB)^T = B^T A^T \qquad \text{(積の転置行列)} \qquad (A.11)$$

$$AI = IA = A \qquad \text{(単位行列との積)} \qquad (A.12)$$

さらに，$m \times n$ 行列 $A(t)$ のすべての要素 $a_{ij}(t)$ が t に関して微分可能なとき，$A(t)$ の t に関する**微分** (differentiation) を

---

[2] A' と書くこともありますが，微分記号とまぎらわしいので本書では使っていません。
[3] $a_{ij} = -a_{ji}$ より容易に導けます。
[4] 一般に，$AB \neq BA$ であることに注意しましょう。

A.2 行列式と逆行列

$$\dot{A}(t) = \frac{\mathrm{d}}{\mathrm{d}t} A(t) := \left(\frac{\mathrm{d}}{\mathrm{d}t} a_{ij}(t) \right) \tag{A.13}$$

で定義し，同様にその**積分** (integral) を

$$\int A(t) \, \mathrm{d}t := \left(\int a_{ij}(t) \, \mathrm{d}t \right) \tag{A.14}$$

で定義します．

A.2 行列式と逆行列

n 次正方行列 A の行列式を $\det A$ と書き

$$\det A := \sum_{j \in P_n}^{n!} \pm a_{1j(1)} a_{2j(2)} \ldots a_{nj(n)} \tag{A.15}$$

で定義します．ここで，P_n は n 次の**置換** (permutation) 全体であり，$\{1, 2, \ldots, n\} \to \{j(1), j(2), \ldots, j(n)\}$ が**偶置換** (even permutation) ならば + とし，**奇置換**[5] (odd permutation) ならば − とします．

○**例 A.1** 3 次正方行列においては $\{1,2,3\}$, $\{2,3,1\}$, $\{3,1,2\}$ が偶置換，$\{2,1,3\}$, $\{1,3,2\}$, $\{3,2,1\}$ が奇置換となるので

$$\det A = a_{11}a_{22}a_{33} + a_{12}a_{23}a_{31} + a_{13}a_{21}a_{32}$$
$$- a_{12}a_{21}a_{33} - a_{11}a_{23}a_{32} - a_{13}a_{22}a_{31}$$

となります． □

$\det A$ の第 i 行，第 j 列を除いてつくられる $(n-1)$ 次の行列式を要素 a_{ij} の**小行列式** (minors) といい，$\det M_{ij}$ と書きます．a_{ij} の小行列式を $(-1)^{i+j}$ 倍した $C_{ij} = (-1)^{i+j} \det M_{ij}$ を a_{ij} の**余因子** (cofactors) といいます．n 次行列式 $\det A$ は，この余因子を用いて

$$\det A = \sum_{j=1}^{n} a_{ij} C_{ij} \tag{A.16}$$

---

[5] 置換のうち，2 つの元だけを入れ換えて他の元は変えないものを**互換** (transposition) といいますが，任意の置換は互換の積として表すことができます．偶 (奇) 数個の互換の積として表される置換を偶 (奇) 置換といいます．例えば，$\{1,2,3\} \to \{2,1,3\} \to \{2,3,1\} \to \{3,2,1\} \to \cdots$ で $\{2,3,1\}$ は偶置換，$\{2,1,3\}$ や $\{3,2,1\}$ は奇置換です．

と展開でき，これを**行による展開** (expansion along a row) といいます．あるいは，

$$\det A = \sum_{i=1}^{n} a_{ij} C_{ij} \qquad (A.17)$$

とも展開でき，これを**列による展開** (expansion along a column) といいます．これら (A.16) と (A.17) を行列式の**ラプラス展開** (Laplace expansion) といいます．$\det A$ の要素 a_{ij} をその余因子 C_{ij} で置き換えてつくった行列の転置行列を**余因子行列** (adjoint matrix) といい，$\mathrm{adj}\, A = (C_{ij})$ と書きます．行列式のつぎの性質

$$\det A = \det A^T \qquad (A.18)$$

$$\det(AB) = \det A \cdot \det B \qquad (A.19)$$

は容易に証明できます．

$\det A \neq 0$ のとき行列 A は**正則** (non-singular) であるといいます．行列 A が正則のときには，その**逆行列** (inverse matrix) A^{-1} が存在します．逆行列 A^{-1} は

$$A^{-1} = \frac{\mathrm{adj}\, A}{\det A} \qquad (A.20)$$

であり，

$$AA^{-1} = A^{-1}A = I$$

が成立します．また，つぎが成立することも容易に確かめられます．

$$(AB)^{-1} = B^{-1}A^{-1}, \quad (A^T)^{-1} = (A^{-1})^T, \quad (A^{-1})^{-1} = A \qquad (A.21)$$

さらに，$AA^T = A^T A = I$ が成り立つ行列 A を**直交行列** (orthogonal matrix) といいます．したがって，A が直交行列であれば，$A^{-1} = A^T$ が成立します．

$x_i\ (i = 1, 2, \ldots, n)$ に関する連立 1 次方程式

$$\begin{cases} a_{11}x_1 + a_{12}x_2 + \ldots + a_{1n}x_n = b_1 \\ a_{21}x_1 + a_{22}x_2 + \ldots + a_{2n}x_n = b_2 \\ \ldots \quad \ldots \quad \ldots \\ a_{n1}x_1 + a_{n2}x_2 + \ldots + a_{nn}x_n = b_n \end{cases} \qquad (A.22)$$

は

$$A = (a_{ij}), \quad x = \begin{pmatrix} x_1 \\ x_2 \\ \vdots \\ x_n \end{pmatrix}, \quad b = \begin{pmatrix} b_1 \\ b_2 \\ \vdots \\ b_n \end{pmatrix} \quad (A.23)$$

として

$$Ax = b \quad (A.24)$$

と簡単に表すことができます。したがって、$\det A \neq 0$ ならば方程式 (A.24) は

$$x = A^{-1}b \quad (A.25)$$

とその解が一意に求められます。(A.24) で $b = 0$ のときには $\det A \neq 0$ ならば、$x = 0$ が唯一の解となりますが、$\det A = 0$ ならば、解は一意には定まりません。

A.3 ベクトルの 1 次独立と行列の階数

m 個の n 次元ベクトル x_i $(i = 1, 2, \ldots, m)$ は c_i $(i = 1, 2, \ldots, m)$ がすべて 0 の場合に限り

$$c_1 x_1 + c_2 x_2 + \ldots + c_m x_m = 0 \quad (A.26)$$

を満足するならば、互いに **1 次独立** (linearly independent) であるといいます。一方、c_i をすべては 0 でない定数として m 個のベクトル x_i について (A.26) が成立するとき、これらのベクトルは **1 次従属** (linearly dependent) であるといいます。

$m \times n$ 行列 A $(n \leq m)$ の r 次の小行列式 $(r \leq m, r \leq n)$ のうち 0 でないものが存在し、$(r+1)$ 次以上の小行列式はすべて 0 であるとき、r を行列 A の**階数** (rank) といい、$\text{rank}\, A = r$ と書きます。A の n 個の列ベクトルのうち 1 次独立なベクトルの個数の最大値が r であるとき、$\text{rank}\, A = r$ となります。つぎの行列の階数に関する性質は容易に証明できます。

(1) 行列の階数は適当な行演算や列演算を行っても変わらない。
(2) $\text{rank}\, A = \text{rank}\, A^T$
(3) $m \times n$ 行列 A と $n \times r$ 行列 B との積である $m \times r$ 行列 AB の階数は A の階数と B の階数の最小値より大きくない。

A.4 固有値と固有ベクトル

$n \times n$ 正方行列 A から得られる n 次の多項式

$$\det(\lambda I - A) = \lambda^n + \alpha_{n-1}\lambda^{n-1} + \ldots + \alpha_1 \lambda + \alpha_0 \quad (A.27)$$

を A の**特性多項式** (characteristic polynomials) といい,

$$\det(\lambda I - A) = 0 \quad (A.28)$$

を**特性方程式** (characteristic equations) といいます。特性方程式,すなわち,

$$\lambda^n + \alpha_{n-1}\lambda^{n-1} + \ldots + \alpha_1 \lambda + \alpha_0 = 0$$

の根 λ_i $(i=1,2,\ldots,n)$ を**固有値** (eigenvalues) といいます。

各固有値 λ_i に対して

$$Ax_i = \lambda_i x_i \quad (A.29)$$

が成立する 0 でないベクトル x_i を固有値 λ_i に関する**固有ベクトル** (eigenvectors) といいます。もし,$n \times n$ 正方行列 A が n 個の 1 次独立な固有ベクトルをもつならば,その固有ベクトルを列にもつ行列 $M = (x_1, x_2, \ldots, x_n)$ をつくり,つぎの計算

$$M^{-1}AM = \mathrm{diag}(\lambda_1, \lambda_2, \ldots, \lambda_n)$$

により**対角化**[6] (diagonalization) できます。この行列 M を**モード行列** (modal matrix) といいます。

ここで,行列の固有値と固有ベクトルの意味合いを微分方程式のコンテクストの中で考えてみましょう。つぎの線形常微分方程式を例にします。$u(t) = \begin{pmatrix} x(t) \\ y(t) \end{pmatrix}$ として

$$\dot{u} = Au, \quad A = \begin{pmatrix} 1 & 2 \\ 8 & 1 \end{pmatrix} \quad (A.30)$$

を考えます。(A.30) の平衡点は原点のみとなり,係数行列 A の固有値が 5 と -3 であるので原点は鞍点であるとわかります。また,固有値 5 に対する固有

---

[6] 行列はいつでも対角化できるわけではありません。線形代数の標準的な教科書のジョルダン**標準形式** (Jordan canonical forms) を参考にしてください。

A.4 固有値と固有ベクトル

ベクトルは $\begin{pmatrix} 1 \\ 2 \end{pmatrix}$ となり，この固有ベクトルが形成する

$$W^u = \{(x,y) \mid -2x+y=0\}$$

が**不安定多様体** (unstable manifold) となります．同様に，固有値 -3 に対する固有ベクトルは $\begin{pmatrix} -1 \\ 2 \end{pmatrix}$ となり，

$$W^s = \{(x,y) \mid 2x+y=0\}$$

が**安定多様体**[7] (stable manifold) となります．解軌跡を示したのが相図 A.1 です．これらの関係を解析的に求めればつぎのようになります．すなわち，(A.30) において，モード行列 $M = \begin{pmatrix} 1 & -1 \\ 2 & 2 \end{pmatrix}$ を使い変数変換 $\begin{pmatrix} x \\ y \end{pmatrix} = M \begin{pmatrix} v \\ w \end{pmatrix}$ を施し，両辺に M^{-1} をかけると

$$\begin{pmatrix} \dot{v} \\ \dot{w} \end{pmatrix} = M^{-1} \begin{pmatrix} 1 & 2 \\ 8 & 1 \end{pmatrix} M \begin{pmatrix} v \\ w \end{pmatrix}$$
$$= \begin{pmatrix} 5 & 0 \\ 0 & -3 \end{pmatrix} \begin{pmatrix} v \\ w \end{pmatrix}$$

となり，容易に

$$v(t) = u(0)\mathrm{e}^{5t}, \quad w(t) = v(0)\mathrm{e}^{-3t}$$

と解を求めることができます．ただし，$v(0), w(0)$ はそれぞれの初期値を表します．モード行列を使った変数変換により v, w を x, y にもどすと，$x(0), y(0)$ を初期値として最終的な解をつぎのように求めることができます．

$$x(t) = \frac{1}{4}\Big(2x(0)+y(0)\Big)\mathrm{e}^{5t} - \frac{1}{4}\Big(-2x(0)+y(0)\Big)\mathrm{e}^{-3t} \quad \text{(A.31)}$$
$$y(t) = \frac{1}{2}\Big(2x(0)+y(0)\Big)\mathrm{e}^{5t} + \frac{1}{2}\Big(-2x(0)+y(0)\Big)\mathrm{e}^{-3t} \quad \text{(A.32)}$$

(A.31) または (A.32) の e^{5t} にかかる係数を 0 とした初期値 $x(0), y(0)$ の集合が安定多様体となり，e^{-3t} にかかる係数を 0 とした $x(0), y(0)$ の集合が不安定多様体となります．

---

[7] **安定集合** (stable set) や**不安定集合** (unstable set) が曲線や曲面のような**多様体** (manifold) の構造をもつとき，それぞれ安定多様体，不安定多様体とよばれます．詳しくは，文献 [14] を参照してください．

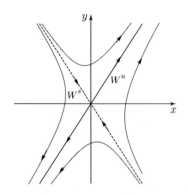

図 A.1 (A.30) の解軌跡：原点は鞍点になり，4 つの初期値に対する解軌跡を示しています。行列 A の固有ベクトルの向きと安定多様体 (W^s：破線)，不安定多様体 (W^u：実線) が一致します。解は，初期値が安定多様体上にあるときのみ原点に収束し，その他の初期値ではすべて発散します。

A.5 2 次 形 式

正方行列 P を対称行列として，ベクトル x のスカラー関数

$$\begin{aligned}
Q(x) &= x^T P x \\
&= \begin{pmatrix} x_1 & x_2 & \cdots & x_n \end{pmatrix} \begin{pmatrix} p_{11} & p_{12} & \cdots & p_{1n} \\ p_{21} & p_{22} & \cdots & p_{2n} \\ \cdots & \cdots & & \\ p_{n1} & p_{n2} & \cdots & p_{nn} \end{pmatrix} \begin{pmatrix} x_1 \\ x_2 \\ \vdots \\ x_n \end{pmatrix} \\
&= \sum_{i,j=1}^{n} p_{ij} x_i x_j
\end{aligned} \tag{A.33}$$

を **2 次形式** (quadratic forms) といいます。ただし，$p_{ij} = p_{ji}$ です。$x = 0$ のとき $Q(x) = 0$ で，$x \neq 0$ のとき $Q(x) > 0$ ならば 2 次形式 $Q(x)$ は**正定値** (positive definite) であるといい，$P > 0$ と書きます。反対に，$Q(x) < 0$ ならば**負定値** (negative definite) であるといい，$P < 0$ と書きます。また，$x = 0$ のとき $Q(x) = 0$ で，$x \neq 0$ のとき $Q(x) \geq 0$ ($Q(x) \leq 0$) ならば，$Q(x)$ は**準正 (負) 定値** (positive(negative) semi-definite) であるといい，$P \geq 0$ ($P \leq 0$) と書きます。

2 次形式が正定値 (準正定値) であるための必要十分条件は，P のすべての固有値が正 (非負) であることは容易に示すことができます。

B. 関数空間

この章では,有限要素法の数学理論の基礎となる関数解析の要点をまとめておきます[1]。関数解析は,関数空間とよばれる特定な微分可能性と積分の性質をもつ関数のクラスを考えることにより定式化されます。ここでは,関数はすべて実数値関数とします。

B.1 連続関数空間

この節では,連続的に微分可能な関数からなる単純な関数空間を扱います。記号の簡単化のために,まず,多重指数の概念を導入します。

$\mathbb{N}$ を非負整数の集合とします。n 組

$$\alpha = (\alpha_1, \alpha_2, \ldots, \alpha_n) \in \mathbb{N}^n$$

を,**多重指数** (multi-index) といいます。非負の整数 $|\alpha| := \alpha_1 + \alpha_2 + \ldots + \alpha_n$ を多重指数 $\alpha = (\alpha_1, \alpha_2, \ldots, \alpha_n)$ の**長さ**といいます。$(0, 0, \ldots, 0)$ を単に 0 で表します。明らかに,$|0| = 0$ です。いま

$$D^\alpha = \left(\frac{\partial}{\partial x_1}\right)^{\alpha_1} \left(\frac{\partial}{\partial x_2}\right)^{\alpha_2} \cdots \left(\frac{\partial}{\partial x_n}\right)^{\alpha_n} = \frac{\partial^{|\alpha|}}{\partial x_1^{\alpha_1} \partial x_2^{\alpha_2} \ldots \partial x_n^{\alpha_n}} \quad \text{(B.1)}$$

とします。

○**例 B.1** $n = 2$ とし $\alpha = (\alpha_1, \alpha_2)$, $\alpha_j \in \mathbb{N}$, $j = 1, 2$ とします。このとき,u は 2 つの変数 x_1, x_2 の関数になっています。

$$\sum_{|\alpha|=2} D^\alpha u = \frac{\partial^2 u}{\partial x_1^2} + \frac{\partial^2 u}{\partial x_1 \partial x_2} + \frac{\partial^2 u}{\partial x_2^2} \quad \text{(B.2)}$$

□

---

[1] 詳細は,文献 [32], [98] などを参考にしてください。

このように，右辺の数項を全部書く代わりに，左辺に示すように情報を 1 つの要素に圧縮できます．

Ω を $\mathbb{R}^n$ における開集合とし，$k \in \mathbb{N}$ とします．Ω 上で定義された連続な実数値関数 u の全体を $C(\Omega)$ で表し，$C(\Omega)$ に属する関数のうち，$|\alpha| \leq k$ である任意の $\alpha = (\alpha_1, \alpha_2, \ldots, \alpha_n)$ に対して $D^\alpha u$ が Ω 上で連続であるものの全体を $C^k(\Omega)$ と書きます．Ω を有界な開集合とし，$D^\alpha u$ が Ω から $\bar{\Omega}$ 上の連続関数に拡張できるすべての u の全体を $C^k(\bar{\Omega})$ で表します．ここで，$\bar{\Omega}$ は集合 Ω の閉包 (closure) です．$C^k(\bar{\Omega})$ は，つぎで定義される**ノルム** (norm) をもつことができます．

$$\|u\|_{C^k(\bar{\Omega})} := \sum_{|\alpha| \leq k} \sup_{x \in \Omega} |D^\alpha u(x)| \tag{B.3}$$

特に，$k = 0$ のときには $C^0(\bar{\Omega})$ とはせずに $C(\bar{\Omega})$ と書き，これは $\bar{\Omega}$ 上で定義された任意の連続関数の集合を表します．この場合，つぎのように書きます．

$$\|u\|_{C(\bar{\Omega})} = \sup_{x \in \Omega} |u(x)| = \max_{x \in \bar{\Omega}} |u(x)| \tag{B.4}$$

同様に，$k = 1$ のときにはつぎのようになります．

$$\begin{aligned}\|u\|_{C^1(\bar{\Omega})} &= \sum_{|\alpha| \leq 1} \sup_{x \in \Omega} |D^\alpha u(x)| \\ &= \sup_{x \in \Omega} |u(x)| + \sum_{j=1}^n \sup_{x \in \Omega} \left|\frac{\partial u}{\partial x_j}(x)\right|\end{aligned} \tag{B.5}$$

○**例 B.2** $c(>0)$ を定数とし，開区間 $\Omega = (0, c) \subset \mathbb{R}^1$ を考えます．関数 $u(x) = \dfrac{1}{x}$ は任意の $k \geq 0$ に対して $C^k(\Omega)$ に属します．$\bar{\Omega} = [0, c]$ であり，また，$\lim_{x \to +0} u(x) = \infty$ となるので，u は $\bar{\Omega}$ 上で連続ではないのは明らかです．その微分も同様です．したがって，任意の $k \geq 0$ に対して $u \notin C^k(\bar{\Omega})$ となります． □

開集合 $\Omega \subset \mathbb{R}^n$ 上で定義された連続関数 u の**台** (support) とは，集合 $\{x \in \Omega \mid u(x) \neq 0\}$ の閉包として定義されます．u の台を $\mathrm{supp}\, u$ と書きます．このように，$\mathrm{supp}\, u$ は Ω の閉部分集合となり，$\Omega \backslash \mathrm{supp}\, u$ において $u = 0$ となります．

○例 **B.3** w をつぎのように $\mathbb{R}^3$ で定義された関数とします。

$$w(x) = \begin{cases} e^{-\frac{1}{1-|x|^2}}, & |x| < 1 \\ 0, & その他 \end{cases} \tag{B.6}$$

ここで，$|x| = (x_1^2 + x_2^2 + x_3^2)^{1/2}$ です．明らかに，w の台は閉単位球 $\{x \in \mathbb{R}^3 \mid |x| \leq 1\}$ になります． □

台が Ω の有界閉部分集合であり，$C^k(\Omega)$ にある任意の u の集合を $C_0^k(\Omega)$ で表します．また，

$$C_0^\infty(\Omega) = \bigcap_{k \geq 0} C_0^k(\Omega) \tag{B.7}$$

とします．

○例 **B.4** (B.6) で定義された関数 w は空間 $C_0^\infty(\mathbb{R}^3)$ に属します． □

B.2 可積分関数の空間

つぎに，積分可能[2]な関数からなる**関数空間** (function spaces) を考えましょう．p を $p \geq 1$ となる実数とします．$\mathbb{R}^n$ の開部分集合 Ω 上で定義され，

$$\int_\Omega |u(x)|^p \, dx < \infty \tag{B.8}$$

なる実数値可測関数の集合を $L_p(\Omega)$ によって表します．Ω 上で**ほとんどいたるところ**[3] (almost everywhere) で一致する任意の 2 つの関数は，お互いに同一であるとみなします[4]．このように厳密にいえば，$L_p(\Omega)$ は等価な関数から構成されますが，特にこのことを強調しません．$L_p(\Omega)$ はつぎのようなノルムをもっています．

$$\|u\|_{L_p(\Omega)} := \left(\int_\Omega |u(x)|^p \, dx \right)^{1/p} \tag{B.9}$$

---

[2] ここでいう積分可能とはルベーグ (Lebesgue) 積分可能の意味です．
[3] 通常 a.e. と略します．「測度 0 の集合を除いて」という意味です．
[4] 例えば，$\Omega = [-1, 1]$ で，

$$f(x) = \begin{cases} 1, & x \geq 0 \\ 0, & x < 0 \end{cases}, \quad g(x) = \begin{cases} 1, & x > 0 \\ 0, & x \leq 0 \end{cases}$$

という 2 つの関数 f と g は $\|f - g\|_{L_p(\Omega)} = 0$ となります．すなわち，$x = 0$ という測度 0 の集合でのみ f と g は異なっているだけで，これらの関数は同一とみなします．

(B.9) を使って書けば,$L_p(\Omega)$ という関数の集合は

$$L_p(\Omega) = \{u \mid \|u\|_{L_p(\Omega)} < \infty\} \tag{B.10}$$

となります.さらに,$|u|$ が Ω 上において有限な本質的上限をもち,Ω 上で定義された関数 u から構成される関数空間 $L_\infty(\Omega)$ を考えましょう.すなわち,正定数 M が存在し,Ω において,ほとんどすべての[5] x で $|u(x)| \leq M$ となる関数空間のことです.ここで,最小値 M は $|u|$ の**本質的上限** (essential supremum) といい,$M = \underset{x\in\Omega}{\mathrm{ess.sup}}\,|u(x)|$ と書きます.関数空間 $L_\infty(\Omega)$ はつぎのノルムをもっています.

$$\|u\|_{L_\infty(\Omega)} = \underset{x\in\Omega}{\mathrm{ess.sup}}\,|u(x)| \tag{B.11}$$

特に重要なのは $p = 2$ としたときで,そのノルムは

$$\|u\|_{L_2(\Omega)} = \left(\int_\Omega |u(x)|^2 \,\mathrm{d}x\right)^{1/2} \tag{B.12}$$

となります.関数空間 $L_2(\Omega)$ は**内積** (inner products)

$$(u, v) := \int_\Omega u(x)v(x) \,\mathrm{d}x \tag{B.13}$$

を定義することができます.明らかに,

$$\|u\|_{L_2(\Omega)} = (u, u)^{1/2}$$

が成立します.

定理 B.1 (ヘルダーの不等式 (Hölder's inequality)) $1 < p < \infty,\ \dfrac{1}{p} + \dfrac{1}{q} = 1$ とする.このとき,$u \in L_p(\Omega), v \in L_q(\Omega)$ ならば,$uv \in L_1(\Omega)$ であり,

$$\|uv\|_{L_1(\Omega)} \leq \|u\|_{L_p(\Omega)} \|v\|_{L_q(\Omega)} \tag{B.14}$$

が成り立つ.

補題 B.1 $1 < p < \infty, \dfrac{1}{p} + \dfrac{1}{q} = 1$ のとき $a > 0, b > 0$ に対して,

$$ab \leq \frac{a^p}{p} + \frac{b^q}{q} \tag{B.15}$$

---

[5] もし性質 $P(x)$ が任意の $x \in \Omega \setminus \Gamma$ に対して真ならば,Ω においてほとんどすべての x で真であるといいます.ここで,Γ はルベーグ測度 0 の Ω の部分集合です.

B.2 可積分関数の空間

が成り立つ。

[証明] $f(a) = \dfrac{a^p}{p} + \dfrac{b^q}{q} - ab$ として，$f(a)$ の増減表をつくれば容易に証明できるので，読者に委ねます。 ∎

[ヘルダーの不等式 (B.14) の証明]

$$a = \frac{|u(x)|}{\left(\int_\Omega |u(x)|^p \, dx\right)^{1/p}}, \quad b = \frac{|v(x)|}{\left(\int_\Omega |v(x)|^q \, dx\right)^{1/q}}$$

を補題 B.1 に代入すると

$$\frac{|u(x)|\,|v(x)|}{\left(\int_\Omega |u(x)|^p \, dx\right)^{1/p}\left(\int_\Omega |v(x)|^q \, dx\right)^{1/q}} \leq \frac{1}{p}\frac{|u(x)|^p}{\int_\Omega |u(x)|^p \, dx} + \frac{1}{q}\frac{|v(x)|^q}{\int_\Omega |v(x)|^q \, dx}$$

を得て，これを Ω で積分すると

$$\frac{\int_\Omega |u(x)|\,|v(x)| \, dx}{\left(\int_\Omega |u(x)|^p \, dx\right)^{1/p}\left(\int_\Omega |v(x)|^q \, dx\right)^{1/q}} \leq \frac{1}{p} + \frac{1}{q} = 1$$

を得て，定理の結果が従います。 ∎

◆**注意 B.1** (B.14) より

$$|(u,v)| \leq \|u\|_{L_p(\Omega)} \|v\|_{L_q(\Omega)} \tag{B.16}$$

も成り立ちます。 ◇

ヘルダーの不等式 (B.14) において $p = 2$ とすると，つぎのコーシー–シュワルツの不等式になります。

系 B.1 (コーシー–シュワルツの不等式 (Cauchy-Schwarz inequality))
u と v を $L_2(\Omega)$ に属する関数とする。このとき，

$$\|uv\|_{L_1(\Omega)} \leq \|u\|_{L_2(\Omega)} \|v\|_{L_2(\Omega)} \tag{B.17}$$

が成立する。

◆**注意 B.2** コーシー–シュワルツの不等式より

$$|(u,v)| \leq \|u\|_{L_2(\Omega)} \|v\|_{L_2(\Omega)} \tag{B.18}$$

も同様に成り立ちます。 ◇

系 B.2 (三角不等式 (triangle inequality)) u と v を空間 $L_2(\Omega)$ に属する関数とする。このとき，$u+v \in L_2(\Omega)$ であり，

$$\|u+v\|_{L_2(\Omega)} \le \|u\|_{L_2(\Omega)} + \|v\|_{L_2(\Omega)} \tag{B.19}$$

が成立する。

[証明] コーシー–シュワルツの不等式を直接使って証明します。すなわち，

$$\|u+v\|_{L_2(\Omega)}^2 = (u+v, u+v) = \|u\|_{L_2(\Omega)}^2 + 2(u,v) + \|v\|_{L_2(\Omega)}^2$$
$$\le \left(\|u\|_{L_2(\Omega)} + \|v\|_{L_2(\Omega)}\right)^2$$

が得られ，この両辺の平方根をとることにより所与の不等式を得ます。 ∎

◆**注意 B.3** $p \in [1, \infty]$ である空間 $L_p(\Omega)$ は**バナッハ空間** (Banach spaces) です[6]。特に，$L_2(\Omega)$ は**ヒルベルト空間** (Hilbert spaces) といわれ，内積 $(\cdot, \cdot)$ をもちます。$\|u\|_{L_2(\Omega)} = (u,u)^{1/2}$ で定義されたノルムとすると，$L_2(\Omega)$ はバナッハ空間になります。 ◇

B.3 ソボレフ空間

この節では，現在の微分方程式理論において重要な役割を果たす**ソボレフ空間**[7] (Sobolev spaces) とよばれる関数空間のクラスを導入します。ソボレフ空間の正確な定義を与えるまえに，まず，弱微分の概念を導入しましょう。

u はなめらかな関数，例えば，$\mathbb{R}^n$ の開部分集合 Ω で $u \in C^k(\Omega)$ であるようなものとし，$v \in C_0^\infty(\Omega)$ とします。このとき，部分積分によりつぎが成立します。

$$\int_\Omega D^\alpha u(x) \cdot v(x)\,\mathrm{d}x = (-1)^{|\alpha|} \int_\Omega u(x) \cdot D^\alpha v(x)\,\mathrm{d}x, \quad |\alpha| \le k,\ \forall v \in C_0^\infty(\Omega) \tag{B.20}$$

---

[6] 関数列 $\{u_m\}_{m=1}^\infty$ が，

$$\lim_{n,m \to \infty} \|u_n - u_m\|_X = 0 \tag{*}$$

となる線形ノルム空間 X の要素列であるとき $\lim_{m \to \infty} \|u - u_m\|_X = 0$ なる $u \in X$ が存在するならば，ノルム $\|\cdot\|_X$ をもつ空間 X は**バナッハ空間**とよばれ，すなわち，関数列 $\{u_m\}_{m=1}^\infty$ は空間 X で u に収束します。性質 (*) をもつ関数列 $\{u_m\}_{m=1}^\infty$ は**コーシー列** (Cauchy sequences) といわれます。

[7] ソボレフ空間の名は，ロシアの数学者 S.L. Sobolev (1908–1989) に因んでつけられています。

B.3 ソボレフ空間

部分積分により Ω の境界上での積分を含む項が上式の右辺に現れますが，v とその微分は Ω の境界上で 0 であるので，この項は消えてしまうことに注意しましょう．この等式が弱微分の概念を定義する出発点になります．

ここで，u は Ω 上で定義された局所可積分関数と仮定します．すなわち，$\bar{\omega} \subset \Omega$ である任意の有界な開集合 ω に対して $u \in L_1(\omega)$ とします．さらに，

$$\int_\Omega w_\alpha(x) \cdot v(x)\, dx = (-1)^{|\alpha|} \int_\Omega u(x) \cdot D^\alpha v(x)\, dx, \quad \forall v \in C_0^\infty(\Omega) \tag{B.21}$$

となる Ω 上での局所可積分関数 w_α の存在を仮定します．このとき，w_α は指数 $|\alpha| = \alpha_1 + \alpha_2 + \ldots + \alpha_n$ をもつ関数 u の**弱微分** (weak derivative) といい，$w_\alpha = D^\alpha u$ と書きます．この定義の正当性を述べるには，局所可積分関数が弱微分をもつならば，それはただ一つであることを示さなければなりません．しかし，これは**レイモンドの補題** (DuBois Reymond's lemma) を使い直接的に示すことができます[8]．u が十分なめらかな関数，例えば，$u \in C^k(\Omega)$ とすると，指数 $|\alpha| \le k$ の弱微分 $D^\alpha u$ は古典的な意味での微分

$$\frac{\partial^{|\alpha|} u}{\partial x_1^{\alpha_1} \partial x_2^{\alpha_2} \ldots \partial x_n^{\alpha_n}}$$

と明らかに一致します．記号を簡素にするために，弱微分と同様に古典的な微分にも記号 D を使います．どちらの意味で D が使われているかは，文脈から関数のなめらかさを考えればいつも明らかになります．

○**例 B.5** $\Omega = (-1, 1)$ とし，Ω 上で定義された関数 $u(x) = |x|$ の 1 階弱微分を考えましょう．u は $x = 0$ で明らかに微分不可能です．しかし，u は Ω 上で局所的に積分可能であり，弱微分をもちます．任意の $v \in C_0^\infty(\Omega)$ に対して

$$\int_{-1}^1 u(x) v'(x)\, dx = \int_{-1}^0 (-x) v'(x)\, dx + \int_0^1 x v'(x)\, dx$$

$$= -xv(x)\big|_{-1}^0 - \int_{-1}^0 -v(x)\, dx + xv(x)\big|_0^1 - \int_0^1 v(x)\, dx$$

---

[8] **レイモンドの補題**：w は開集合 $\Omega \subset \mathbb{R}^n$ で定義された局所可積分関数と仮定する．このとき，

$$\int_\Omega w(x) v(x)\, dx = 0, \quad \forall v \in C_0^\infty(\Omega)$$

が成立すれば，ほとんどすべての $x \in \Omega$ で $w(x) = 0$ となる．

$$= \int_{-1}^{0} v(x)\,dx - \int_{0}^{1} v(x)\,dx$$

$$= -\Big(\int_{-1}^{0}(-1)v(x)\,dx + \int_{0}^{1} 1\cdot v(x)\,dx\Big)$$

$$\equiv -\int_{-1}^{1} w(x)v(x)\,dx \tag{B.22}$$

となり,したがって,

$$w(x) = \begin{cases} -1, & -1 < x < 0 \\ 1, & 0 < x < 1 \end{cases} \tag{B.23}$$

を得ます[9]。このように区分的な定数関数 w は区分的に連続な線形関数 u の 1 階弱微分となります。すなわち,$w = u' = Du$ となります。□

以上で,ソボレフ空間の正確な定義を与える準備ができましたので,つぎに具体的な定義をします。

k を非負整数とし,$p \in [1, \infty]$ とします。指数 $|\alpha|$ の弱微分 D^α をもつ空間をつぎで定義します。

$$W_p^k(\Omega) = \{u \in L_p(\Omega) \mid D^\alpha u \in L_p(\Omega),\ |\alpha| \le k\} \tag{B.24}$$

ここに,$W_p^k(\Omega)$ は次数 k の**ソボレフ空間**といわれ,$1 \le p < \infty$ のとき,つぎのソボレフノルム (Sobolev norms) をもちます。

$$\|u\|_{W_p^k(\Omega)} := \Big(\sum_{|\alpha| \le k} \|D^\alpha u\|_{L_p(\Omega)}^p\Big)^{1/p} \tag{B.25}$$

また,$p = \infty$ のときには,

$$\|u\|_{W_\infty^k(\Omega)} := \sum_{|\alpha| \le k} \|D^\alpha u\|_{L_\infty(\Omega)} \tag{B.26}$$

で定義します。$p \in [1, \infty)$ に対して

$$|u|_{W_p^k(\Omega)} := \Big(\sum_{|\alpha| = k} \|D^\alpha u\|_{L_p(\Omega)}^p\Big)^{1/p} \tag{B.27}$$

---

[9] w において測度 0 である $x = 0$ を除いていることに注意してください。

B.3 ソボレフ空間

とすると，つぎのように書くことができます．

$$\|u\|_{W_p^k(\Omega)} = \left(\sum_{j=0}^{k} |u|^p_{W_p^j(\Omega)} \right)^{1/p} \quad (B.28)$$

同様に，

$$|u|_{W_\infty^k(\Omega)} := \sum_{|\alpha|=k} \|D^\alpha u\|_{L_\infty(\Omega)} \quad (B.29)$$

とすると，

$$\|u\|_{W_\infty^k(\Omega)} = \sum_{j=0}^{k} |u|_{W_\infty^j(\Omega)} \quad (B.30)$$

となります．$k \geq 1$ のときには，$|\cdot|_{W_p^k(\Omega)}$ は $W_p^k(\Omega)$ 上での**ソボレフセミノルム**[10] (Sobolev semi-norms) とよばれています．

$p=2$ とした重要な空間 $W_2^k(\Omega)$ は，内積

$$(u,v)_{W_2^k(\Omega)} := \sum_{|\alpha| \leq k} (D^\alpha u, D^\alpha v) \quad (B.31)$$

をもつヒルベルト空間になります．この理由で，$W_2^k(\Omega)$ とは書かずに通常 $H^k(\Omega)$ と書きます．

多くの文献ではソボレフ空間を**ヒルベルト–ソボレフ空間** (Hilbertian-Sobolev spaces) とよび，$H^1(\Omega)$, $H^2(\Omega)$ のように書いています．$W_p^k(\Omega)$ とそのノルム，およびセミノルムの定義は，$p=2, k=1$ の場合つぎのようになります．

$$H^1(\Omega) = \left\{ u \in L_2(\Omega) \; \middle| \; \frac{\partial u}{\partial x_j} \in L_2(\Omega), \; j=1,2,\ldots,n \right\} \quad (B.32)$$

$$\|u\|_{H^1(\Omega)} = \left\{ \|u\|^2_{L_2(\Omega)} + \sum_{j=1}^{n} \left\| \frac{\partial u}{\partial x_j} \right\|^2_{L_2(\Omega)} \right\}^{1/2} \quad (B.33)$$

$$|u|_{H^1(\Omega)} = \left\{ \sum_{j=1}^{n} \left\| \frac{\partial u}{\partial x_j} \right\|^2_{L_2(\Omega)} \right\}^{1/2} \quad (B.34)$$

---

[10] $k \geq 1$ のとき，$|\cdot|_{W_p^k(\Omega)}$ はノルムというよりセミノルムといったほうがいいでしょう．というのは，$u \in W_p^k(\Omega)$ に対して $|u|_{W_p^k(\Omega)} = 0$ ならば，Ω のほとんどすべての x で $u(x) = 0$ であることは必ずしも必要ありません（ほとんどすべての $x \in \Omega$ に対して $D^\alpha u(x) = 0, |\alpha| = k$ である）．したがって，$|\cdot|_{W_p^k(\Omega)}$ は「$\|u\| = 0$ と $u = 0$ とは同値である」というノルムの第 1 公理を満たしません．

同様に，$p = 2, k = 2$ の場合は，

$$H^2(\Omega) = \left\{ u \in L_2(\Omega) \,\middle|\, \frac{\partial u}{\partial x_j} \in L_2(\Omega), \ j = 1, 2, \ldots, n; \right.$$
$$\left. \frac{\partial^2 u}{\partial x_i \partial x_j} \in L_2(\Omega), \ i, j = 1, 2, \ldots, n \right\} \quad (B.35)$$

$$\|u\|_{H^2(\Omega)} = \left\{ \|u\|_{L_2(\Omega)}^2 + \sum_{j=1}^n \left\|\frac{\partial u}{\partial x_j}\right\|_{L_2(\Omega)}^2 + \sum_{i,j=1}^n \left\|\frac{\partial^2 u}{\partial x_i \partial x_j}\right\|_{L_2(\Omega)}^2 \right\}^{1/2} \quad (B.36)$$

$$|u|_{H^2(\Omega)} = \left\{ \sum_{i,j=1}^n \left\|\frac{\partial^2 u}{\partial x_i \partial x_j}\right\|_{L_2(\Omega)}^2 \right\}^{1/2} \quad (B.37)$$

となります。

最後に，ノルム $\|\cdot\|_{H^1(\Omega)}$ をもち，$C_0^\infty(\Omega)$ の閉包としての特別なソボレフ空間 $H_0^1(\Omega)$ を定義しましょう。いい換えると，$H_0^1(\Omega)$ は任意の $u \in H^1(\Omega)$ なる集合であり，u は関数列 $\{u_m\}_{m=1}^\infty, u_m \in C_0^\infty(\Omega)$ の $H^1(\Omega)$ における極限です。$\partial\Omega$ を十分なめらかと仮定して

$$H_0^1(\Omega) = \{u \in H^1(\Omega) \,|\, u = 0 \text{ on } \partial\Omega\} \quad (B.38)$$

のように書くことができます。すなわち，$H_0^1(\Omega)$ は事実，集合 Ω の境界 $\partial\Omega$ 上で $u = 0$ となる $H^1(\Omega)$ での関数 u の集合になります。偏微分方程式を $\partial\Omega$ 上で $u = 0$ なる同次境界条件のもとで考えるとき，この空間を使います。$H_0^1(\Omega)$ は $H^1(\Omega)$ におけるものと同じノルムと内積をもったヒルベルト空間となります。

最後に，つぎの有用な結果を示しておきます。

補題 B.2 (ポアンカレ–フリードリヒの不等式 (Poincaré-Friedrichs inequality)) Ω [11]) を $\mathbb{R}^n$ において，十分なめらかな境界 $\partial\Omega$ をもった有界領域と仮定する。$u \in H_0^1(\Omega)$ とすると，u に独立な定数 $c_\star(\Omega)$ が存在し

$$\int_\Omega |u(x)|^2 \,\mathrm{d}x \leq c_\star \sum_{i=1}^n \int_\Omega \left|\frac{\partial u}{\partial x_i}(x)\right|^2 \,\mathrm{d}x \quad (B.39)$$

が成立する。

---

11) 例えば，Ω は $\mathbb{R}^2$ における多角形領域または $\mathbb{R}^3$ における多面体領域です。

B.3 ソボレフ空間

[証明] 任意の関数 $u \in H_0^1(\Omega)$ は，関数列 $\{u_m\}_{m=1}^\infty \subset C_0^\infty(\Omega)$ の $H^1(\Omega)$ における極限ですから，$u \in C_0^\infty(\Omega)$ に対してこの不等式を証明すれば十分です．問題を簡単にするため，$\mathbb{R}^2$ の矩形領域 $\Omega = (a,b) \times (c,d)$ という特別な場合に制限しましょう．一般の Ω については，同様に証明できますので省略します．明らかに，

$$u(x,y) = u(a,y) + \int_a^x \frac{\partial u}{\partial x}(\xi, y)\, d\xi = \int_a^x \frac{\partial u}{\partial x}(\xi, y)\, d\xi, \qquad c < y < d$$

ですから，コーシー–シュワルツの不等式を使って

$$\begin{aligned}
\int_\Omega |u(x,y)|^2\, dxdy &= \int_a^b \int_c^d \left| \int_a^x \frac{\partial u}{\partial x}(\xi, y) d\xi \right|^2 dydx \\
&\leq \int_a^b \int_c^d (x-a) \left(\int_a^x \left| \frac{\partial u}{\partial x}(\xi, y) \right|^2 d\xi \right) dydx \\
&\leq \int_a^b (x-a)dx \left(\int_c^d \int_a^b \left| \frac{\partial u}{\partial x}(\xi, y) \right|^2 d\xi dy \right) \\
&= \frac{1}{2}(b-a)^2 \int_\Omega \left| \frac{\partial u}{\partial x}(x,y) \right|^2 dxdy
\end{aligned}$$

となります．同様につぎを得ます．

$$\int_\Omega |u(x,y)|^2\, dxdy \leq \frac{1}{2}(d-c)^2 \int_\Omega \left| \frac{\partial u}{\partial y}(x,y) \right|^2 dxdy$$

これらの 2 つの不等式を加えると

$$\int_\Omega |u(x,y)|^2 dxdy \leq c_\star \int_\Omega \left(\left| \frac{\partial u}{\partial x} \right|^2 + \left| \frac{\partial u}{\partial y} \right|^2 \right) dxdy$$

を得ることができます．ここに，係数は $c_\star = \left(\dfrac{2}{(b-a)^2} + \dfrac{2}{(d-c)^2} \right)^{-1}$ です． ∎

○例 **B.6** 補題 B.2 において $\Omega = (0, \sqrt{2}) \subset \mathbb{R}$ ならば $c_\star = 1$ となり，また，$\Omega = (0, \sqrt{2})^2 \subset \mathbb{R}^2$ のときには，$c_\star = \frac{1}{2}$ となります． □

C. COMSOL Multiphysics の利用

この章では，まず，2次元時間発展型熱方程式を題材にし，マルチフィジックス解析を前提として設計されている有限要素解析汎用ソフトウェアである COMSOL Multiphysics® を使い具体的に解いていく手順を紹介します。また，GUI 画面での一連の操作を Java プログラムとして保存した後，そのプログラムを編集し実行する方法について解説します。さらに後半ではさまざまな応用例を紹介します。

C.1　COMSOL Multiphysics と Java

C.1.1　熱方程式とジオメトリ

図 C.1 に示す 2 次元の材質が鉄である L 字型固体形状 ABCDEF を考え，この一辺 AB を熱したときの熱の伝わり方を考えます。時刻 t，場所 (x,y) における温度を $u(t,x,y)$ とすると，この平面内での伝熱はつぎの 2 次元時間発展型熱方程式で記述されます[1]。

$$\frac{\partial u}{\partial t} = D\Big(\frac{\partial^2 u}{\partial x^2} + \frac{\partial^2 u}{\partial y^2}\Big) \tag{C.1}$$

ここで，D は**熱拡散率**[2] (thermal diffusivity) であり，$D = \dfrac{k}{c\rho}$ と表すことができ，k は**熱伝導率** (thermal conductivity)，ρ は質量密度，c は比熱[3] を表していま

---

[1] (C.1) は線形方程式で境界条件が単純な場合には変数分離法によりその解析解が求められますが ([15])，この章で扱うような境界条件では解析解を得ることは困難であり，数値的に解かざるをえません。

[2] 単位は m^2/s です。ここでは簡単にするため**等方性** (isotropy) の定数と仮定します。**異方性** (anisotropy) の材料の場合の方程式は $\dfrac{\partial u}{\partial t} = D_x \dfrac{\partial^2 u}{\partial x^2} + D_y \dfrac{\partial^2 u}{\partial y^2}$ のようになります。

[3] 熱伝導率，質量密度，比熱の単位はそれぞれ $J/m \cdot s \cdot K$，kg/m^3，$J/kg \cdot K$ です。

C.1 COMSOL Multiphysics と Java

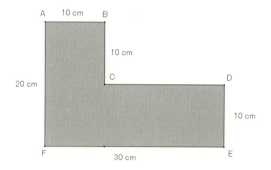

図 C.1 熱方程式のジオメトリと伝熱問題：境界条件は，辺 AB と辺 DE がディリクレ条件でそれぞれ 400 [K]，300 [K] とし，それ以外の辺はノイマン条件で断熱とします．初期条件は材料全域で 300 [K] と設定し，辺 AB に加えられた熱がどのように辺 DE に伝わっていくかという問題です．[4]

す．ちなみに，いま固体としては鉄を想定していますので，$k = 80.3\,[\mathrm{J/m \cdot s \cdot K}]$，$\rho = 7.87 \times 10^3\,[\mathrm{kg/m^3}]$，$c = 0.442 \times 10^3\,[\mathrm{J/kg \cdot K}]$ より $D = 2.3 \times 10^{-5}\,[\mathrm{m^2/s}]$ となります．

(C.1) は時間と空間に依存する偏微分方程式であり，問題を適切にするためには，境界条件および初期条件を課す必要があります．いま，境界条件と初期条件を

$$\text{境界条件}: u(t,x,y) = \begin{cases} 400, & t>0,\ (x,y) \in \{\text{辺 AB}\} \\ 300, & t>0,\ (x,y) \in \{\text{辺 DE}\} \end{cases}$$

$$\text{初期条件}: u(0,x,y) = 300, \quad (x,y) \in \{\text{L 字型固体形状 ABCDEF}\}$$

としましょう．すなわち，材料の辺 AB と辺 DE 以外では**断熱** (thermal insulation, 熱の出入りがないこと) としたうえで辺 AB を 400 [K] に熱して，初期温度が 300 [K] に保たれた材料の熱の伝わり方を調べるという問題です．

C.1.2 COMSOL Multiphysics による解析

さて，COMSOL Desktop [5] を使ってこの問題の解析を進めていく方法を説明します．手順は，

---

[4] 以下，図 C.1～C.3，C.8，C.9，C.11 は橋口真宜氏のご厚意による．
[5] COMSOL Multiphysics の GUI (Graphical User Interface) 画面の呼称をいいます．

(a) モデルウィザード[6] によるプロトタイプの構築
(b) モデルビルダ によるジオメトリの設定
(c) 偏微分方程式の係数，初期値，ディリクレ境界条件の設定
(d) メッシュの作成と計算結果の時刻指定
(e) 有限要素法による計算の実行

の順に行います。

(a) モデルウィザードによるプロトタイプの構築

まず，モデルウィザード によるプロトタイプの構築を行います。

(1) PC のデスクトップ上にある COMSOL Multiphysics のアイコンをダブルクリックします。

(2) **新規** というタイトルの画面で **モデルウィザード** をクリックします (図 C.2 ①)。

(3) **空間次元を選択** 画面で **2D** をクリックします (図 C.2 ②)。

(4) **フィジックスを選択** 画面で **数学** の下の **PDE インターフェース** のさらに下の **係数形式 PDE(c)** をクリックします (図 C.2 ③)。

(5) **フィジックスを選択** 画面の枠外にある **追加** をクリックします (図 C.2 ③)。右側に **フィジックスインターフェースをレビュー** と表示され，従属変数の名称は u がデフォルトで入っています。

(6) 枠外にある **スタディ** をクリックします (図 C.2 ④)。

(7) **スタディを選択** 画面で，**サポートスタディ** 下の **時間依存** をクリックし，**スタディを選択** の最下行にある **完了** をクリックします (図 C.2 ⑤)。

(8) **モデルビルダ** にプロトタイプが構築されたことを確認します (図 C.3 ⑥)。

モデルウィザード は図 C.3 ⑥ のように解析に必要な内容のほとんどを **モデルビルダ** に用意してくれます。**モデルビルダ** は **コンポーネント1**，**スタディ1**，**結果** という各ノード，**コンポーネント1** の下には **ジオメトリ1**，**係数形式 PDE(c)**，**メッシュ1** といった各ノード，**係数形式 PDE(c)** ノードの下には **係数形式 PDE1**，**ゼロ流束1**，**初期値1** の各ノードが並んでいます。**係数形式 PDE1** は偏微分方程式の設定，**ゼロ流束1** はノイマン条件，**初期値1** は計算領域に与える初期値の設定を行うもので **D** という記号が付けられています。

---

[6] 以下のゴシック体で示す単語は COMSOL Desktop で使われている用語を示します。

C.1 COMSOL Multiphysics と Java

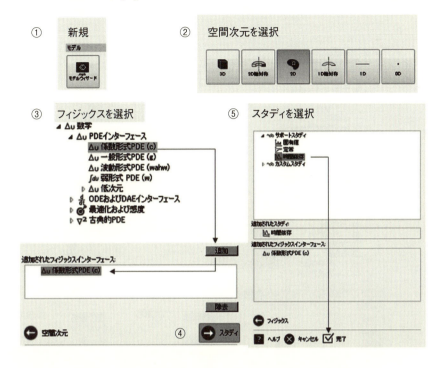

図 C.2　モデルウィザード による Desktop での初期操作

D はデフォルト設定を意味しています。つまり偏微分方程式の初期値問題をノイマン条件という境界条件で解くという設定がすでになされています。しかし，この段階では，問題をどのような形状領域で解くのかを規定するジオメトリの設定，初期値の具体的な数値の設定，ディリクレ境界条件の設定がまだ行われていません。

(b) モデルビルダによるジオメトリの設定

つぎに，モデルビルダによるジオメトリの設定を行います。

(9) ジオメトリ を右クリックし 長方形 を選択し，設定 ウィンドウで幅 10 [cm]，高さ 20 [cm] というように数値のあとに単位 [ ] を付けて設定します（図 C.3 ⑦）。COMSOL は SI 単位系で解析が行われますが，入力の際に単位を示す [ ] を付けておけば自動的に SI 単位に変換します。

(10) ジオメトリ を右クリックし 長方形 を選択，設定 ウィンドウで幅 20 [cm]，高さ 10 [cm]，コーナー の x 位置を 10 [cm] に設定します（図 C.3

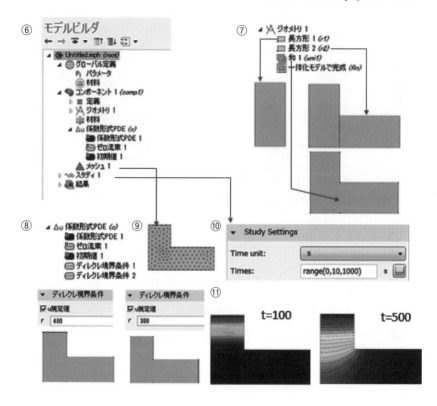

図 C.3 モデルビルダ による Desktop での操作

⑦)。

(11) ジオメトリ を右クリックし ブーリアンおよびパーティション で 和 を選択します。マウスを縦長の長方形にもっていきクリックすると 入力オブジェクト に **r1** と表示され，同様にマウスを横長の長方形にもっていきクリックすると 入力オブジェクト に **r2** と表示され，設定ウィンドウで **内部境界を維持** のチェックを解除します。すなわち，2 つの長方形の内部境界を作らないようにします (図 C.3 ⑦)。

(12) **一体化モデルで完成** をクリック後，**全て作成** をクリックします。

ここまででジオメトリ形状が完成しました。続いて，偏微分方程式の係数，初期値，ディリクレ境界条件を設定していきます。

C.1 COMSOL Multiphysics と Java 219

(c) 偏微分方程式の係数，初期値，ディリクレ境界条件の設定

(13) 係数形式 **PDE1** をクリックし，**c** に 2.3e-5 $[\text{m}^2/\text{s}]$ を設定します。"e-5" は 10^{-5} を意味しています。2.3*10^(-5)$[\text{m}^2/\text{s}]$ と入力することもできます。**da** は 1 です。デフォルトでは **f** に 1 が設定されているので 0 にします。他の係数はデフォルトで 0 が設定されているので，そのままにしておきます。これで解くべき方程式を設定できました。

(14) **初期値 1** をクリックし，300 を設定します。

(15) 係数形式 **PDE(c)** を右クリックし，**ディリクレ境界条件** を選択します。マウスを図形の辺 AB にもっていきクリックすると **境界選択** に **3** と表示されるので，**r** に 400 と入力します。続いてマウスを図形の辺 DE にもっていきクリックすると **境界選択** に **7** と表示されるので，**r** に 300 と入力します（図 C.3 ⑧）[7]。

(d) メッシュの作成と計算結果の時刻指定

つぎに，有限要素解析を行うためのメッシュを作成するための設定を行います。

(16) **メッシュ 1** をクリックし，**全て作成** をクリックします（図 C.3 ⑨）[8]。

(17) **スタディ 1** の下の **ステップ 1：時間依存** 解析をクリックし，設定ウィンドウで，**時刻指定** に，range(0,10,1000) を入力します[9]（図 C.3 ⑩）。

(e) 有限要素法による計算の実行

いよいよ計算の実行です。

(18) **スタディ 1** を右クリックし，**計算** を選択します（図 C.3 ⑥）[10]。

(19) 結果の下に **2D 表示グループ 1** が自動的に作成されます。**2D 表示グループ 1** を右クリックし **コンター** を選択します。設定ウィンドウの **カラーリ**

---

[7] ディリクレ境界条件を課した境界 3 (辺 AB) と境界 7 (辺 DE) 以外の境界はデフォルトで，ゼロ流束，すなわち，ノイマン条件が設定されています。

[8] このように，メッシュはデフォルトで決められたメッシュの密度で自動的に作成されます。計算精度に応じてメッシュの密度はより粗くあるいはより細かくすることもできます。

[9] 時間発展型の方程式を扱っており，温度分布は時間的に変化するので，どの時刻の結果を表示させるかを指定しています。単位は秒 [s] です。時間積分を行う時間きざみ幅は方程式の特徴に応じて自動的に設定されています。必要に応じて手動でそれらの設定内容を変更することができます。

[10] この問題では PC での計算時間は数秒です。すなわち，実時間の 1000 秒をわずか数秒で計算してしまいます。数値解析は実現象の予測を目的としますが，ここでは実現象よりも短時間で計算が行われ，まさに予測が実現できています。

ングおよびスタイルでカラーを一様にします。**2D 表示グループ 1** で結果をみたい時刻を選択するごとに **plot** をクリックすると，その時刻での温度分布をみることができます。

この問題では，図 C.3 ⑪ に示したように，$t=100$ では，温度は x 軸にほぼ一様に分布していますが，時間が経過するにつれて $t=500$ では，辺 AB の境界での高温が固体内部に向けて伝搬し，コーナーを経て分布の一様性が x 軸から y 軸へ変わっていく様子がわかります。

実際の解析業務では，解析解や実験と比較しながら，解の精度を検討する作業をともないます。その場合にはここでみてきた自動メッシュ生成に加えて特定部位のメッシュを手動で調整するという操作が増えますが，基本的な操作の手順はここでみてきたものと変わりません。

C.2 Java によるプログラムコード

この節では，COMSOL Desktop で行った操作を Java コードに落とし，そのコードを編集する手順について解説します。

通常は 前節の (a)〜(e) で行ったファイルに対して，例えば，`heat2d.mph` という名前で保存すれば，作業の再開時にはこのファイルを開けば COMSOL Desktop での編集ができます。Java プログラムで保存するためには，英語モードで実施し，ファイルの種別を「Java に関するモデルファイル」に変更して，例えば，`test2d.java` という名前で保存します。このとき，保存するフォルダ名は英語名にしておきます。それではファイルを適当なテキストエディタで開いてみましょう。

```java
/*
 * test2d.java
 */
import com.comsol.model.*;
import com.comsol.model.util.*;
/** Model exported on Nov 22 2015, 12:02 by COMSOL 5.1.0.180. */
public class test2d { /*クラス宣言*/
  public static Model run() {
    Model model = ModelUtil.create("Model");
    model.modelPath("C:\\test");   /*パス名*/
```

C.2 Javaによるプログラムコード

```
model.comments("Untitled\n\n");
model.modelNode().create("comp1"); /*コンポーネント1作成*/
model.file().clear();
model.geom().create("geom1", 2); /*ジオメトリ1を2次元で作成*/
model.mesh().create("mesh1", "geom1");
/*メッシュ1をジオメトリ1上に作成*/
model.geom("geom1").create("r1", "Rectangle");
/*長方形をr1という名前で作成*/
model.geom("geom1").feature("r1").set("size", new String[]
{"10[cm]", "20[cm]"}); /*詳細設定*/
model.geom("geom1").create("r2", "Rectangle");
/*長方形をr2という名前で作成*/
model.geom("geom1").feature("r2").set("size", new String[]
{"20[cm]", "10[cm]"}); /*詳細設定*/
model.geom("geom1").feature("r2").set("pos", new String[]
{"10[cm]", "0"}); /*コーナー位置設定*/
model.geom("geom1").create("uni1", "Union");
/*ブール演算による和の作成*/
model.geom("geom1").feature("uni1").set("intbnd", false);
/*内部境界の削除*/
model.geom("geom1").feature("uni1").selection("input").
set(new String[]{"r1", "r2"});/*r1,r2間の演算*/
/* 後述のプログラムの挿入箇所 */
model.geom("geom1").run(); /*全て作成*/
model.geom("geom1").run("fin");
model.physics().create("c", "CoefficientFormPDE", "geom1");
/*係数形式PDEをcという名前で作成*/
model.physics("c").create("dir1", "DirichletBoundary", 1);
/*ディリクレ境界条件の作成*/
model.physics("c").feature("dir1").selection().set(new int[]{3});
/*境界3の選択*/
model.physics("c").create("dir2", "DirichletBoundary", 1);
/*ディリクレ境界条件の作成*/
model.physics("c").feature("dir2").selection().set(new int[]{7});
/*境界7の選択*/
model.view("view1").axis().set("ymin", "-0.12921875715255737");
/*画面表示に関するビュー1の設定*/
model.view("view1").axis().set("abstractviewlratio",
"-0.04999994859099388");
model.view("view1").axis().set("abstractviewyscale",
"0.0012840465642511845");
```

```
model.view("view1").axis().set("abstractviewrratio",
"0.04999994859099388");
model.view("view1").axis().set("ymax", "0.3292187452316284");
model.view("view1").axis().set("xmin", "-0.007499991916120052");
model.view("view1").axis().set("abstractviewtratio",
"0.05535013973712921");
model.view("view1").axis().set("abstractviewbratio",
"-0.05535013973712921");
model.view("view1").axis().set("xmax", "0.3075000047683716");
model.view("view1").axis().set("abstractviewxscale",
"0.0012840466806665063");
model.physics("c").feature("cfeq1").set("c", new String[][]
{{"2.3e-5", "0", "0", "2.3e-5"}});/*PDE の係数設定*/
model.physics("c").feature("cfeq1").set("f", "0"); /*f を 0*/
model.physics("c").feature("init1").set("u", "300");
/*初期値 300*/
model.physics("c").feature("dir1").set("r", "400");
/*ディリクレ境界条件 400*/
model.physics("c").feature("dir2").set("r", "300");
/*ディリクレ境界条件 300*/
model.mesh("mesh1").run(); /*メッシュ 1 作成*/
model.study().create("std1"); /*スタディ 1 作成*/
model.study("std1").create("time", "Transient");
 /*ステップ 1：時間依存作成*/
model.sol().create("sol1");
/*ソルバーコンフィグレーション 1 作成*/
model.sol("sol1").study("std1");
model.sol("sol1").attach("std1");
model.sol("sol1").create("st1", "StudyStep");
model.sol("sol1").create("v1", "Variables");
model.sol("sol1").create("t1", "Time");
model.sol("sol1").feature("t1").create("fc1", "FullyCoupled");
/*完全連成設定*/
model.sol("sol1").feature("t1").feature().remove("fcDef");
model.study("std1").feature("time").set("initstudyhide", "on");
/*スタディ 1 詳細設定*/
model.study("std1").feature("time").set("initsolhide", "on");
model.study("std1").feature("time").set("solnumhide", "on");
model.study("std1").feature("time").set("notstudyhide", "on");
model.study("std1").feature("time").set("notsolhide", "on");
model.study("std1").feature("time").set("notsolnumhide", "on");
model.result().create("pg1", "PlotGroup2D");
```

C.2 Javaによるプログラムコード

```java
    /*2D 表示グループ作成*/
    model.result("pg1").create("surf1", "Surface");
    /*サーフェス作成*/
    model.result("pg1").create("con1", "Contour");/*コンター作成*/
    model.study("std1").feature("time").set("tlist",
    "range(0,10,1000)");/*結果出力時間設定*/
    model.sol("sol1").attach("std1");
    model.sol("sol1").feature("t1").set("tlist", "range(0,10,1000)");
    model.sol("sol1").runAll();
    model.result("pg1").set("looplevel", new String[]{"11"});
    model.result("pg1").feature("con1").set("coloring", "uniform");
    /*カラーを一様に設定*/
    model.result("pg1").run();
    return model; /*modelに戻す*/
  }
  public static void main(String[] args) { /*メインプログラム*/
    run(); /*public static Model run( )の内容を実行*/
  }
}
```

　Javaのようなオブジェクト指向プログラミングは，クラスとそのメンバを取り扱います。Javaは保存ファイルの名前とクラス名が同じです。そのためにtest2dという名前のクラスが宣言されています。プログラムリストの下のほうにはmain( )というmain関数があります。このプログラムはOSの管理下でプログラムが実行されます。OSはmain関数に制御を移してプログラムの実行を開始しrun( )の内容を実行します。終了すると再びOSの管理に移行します。run( )の内容はtest2dクラスの中に記述されたModel run(){ }の内容になります。その中身を見ると，**モデルウィザード**で自動的に構築された **コンポーネント1**，**ジオメトリ1**，**係数形式PDE1**，**メッシュ1**，**スタディ1**，**結果1** に対応するノードを構築する関数が記述されていることがわかります。各ノードの下にはさらに詳細設定を行うための関数が記述されています。ジオメトリがわかりやすいのでそこをみてみましょう。GUI操作で **ジオメトリ1** を右クリックしてノードを追加しました。その作業に相当するものがcreate関数です。ここでクラスgeomがgeom1という名前で作成されています。設定ウィンドウで幅，高さを入力した操作に対応するものがfeature関数です。幅，高さはfeature関数にsizeを設定して指定しています。2番目の長方形ではコーナー位置を指定しましたが，それに対応するものがfeature関

数の中にある pos による設定です．ブール演算を経て，最後に GUI 操作の 全て作成 ボタンをクリックしたことに対応する geom.run() が記述されています．係数型 PDE についても同様です．クラス physics が c という名前で作成され，その内容が create 関数，feature 関数で設定されています．

一方，Java には COMSOL Multiphysics に関する関数は含まれていませんので，それらをインポートする必要があります．このプログラムリストの先頭に記述されているつぎの 2 行

```
import com.comsol.model.*;
import com.comsol.model.util.*;
```

がその内容になります．それでは図 C.1 の形状を変更してみましょう．ここでは，中心位置 $(x, y) = (5, 6)$ [cm] に半径 4 [cm] の穴を空けてみます．つぎの Java コードをリスト中に記述した /* 後述のプログラムを挿入する箇所 */ へ追加します．

```
    model.geom("geom1").create("c1", "Circle"); /*円の作成*/
    model.geom("geom1").feature("c1").set("r", "0.04");
    /*半径の設定*/
    model.geom("geom1").feature("c1").set("pos", new String[]
    {"0.05", "0.06"}); /*円の中心位置を設定*/
    model.geom("geom1").create("dif1", "Difference");
    /*ブール演算で差をとる*/
    model.geom("geom1").feature("dif1").selection("input2").
    set(new String[]{"c1"});
    model.geom("geom1").feature("dif1").selection("input").
    set(new String[]{"uni1"});
```

このように変更したファイルを test2dm.java という名前で保存します．

COMSOL のインストールフォルダの comsolcompile.exe にパスが通っており，また，Java の jdk1.6 をインストールしているものとします．画面にコマンドプロンプトを開き，ディレクトリは test2dm の下に移動しておきます．まず，test2dm.class を作成します．そのために，コマンドプロンプトで下記を実行します．

```
comsolcompile -jdkroot "java のインストールフォルダ名\jdk1.6"
test2dm.java
```

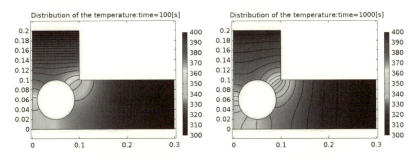

図 C.4 穴の空いた材料の温度分布と等温線：左図 $t = 100$，右図 $t = 1000$。図 C.5 と比較してください。

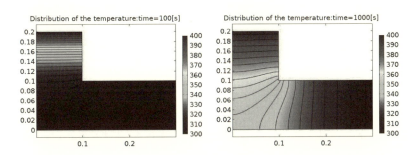

図 C.5 穴の空いていない材料の温度分布と等温線：左図 $t = 100$，右図 $t = 1000$。

続いて，test2dm.class をバッチモードで実行します。

comsolbatch -inputfile test2dm.class

この結果，test2dm_Model.mph が作成されます。そこで，COMSOL Multiphysics をたち上げて，このファイルを開くと，図 C.4 のような結果を確認できます。参考のため，穴の空いていない材料の温度分布を図 C.5 に示しておきます。図 C.4 と比較してください。有限要素解析では，このように材料の形状変化にともなう物理量の動態を容易に知ることができます。

C.3 その他への応用例

C.3.1 常微分方程式の初期値問題

第6章では，1次元ポアソン方程式の境界値問題を扱いましたが，ここでは，常微分方程式の初期値問題を相図や分岐図を描画させ，系を解析します．

大学の初学年で学ぶ微分方程式の内容は解が初等解法[11]により求めることができる対象を扱っているのがほとんどです．あるいは初等解法ではなくとも**ラプラス変換** (Laplace transform) を用いる手法は電気工学などでは常套手段になっていますが，いずれにせよ解を明示的に表すことに注力し，また，そのような物理現象を扱うことを主眼にしています．しかし，現実の現象を対象としてそれをモデル化し，微分方程式として表すとそのモデル方程式は非線形となり，解を具体的に求められない[12]場合がほとんどです．

微分方程式のほとんどは一般的に

$$\dot{x} = f(t, x) \tag{C.2}$$

と書くことができます．ただし，$x = (x_1, x_2, \ldots, x_n)^T$，$x_i = x_i(t)$ であり，また，$\cdot$ は $\dfrac{d}{dt}$ を表しています．x は扱う対象によりさまざまな事象を表しますが，独立変数 t は時間です．したがって，(C.2) はある対象における n 個の事象の**時間発展** (time evolution, time marching) を記述しているものです．さらに，(C.2) はその変数 x が時間のみに関する1変数であるので，**常微分方程式** (ordinary differential equations) とよばれています．もし，変数 x が時間と空間の関数であり，かつ方程式が時間微分と空間微分をともなえば**偏微分方程式** (partial differential equations) となります．本書では，ほとんどの章で偏微分方程式を扱いました．また，

$$f(t, x) = A(t)x + B(t) \tag{C.3}$$

と表せるとき**線形** (linear system) といい，f が (C.3) のように表せないとき**非線形** (nonlinear system) といいます．A, B はそれぞれ $n \times n$，$1 \times n$ 行列で，B は外力項を表し，特に工学の分野ではこれを「外部入力」といいます．さら

---

11) 有限回の不定積分と適当な式変形を行うことにより解を求める解法のことで，**求積法** (quadrature) ともいいます．

12) 非線形微分方程式が変数分離型になれば，その解を明示的に表すことができます．また，楕円関数などの特殊関数を用いてその解を明示的に表すことができる場合もあります．

に，もし f が x のみの関数であるならこれを **自励系** (autonomous system) といいます．(C.2) は **非自励系** (nonautonomous system) になります．方程式が非線形であるとき解を明示的に求めることはほとんどの場合には期待できませんが，自励系の場合，**相図** (phase portrait) を用いて解の特性の把握をしばしば行います[13]．

ここでは，**単振り子** (simple penduram) の相図と **ホップ分岐** (Hopf bifurcation) の分岐図を描いてみましょう．

(a) 単振り子

振り子の運動の研究はガリレオ (Galileo Galilei, 1564–1642) がピサ (Pisa) の大聖堂のシャンデリアが揺れるのを観察したのがその始まりとされています．なお，振り子は重りとなる質量は1つであり，また振り子のひもは曲がったり，伸び縮みしないことを仮定しており，2重振り子やひもがバネ状になったものは考えていません．また，「単」振り子とは重りの運動が一平面内に拘束された場合をさし，空間内で自由に運動する「球面」振り子と区別するための名称です．この節では振り子の運動方程式(微分方程式)をたて，相図を使い，解を求めることなしに振り子の運動の大局的な把握をしましょう．

図 C.6 に振り子の概念図を示します．振り子の鉛直方向からの振れ角を $\theta = \theta(t) \in C^2(\mathbb{R}, \mathbb{R})$ で表し，振り子の質量，ひもの長さをそれぞれ m, ℓ とし，重

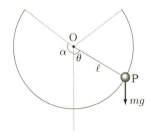

図 C.6 単振り子：質量 m，振り子の長さ ℓ，鉛直方向からの振れ角 θ (時計の回転と反対方向を正の向き)，重力加速度 g とします．ひもは質量がなく，伸縮やたわみもないとし，振り子の支点では摩擦は生ぜずまたひもや質量には空気抵抗もないと仮定し質点系として扱います．この図は最大振れ角 α $(0 < \alpha < \pi)$ の秤動運動を示しています．

---

[13] そのためには解の存在性と一意性が重要な概念となりますが，詳しくは文献 [6], [14], [18], [39], [77] などを参照してください．

力加速度を g とします。ひもは質量がなく，伸縮やたわみもないとし，振り子の支点では摩擦は生ぜず，また，ひもや質量には空気抵抗もないと仮定し質点系として扱います。このとき振り子の運動エネルギー T は

$$T = \frac{1}{2}m(\ell\dot{\theta})^2$$

であり，位置エネルギーは

$$V = mg\ell(1 - \cos\theta)$$

であるので，ラグランジアン L は

$$L = T - V = \frac{1}{2}m(\ell\dot{\theta})^2 - mg\ell(1 - \cos\theta) \tag{C.4}$$

となり，オイラー–ラグランジェ方程式 $\frac{\mathrm{d}}{\mathrm{d}t}\frac{\partial L}{\partial \dot{\theta}} - \frac{\partial L}{\partial \theta} = 0$ より，振り子の運動方程式

$$\ddot{\theta} + \frac{g}{\ell}\sin\theta = 0 \tag{C.5}$$

を得ることができます[14]。また，この系は外力と減衰が存在せずポテンシャル場における運動となり，ハミルトニアン (Hamiltonian)

$$H = T + V = \frac{1}{2}m(\ell\dot{\theta})^2 + mg\ell(1 - \cos\theta) \tag{C.6}$$

が定義でき，$\frac{\mathrm{d}H}{\mathrm{d}t} = 0$ からも (C.5) を得ることができます。

さて，(C.5) の解[15]を求める代わりにこの運動方程式の意味するところを相図を使い大局的に理解しましょう。大局的に理解するとは，解の詳細 (解の具体的な形) はわからなくてもおおよその解の動きを把握することです。(C.5) を正規形

$$\begin{cases} \dot{\theta} = \zeta, \\ \dot{\zeta} = -\frac{g}{\ell}\sin\theta \end{cases}$$

に書き改めれば，平衡点は $n = 0, 1, 2, \ldots$ として $(\theta, \dot{\theta}) = (\pm 2n\pi, 0)$ と $(\theta, \dot{\theta}) = (\pm(2n+1)\pi, 0)$ であることがわかります。平衡点 $(\pm(2n+1)\pi, 0)$ の固有値は正

---

[14] ニュートンの運動第 2 法則 (質量 × 加速度 = 力) を使っても簡単に導出できます。
[15] 解は楕円関数と三角関数を用いて表すことができます。興味のある読者は文献 [14] を参考にしてください。

C.3 その他への応用例

と負の実数になり**鞍点** (saddles) となり，線形化方程式の相図で平衡点まわりの解の挙動を把握できます[16]。また，平衡点 $(\pm 2n\pi, 0)$ の固有値は純虚数となり，この平衡点は**線形渦心点** (linear centers) ですが，系が保存系であることとこの線形渦心点は孤立した平衡点であることより，線形渦心点は非線形システムそのものでみても渦心点となります。したがって，図 C.7 に示すような相図を描くことができます。$(\theta, \dot{\theta}) = ((2m+1)\pi, 0)$ から $(\theta, \dot{\theta}) = ((2m+3)\pi, 0)$ $(m = 0, \pm 1, \pm 2, \ldots)$ の軌跡が**ヘテロクリニック軌道** (heteroclinic orbits)[17] (H_n^+, H_n^-)，その内側が有限振れ角をもつ**秤動** (librations) を表す軌道 (C_n)，外側が**回転**[18] (rotations) を表す軌道 (R_+, R_-) を示しています。

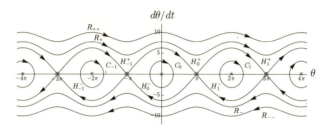

図 C.7 振り子の相図：$m = \ell = 1$, $g = 9.8$ として描いた相図で，渦心点を ×，鞍点を ○ で表しています。C_n $(n = 0, \pm 1, \pm 2, \ldots)$ は振り子の振れ角が $-\pi < \theta \pmod{2\pi} < \pi$ となる秤動運動を表す周期解，H_n^+ は振れ角 $\theta \pmod{2\pi}$ が $-\pi$ から π（反時計回り）へと移動するヘテロクリニック軌道，H_n^- は π から $-\pi$（時計回り）へと移動するヘテロクリニック軌道，R_+ は反時計回りの回転運動，R_- は時計回りの回転運動をそれぞれ表しています。また，R_{++}, R_{--} はそれぞれ R_+, R_- より速い速度の回転運動を表しています。

さて，ここで実際に単振り子の相図を描いてみましょう．COMSOL の入力の手続きは以下のとおりです．

COMSOL のプロトタイプを構築 (**モデルウィザード**, **2D**, **完了**) します．モデルビルダの `root` ノードを右クリックしてコンテキストメニューを表示させ，**スタディの追加**, **定常** を選択後，ダブルクリックします．**コンポーネント 1** をクリッ

---

16) ハートマン–グロブマンの定理 (Hartman-Grobman theorem) を使います．詳しくは，文献 [14] を参照してください．
17) 1 つの鞍点の不安定多様体から他の鞍点の安定多様体へと続く軌跡のことをいいます．サドル結合 (saddle connection) ともいわれています．保存系や時間に可逆な系ではしばしばヘテロクリニック軌道がみられます．
18) 回転は振り子がぐるぐる回ることをいい，秤動と区別します．

クし，一般セクションの単位系を None にします．続いて，ジオメトリのコンテクストメニュー表示で **長方形** を選択し，幅 10，高さ 10，位置を中心にして全オブジェクトの作成ボタンをクリックすると，グラフィックウィンドウに長方形が表示されます．ここでは 2 次元平面は COMSOL 規定の x–y 平面を利用するので，コンポーネント 1 のコンテクストメニュー表示で変数を選択し，変数名に f，式に y を入れます．続いて，変数名を g とし，式に -sin(x) を入力します．**スタディ 1** のコンテクストメニュー表示で計算を実行します．結果のコンテクストメニューを表示させ，**2D 表示グループ** を選択し，その 2D 表示グループのコンテクストメニューで流線を選択します．流線ではポジショニングを **均一** とし，分離距離を 0.01 にした後，plot ボタンをクリックします．

図 C.8 は上の手続きにより得られた相平面での解の流線図です．途中，流線が途切れているところは，包絡線を描くステップ数を増やせば解決します．大局的な解の理解にとっては問題はありません．図 C.7 と比較してください．流線図でよく相図を表していることがわかります．ただし，解の運動方向を表すことは困難です．

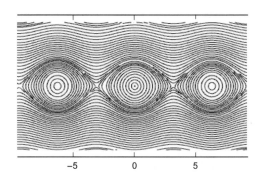

図 C.8 単振り子 $\left(\frac{g}{\ell}=1\text{の場合}\right)$ の相平面での解の流線図：図 C.7 と比較するとよく表現していることがわかります．

つぎに，時間方向の計算をしてみます．

プロトタイプを構築 (モデルビルダ，**0D**，**数学**，**ODE および DAE** インタフェース，グローバル **ODE および DAE(ge)**，時間依存，完了) します．グローバル **ODE および DAE(ge)** の下の **グローバル方程式 1** をクリックし，グローバル方程式に名前として，theta を入れ，f(u,ut,utt,t)(1) に thetat-zeta を

入れます[19]。初期値には `120*pi/180` を入れます。同じく，名前に `zeta` を入れ，`f(u,ut,utt,t)(1)` に `zetat+sin(theta)` を入れます。初期値は 0 とします。

上の手続きにより，振り子を鉛直下方から反時計まわりに 120° 傾け，静止させた状態で振り子を放したときの運動を追跡できることになります。系のハミルトニアン H の時間変化を図 C.9 に示します。保存量が正確に保持されているかどうかで数値計算の妥当性を評価できます。BDF アルゴリズムの時間刻み[20]を自由 (破線)，最大時間刻みを $0.5\,[{\rm s}]$ (一点鎖線)，$0.05\,[{\rm s}]$ (実線) にしたときの保存量であるハミルトニアン H の時間積分の影響を表しています。最大時間刻みを $0.05\,[{\rm s}]$ に設定すると保存量が保たれていることがわかります。

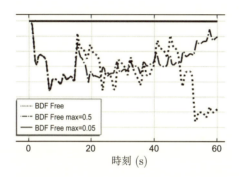

図 C.9 時間刻みの保存量への影響：縦軸は保存量で，時間刻みの最大値を $0.05\,[{\rm s}]$ にしたことにより保存量が一定値になっていることがわかります。

(b) ホップ分岐

つぎに，**ホップ分岐** (Hopf bifurcation) といわれる分岐現象を解析してみましょう。ホップ分岐は種々の方程式[21]でみられる現象ですが，ここでは説明を簡単にするため，$x = x(t) : \mathbb{R} \to \mathbb{R}$, $y = y(t) : \mathbb{R} \to \mathbb{R}$ としてつぎの方程式を扱います。

$$\begin{cases} \dot{x} = ax - y + cx(x^2 + y^2) \\ \dot{y} = x + ay + cy(x^2 + y^2) \end{cases} \quad (C.7)$$

---

19) このインターフェースでは時間微分は変数の右側に `t` を書きます。
20) 時間依存ソルバのタイムステッピングセクションで調整します。
21) 例えば，生態系の捕食者–被捕食者の動態を表した**ローゼンツバイグ–マッカーサーモデル** (Rosenzweig-MacArthur model) や心臓細胞など興奮性細胞の活動電位を表現した**フィッツフー–南雲方程式** (FitzHugh-Nagumo equation) などにみられます ([14])。

ただし, $a \not\equiv 0, c \neq 0$ としておきます. 平衡点は原点, すなわち, $(x, y) = (0, 0)$ のみであることは議論の余地がないでしょう. また, (C.7) のヤコビ行列 $Df(x, y)$ は簡単な計算により

$$Df(x,y) = \begin{pmatrix} a + c(3x^2 + y^2) & 2cxy - 1 \\ 2cxy + 1 & a + c(x^2 + 3y^2) \end{pmatrix} \quad (C.8)$$

と求めることができます. したがって, 平衡点である原点でのヤコビ行列は

$$Df(0,0) = \begin{pmatrix} a & -1 \\ 1 & a \end{pmatrix} \quad (C.9)$$

であり, この固有値 λ は $\lambda = a + i$ となります. したがって, a が負 (正) から正 (負) へ変わるとき 2 つの固有値が同時に虚軸をまたぐことになります. これが, ホップ分岐の数理的表現であり, 以下にその現象をみていきましょう.

さて, (C.7) を極座標系に変換 $(x = r\cos\theta, y = r\sin\theta, r > 0)$ すると

$$\begin{cases} \dot{r} = r(a + cr^2) \\ \dot{\theta} = 1 \end{cases} \quad (C.10)$$

を得ます. まず, (C.10) の第 2 方程式より, 回転速度は一定であることがわかりますが, 半径 r の相平面 $(r, \dot{r})$ における挙動を考える必要があります. a, c の符号によりつぎのように場合分けします.

(1) $a \geq 0, c > 0$　　この場合, 相平面 $(r, \dot{r})$ での平衡点は原点のみで, **湧点** (sources) となります. したがって, 原点は不安定となり r は発散します.

(2) $a < 0, c > 0$　　平衡点は原点と $(\sqrt{\frac{-a}{c}}, 0)$ の 2 つで, 前者は **沈点** (sinks), 後者は湧点となります. $0 < r < \sqrt{\frac{-a}{c}}$ ならば $\dot{r} < 0$ となり原点に収束し, $r > \sqrt{\frac{-a}{c}}$ ならば $\dot{r} > 0$ となり発散します. $(\sqrt{\frac{-a}{c}}, 0)$ で半径 $\sqrt{\frac{-a}{c}}$ の円の周期解を形成しますが, この周期解は不安定な周期解です.

(3) $a \leq 0, c < 0$　　平衡点は原点のみで沈点となり, すべての解は原点に収束します.

(4) $a > 0, c < 0$　　相平面での平衡点は原点 (湧点) と, もう一つの平衡点 $(\sqrt{\frac{a}{-c}}, 0)$ は沈点になり安定となります. この平衡点 $(\sqrt{\frac{a}{-c}}, 0)$ で半径 $\sqrt{\frac{a}{-c}}$ の円が周期 2π の周期解を形成します. また, $0 < r < \sqrt{\frac{a}{-c}}$ ならば $\dot{r} > 0$,

C.3 その他への応用例

$r > \sqrt{\frac{a}{-c}}$ ならば $\dot{r} < 0$ となり，平衡点以外の解はすべて $t \to \infty$ でこの周期解に螺旋状に収束します．すなわち，この周期解は安定な周期解となります．

以上の現象を示したものが分岐図といわれるもので，図 C.10 のようになります．図 C.10 に対応した様子を COMSOL Multiphysics で描いたものが図 C.11 になります．a の値を z 軸にして x–y 平面で流線を描いています．また，r については微分方程式の右辺の等値面を描くことで r の方向が反転する境界面を描くことができます．図 C.11(a) は $c = -1$ として計算し，場合分けの (3)→(4) への移行に対応した解軌跡の族を表しており，図 C.10(a) に対応しています．a の値が負から正に変わるとき，安定な原点は不安定になり，同時に安定な周期軌道が現れます．すなわち，$a = 0$ で解の分岐が発生しており，これを **超臨界型ホップ分岐** (supercritical Hopf bifurcation) といいます．また，図 C.11(b) は $c = 1$ とし，場合分けの (1)→(2) への移行に対応した解軌跡の族を表しており，図 C.10(b) に対応しています．a の値が正から負に変わるとき，不安定な原点は安定になり，同時に不安定な周期軌道が現れます．この場合も，$a = 0$ で解の分岐が発生しており，これを **亜臨界型ホップ分岐** (subcritical Hopf bifurcation) といいます．

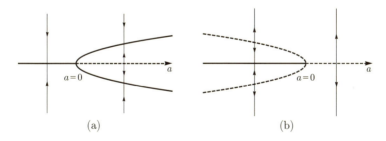

図 C.10　(C.7) のホップ分岐図：横軸は a の値，実線は安定な解，破線は不安定な解を示しています．(a) 場合分けの (3)→(4) への移行に対応した分岐図 (超臨界型ホップ分岐)：a の値が負から正に変わると，安定な原点は不安定になり，同時に安定な周期軌道が現れます．(b) 場合分けの (1)→(2) への移行に対応した分岐図 (亜臨界型ホップ分岐)：a の値が正から負に変わると，不安定な原点は安定になり，同時に不安定な周期軌道が現れます．

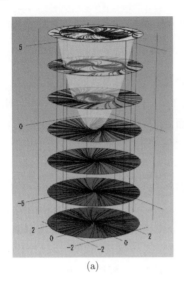 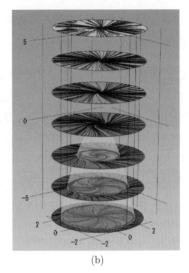

(a)　　　　　　　　　　(b)

図 C.11　(C.7) のホップ分岐：縦軸は a の値，(a) は $c=-1$，(b) は $c=1$ として計算。(a) 超臨界型ホップ分岐 (図 C.10(a) に対応)：a の値が負から正に変わると，安定な原点は不安定になり，同時に安定な周期軌道が現れます。場合分けの (3)→(4) への移行に対応した解軌跡の族を表しています。(b) 亜臨界型ホップ分岐 (図 C.10(b) に対応)：a の値が正から負に変わると，不安定な原点は安定になり，同時に不安定な周期軌道が現れます。場合分けの (1)→(2) への移行に対応した解軌跡の族を表しています。

C.3.2　電気化学

いままでみてきたように有限要素法は汎用性が高く，種々の物理現象の解析に適用できます。ここでは COMSOL Multiphysics を利用したいくつかの例をみていきましょう。

電気化学は工業製品にとり，重要な科学技術です。電気化学では，化学反応式に電子が含まれる系を扱います。これは電解質に金属を浸したときに生じる反応です。電解質は液体，固体のどちらも対象となります。電解質に正負のイオンが溶けているとき，それらのイオンの泳動が生じれば電流を生じることになります。電流が生じれば電位も生じます。逆に，電位を操作すれば電流の向きを変えることも可能です。電流が系の外部に出ていく場合は放電であり，その逆であれば充電が行われていることになります。電解質と金属の境界面では条件が整えば電子のやり取りが行われ，そのやり取りによって**酸化** (oxidation) や**還**

元 (reduction)[22] が生じます．金属と電解質の界面に生じる電子を外部に取り出せば，電池として機能します．金属と電解質界面には**電気二重層**[23] (electric double-layers) が形成されます．通常のスケールではこの電気二重層は無視できますが，最近の研究で注目されている極微細電極は $25\,[\mu m]$ よりも小さい電極であり，電気二重層を無視できません．この電気二重層を蓄電池として利用すれば大電流の高速充放電を実現できます．劣化も少なく，また，重金属を使用しておらず，環境保全上も優れています．さらに電気化学的な電位走査に利用することで，電解質の局所電荷分布や電場の情報を走査型電気化学電位顕微鏡 (SECPM[24]) により直接的に得ることも可能になります．

つぎに，電気化学技術を利用した精密加工についてみてみましょう．電解加工 (ECM[25]) は数 10〜数 $100\,[A/cm^2]$ オーダの高電流密度における陽極金属の電解溶出に基づいて，機械加工が困難な硬い金属材料などの加工を行う技術です．工具電極を陰極，工作物を陽極として $1\,[mm]$ 未満の微小な加工間げきで対向させ，この間げきに数 $[m/s]$ オーダの流速で電解液を流しながら電極間に直流電圧を加えると，電解液の電気抵抗に応じた電流が流れて工作物が電解加工されます．

図 C.12 に，穴あけの電解加工例を示します．工作物の硬さなどの機械的性質によらず，広い面積の同時加工ができ，工具の消耗や工作物の変形がなく，さ

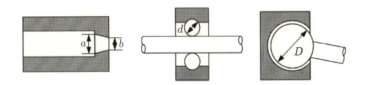

図 C.12 電解加工による微細穴形成の例：上左図；ディーゼルエンジンの燃料噴射孔 (逆テーパー孔)，上右図；ボールベアリング用球面，下図；ボールジョイント用の球面．$a = 124\,[\mu m]$, $b = 100\,[\mu m]$, $d = 20\,[\mu m]$, $D = 150\,[\mu m]$ (米大海氏のご厚意による．)

---

22) 物質が電子を放出する反応が酸化反応，電子を受け取る反応が還元反応であり，これらは並行して進行します．これを**酸化還元反応** (redox) といいます．
23) 電気二重層とは，例えば，固体の活性炭と液体の電解液を接触させると，その界面にプラスイオンとマイナスイオンがごく短い距離を隔てて相対的に分布する現象をいいます．
24) Scanning Electrochemical Potential Microscopy の略です．
25) Electrochemical Machining の略です．

らに，加工変質層の発生がない利点から，1960年代に形彫り[26]等にさかんに用いられました．現在では，航空宇宙産業で耐熱合金など難研削材の加工によく利用されています．

現在の精密加工に求められているもののなかでも注目されるのは$100\,[\mu m]$程度の直径をもつ微細孔を3次元的な曲面上に形成する加工技術です．この分野では単に穴を開けるだけではなく，孔の内面に螺旋面を形成したり，あるいは，ボールジョイント用の球面を作成したりします．通常のドリルで穴をあけるとその孔径は，ドリルの投入口のほうが大きく，先のほうにいくにつれて小さくなるというテーパー付の孔になってしまいます．しかし，この微細加工技術を使えば，**逆テーパー孔** (reverse tapered hole)を作成することができます．3次元の曲面に穴をあけ，逆テーパー孔とすることにより，ディーゼルエンジンの燃料噴射孔として利用できます．燃料のシリンダー内での噴射状態が内部の孔形状に依存して大きく変化し，燃焼効率で10％近く変化することが知られており，その点からも孔の内面形状を自由に作成する技術の確立が望まれています．電解加工は，熱応力が発生することなく精密微細加工を実現する方法として注目されています．

このような電解加工においても有限要素解析が行われています ([80])．図C.13は，実際の実験装置と該当数学モデル (スケールは異なる) を作成し，それを有限要素解析することで本加工法の有効性を検討した例です．この例では，ディーゼルエンジン用燃料噴射ノズルを想定してその孔形状を深さ$1\,[mm]$，上部孔径$100\,[\mu m]$，下部孔径$124\,[\mu m]$と決めています．有限要素解析では工具となる丸棒に螺旋状に導線を巻き付け，これに電流を流すことで，孔の内面とこの工具の間に電界を生じ，内面が削られていくという現象を計算し，逆テーパー形状を作成する電解加工条件を見いだしています．なお，実験装置では，ピッチ$0.2\sim11\,[mm]$の螺旋状ワイヤを巻き付けた長さ$50\,[mm]$，直径$5\,[mm]$の電極を使用しています．これは，現時点ではこのような複雑な工具電極の微細化はまだ難しく，実験時にはスケールを拡大した電極を用いています．一方，有限要素法による数値解析は，現実には作成できない寸法スケールでも計算できるケースが多く，このような先行研究に適してします．

さて，電解液には硝酸ナトリウムや塩化ナトリウムの水溶液が用いられます

---

[26] 工具電極をワーク (被工作物) に近づけて工具の形状をワークに転写加工する手法のことをいいます．

C.3 その他への応用例

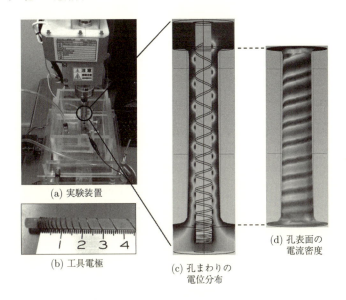

(a) 実験装置
(b) 工具電極
(c) 孔まわりの電位分布
(d) 孔表面の電流密度

図 **C.13** 電解加工の実験と有限要素解析 ([80])：孔の大きさは深さ 1 [mm]，上部孔径 100 [μm]，下部孔径 124 [μm]；(a) 実験装置，(b) 樹脂の周囲に螺旋状に導線を巻いた長さ 50 [mm]，直径 5 [mm] の電極，(c) 孔まわりの電位分布の有限要素解析 (明るい部分ほど高電位)，(d) 孔表面の電流密度の有限要素解析 (明るい部分ほど高密度電流)．(米大海氏のご厚意による．)

が，その反応レート，すなわち，印加電圧に対する電極表面上における電流密度の関係は溶液性能を表しており，電気化学で重要な役割を果たします．この反応レートは従来 実験[27) により求めていましたが，文献 [89] では，有限要素解析を行い，実験と計算の結果がほぼ一致していることを確認できています．

C.3.3 プラズマプロセス

一般に，物質は固体・液体・気体の三体状態のいずれかを条件により維持しています．ところが，気体中の原子に含まれる電子が飛びだし，原子核 (イオン) と電子とに電離した状態があり，この電離した原子を含む気体が**プラズマ** (plasma) であり，物質の第 4 状態といわれています．宇宙を構成する物質の 99％以上がプラズマであるといわれており，極地の空を彩るオーロラや太陽表

---

27) 回転電極を利用してガスの発生を防ぎながら行います．

面のプロミネンス (紅炎) はそのよい例です。

一方，身近には蛍光灯やネオンサインなどの応用例がありますが，近年のもっとも重要な応用先として半導体製造における製膜があげられます．数 μm からサブミクロン (1 μm 以下) の製膜が，プラズマの物理・化学的反応を利用することで可能となります．このような材料加工を目的としたプラズマプロセスは**低温・非平衡プラズマ** (low-temperature non-equilibrium plasma) とよばれ，ガス温度は常温に近く，電離度が低く (数％程度)，高電子エネルギーで中性粒子は低温という特徴があり，高温・平衡プラズマである核融合プラズマとは性質が大きく異なります．近年では，大口径ウエハに対応すべく，大面積・高密度プラズマを均一に生成することが生産工程で重要になっており，**ECR マイクロ波プラズマ** [28] 源は主要なプラズマ源の一つとなっています．

ECR マイクロ波プラズマの原理は，磁場による電子のサイクロトロン運動を外部照射のマイクロ波周波数と同期させると共鳴加熱が発生しますが，そのとき電子はマイクロ波パワーを共鳴吸収し，その結果高密度プラズマが生成されるというものです．

一般に，プラズマの数値解析では，プラズマを構成する電磁場と荷電粒子の間の複合的相互作用を計算し，荷電粒子と分子や原子といったナノスケールの衝突現象からキャリアガスというマクロな現象を同時に解く必要があり，空間的なスケールが大きく異なるため計算が困難になります．数値解析においては，(1) ドリフト–拡散方程式による電子密度と電子エネルギー密度の計算，(2) マクスウェル–ステファン方程式 (Maxwell-Stefan equations) による非電子粒子輸送計算，(3) ポアソン方程式による空間電荷に依存する静電場の計算，(4) 外部からの電磁場の計算，(5) 静磁場の計算，(6) 流体計算，(7) 伝熱計算らの連成解析が行われます．

ECR マイクロ波プラズマを計算した結果を図 C.14 に示します．この計算は，ECR 表面で電子のマイクロ波パワーの共鳴吸収を求めるのが目的です．図の大きさのチャンバーに 1 [Pa]，300 [K] のアルゴンガスを封入し，2.45 [GHz]，600 [W] のマイクロ波をチャンバー中央上部から照射したとき，2 次元軸対称計算で得られた電子密度分布で，$0.5 \sim 3 \times 10^{16}$ [1/m^3] と得られています．この計算では，静磁場，電子の ECR 表面における共鳴パワーの吸収，プラズマ導電率

---

[28] ECR は，Electron Cyclotron Resonance の略で，「電子サイクロトロン共鳴」の意です．その他，誘導結合プラズマ，直流プラズマ，容量結合プラズマなどがあります．

C.3 その他への応用例

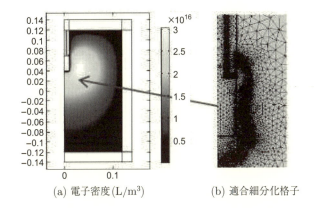

(a) 電子密度(L/m³)　　(b) 適合細分化格子

図 C.14　有限要素解析による ECR マイクロ波プラズマの計算 (COMSOL Multiphysics アプリケーションライブラリーより)：左図；1 [Pa], 300 [K] のアルゴンガスを封入したチャンバーに, 2.45 [GHz], 600 [W] のマイクロ波をチャンバー中央上部から照射したときの 2 次元軸対称計算で得られた電子密度分布を示しています。チャンバーの目盛の単位は [m]。右図；適合細分化格子法によるメッシュの状態。(佟立柱氏のご厚意による。)

と荷電粒子輸送の非等方テンソルの計算を行っています。右図は, 有限要素メッシュの状態を示しており, **適合細分化格子法**[29] (adaptive mesh refinements: 通称 AMR) を使うことで ECR 表面のまわりに細かいメッシュを作成しています。

マイクロ波プラズマでは, マイクロ波の周波数がプラズマ周波数に一致するとマイクロ波を反射するカットオフ現象が起こり, プラズマ領域にマイクロ波が到達しにくくなり, カットオフ密度界面のまわりにおいてほぼすべてのマイクロ波エネルギーが吸収されてしまいます。この空間領域は非常に狭くなっており, 数値計算はその領域を解像する必要があり, 数値計算における難問題となっていますが, この問題に対して COMSOL Multiphysics による有限要素解析が行われています ([10])。

---

29)　計算の効率化と計算資源の節約を行う目的で, 計算領域内において解の勾配が急な場所では細かいメッシュにし, 反対に勾配が緩やかな場所には粗いメッシュを配置する手法で, バーガー ([29]) により提唱されました。

D. 本書で扱った微分方程式

　この章では，本書で取り扱った主な微分方程式を一覧にまとめておきます．有限要素法の対象となる物理現象は一般に，時間と空間に関する時間発展型の偏微分方程式になりますが，定常状態の解析では空間のみの偏微分方程式[1]になります．また，物理現象の多くは非線形性を有しており，したがって，その方程式も自然に非線形方程式となります．コンピュータの性能向上にともない非線形方程式を直接解くこともちろん行われますが，目的の現象を限定して解く工夫がよくなされます．いわゆるもとの線形化近似方程式を考えるわけです．また，偏微分方程式を解くためには何らかの初期条件や境界条件が必要となります．これらの条件がないと問題として成立せず，条件により問題の性質や難易度が異なってきます．なお，各条件については個別の章を参照してください．

　(1) 棒の縦振動を表す方程式 (第2章)： $\Omega = (0, \ell)$, 縦振動を $u = u(t, x)$: $(0, \infty) \times \Omega \to \mathbb{R}$ として，つぎの線形偏微分方程式で表せます．

$$\rho \frac{\partial^2 u}{\partial t^2} - E \frac{\partial^2 u}{\partial x^2} = 0$$

ここで，E と ρ はそれぞれ棒のヤング率と質量密度を表しています．これは，一般的には**波動方程式** (wave equations) とよばれ，**双曲型偏微分方程式**[2] (hyperbolic partial differential equations) に分類されます．

---

[1] したがって，空間1次元の定常解析は常微分方程式となります．
[2] A, B, C, D, E, F, G を定数または独立変数 ξ, η の関数とすると，2階2変数線形偏微分方程式はつぎのように表せます．

$$Au_{\xi\xi} + Bu_{\xi\eta} + Cu_{\eta\eta} + Du_\xi + Eu_\eta + Fu = G$$

このとき，$B^2 - 4AC$ の値が正負または0により，所与の方程式はつぎのように分類されます．
 (i) 双曲型 ($B^2 - 4AC > 0$ のとき)：振動や波動などの現象を記述する方程式
 (ii) 放物型 ($B^2 - 4AC = 0$ のとき)：熱伝導や拡散過程を記述する方程式
 (iii) 楕円型 ($B^2 - 4AC < 0$ のとき)：定常状態の現象を記述する方程式

(2) **はりのたわみを表す方程式** (第 3 章)： $\Omega = (0, \ell)$, たわみを $u(t, x) : (0, \infty) \times \Omega \to \mathbb{R}$ として，つぎの線形偏微分方程式で表せます．
$$\frac{\partial^2 u}{\partial t^2} + c^2 \frac{\partial^4 u}{\partial x^4} = 0$$
ここで，$c = \sqrt{\frac{EI}{\rho A}}$ で A, E, I, ρ はそれぞれ，はり部材の断面積，ヤング率，断面 2 次モーメント，密度を表しています．

(3) **トラス構造とラーメン構造の運動方程式** (第 4 章)： 対象とする構造の大域節点変位を $u = (u_1(t), u_2(t), \ldots, u_n(t)) : (0, \infty) \to \mathbb{R}^n$ として，つぎの 2 階線形常微分方程式系として表せます．
$$M\ddot{u} + Ku = f$$
ここで，K, M はそれぞれ $n \times n$ 行列で全体剛性行列および全体質量行列を表しています．また，$f = (f_1(t), f_2(t), \ldots, f_n(t))$ は各節点に加わる外力を表します．

(4) **非圧縮性渦なしの 3 次元流体の方程式** (第 5 章)： 有界開集合 $\Omega \subset \mathbb{R}^3$ とし，速度ポテンシャルを $\Phi(x, y, z) : \Omega \to \mathbb{R}$ とすると，つぎの線形偏微分方程式で表せます．
$$\Delta \Phi = 0$$
上式は一般にラプラス方程式といわれています．

(5-1) **1 次元ポアソン方程式** (第 6 章)： $\Omega = (0, \ell), T = T(x) : \Omega \to \mathbb{R}$ として，つぎの 2 階非同次線形常微分方程式で表せます．
$$\frac{\mathrm{d}^2 T}{\mathrm{d}x^2} = -f(x)$$
ここで，$f(x)$ は外力を表しています．

(5-2) **2 次元ポアソン方程式** (第 7 章)： 有界開集合 $\Omega \subset \mathbb{R}^2, u = u(x, y) : \Omega \to \mathbb{R}$ として，つぎの非同次線形偏微分方程式で表せます．
$$-\Delta u = f$$
ここで，$f(x, y)$ は外力を表しています．これは**楕円型偏微分方程式** (elliptic partial differential equations) に分類されます．

(6) バネ–マス系の方程式 (第6章)： 質量 m のおもりの変位を $x = x(t) : (0, \infty) \to \mathbb{R}$ として，つぎの時間発展の2階線形常微分方程式で表せます．

$$m\frac{\mathrm{d}^2 x}{\mathrm{d}t^2} = -kx$$

ここで，k はバネ定数を表します．

(7) 楕円型偏微分方程式の一般形 (第7章)： 有界開集合 $\Omega \subset \mathbb{R}^n$, $u = u(x) : \Omega \to \mathbb{R}$ として，つぎのように表せます．

$$-\sum_{i,j=1}^{n} \frac{\partial}{\partial x_j}\left(a_{ij}(x)\frac{\partial u}{\partial x_i}\right) + \sum_{i=1}^{n} b_i(x)\frac{\partial u}{\partial x_i} + c(x)u = f(x)$$

ここで，$a_{ij} \in C^1(\bar{\Omega})$, $b_i \in C(\bar{\Omega})$ $(i, j = 1, 2, \ldots, n)$, $c \in C(\bar{\Omega})$, $f \in C(\bar{\Omega})$, および

$$\sum_{i,j=1}^{n} a_{ij}(x)\xi_i\xi_j \geq \tilde{c}\sum_{i=1}^{n} \xi_i^2, \quad \forall \xi = (\xi_1, \xi_2, \ldots, \xi_n) \in \mathbb{R}^n, \quad x \in \bar{\Omega}$$

とします．

(8) 1次元定常移流拡散方程式 (第7章)： $\Omega = (0, \ell)$, $u = u(x) : \Omega \to \mathbb{R}$ として，つぎの2階線形常微分方程式で表せます．

$$U\frac{\mathrm{d}u}{\mathrm{d}x} = C\frac{\mathrm{d}^2 u}{\mathrm{d}x^2}$$

ここで，C, U はそれぞれ拡散係数，流れの速さを示す定数です．

(9-1) ナビエ–ストークス方程式 (第8章)： 有界開集合 $\Omega \subset \mathbb{R}^3$ とし，u, v, w を流体の速度ベクトルの x, y, z 方向のそれぞれの成分とします．このとき，速度場を $v = (u(t,x,y,z), v(t,x,y,z), w(t,x,y,z)) : (0, \infty) \times \Omega \to \mathbb{R}^3$ とすると，つぎの非線形偏微分方程式系で表せます．

$$\begin{cases} \dfrac{\partial v}{\partial t} + (v \cdot \nabla)v = -\dfrac{1}{\rho}\nabla p + \nu \Delta v + f \\ \mathrm{div}\, v = 0 \end{cases}$$

ここで，$p = p(t,x,y,z)$ は圧力場，$f = (f_x, f_y, f_z)$ は単位質量当たりの体積力を表し，また，ρ, ν はそれぞれ流体の密度と動粘性係数を表します．

(9-2) 2次元ストークス方程式 (第8章)：　ナビエ–ストークス方程式の移流項を無視した線形近似方程式で，速度場の各成分で書くとつぎのように表せます．

$$\begin{cases} \dfrac{\partial u}{\partial t} + \dfrac{\partial p}{\partial x} - \dfrac{1}{Re}\left(\dfrac{\partial^2 u}{\partial x^2} + \dfrac{\partial^2 u}{\partial y^2}\right) = 0 \\ \dfrac{\partial v}{\partial t} + \dfrac{\partial p}{\partial y} - \dfrac{1}{Re}\left(\dfrac{\partial^2 v}{\partial x^2} + \dfrac{\partial^2 v}{\partial y^2}\right) = 0 \\ \dfrac{\partial u}{\partial x} + \dfrac{\partial v}{\partial y} = 0 \end{cases}$$

ここで，Re はレイノルズ数を表します．

(9-3) 2次元オセーン近似方程式 (第8章)：　ナビエ–ストークス方程式の移流項を考慮した線形近似方程式で，速度場の各成分で書くとつぎのように表せます．

$$\begin{cases} \dfrac{\partial u}{\partial t} + U\dfrac{\partial u}{\partial x} + \dfrac{\partial p}{\partial x} - \dfrac{1}{Re}\left(\dfrac{\partial^2 u}{\partial x^2} + \dfrac{\partial^2 u}{\partial y^2}\right) = 0 \\ \dfrac{\partial v}{\partial t} + U\dfrac{\partial v}{\partial x} + \dfrac{\partial p}{\partial y} - \dfrac{1}{Re}\left(\dfrac{\partial^2 v}{\partial x^2} + \dfrac{\partial^2 v}{\partial y^2}\right) = 0 \\ \dfrac{\partial u}{\partial x} + \dfrac{\partial v}{\partial y} = 0 \end{cases}$$

(10-1) 1次元ケラー–シーゲル方程式 (第9章)：　細胞性粘菌の走化性を示す方程式で，$\Omega = (L_1, L_2)$ とし，$a(t,x) : (0,\infty) \times \Omega \to \mathbb{R}$, $c(t,x) : (0,\infty) \times \Omega \to \mathbb{R}$ をそれぞれアメーバの密度，アメーバが分泌する化学物質 cAMP の濃度として，つぎの非線形偏微分方程式系で表せます．

$$\begin{cases} a_t = \mu a_{xx} - \nu(ac_x)_x \\ c_t = \delta c_{xx} + fa - kc \end{cases}$$

ここで，δ, μ, ν はそれぞれ cAMP の拡散係数，アメーバの運動係数，誘引項強さを表す正定数．また，f, k は正定数です．

(10-2) 1次元ケラー–シーゲル方程式の近似方程式 (第9章)：　アメーバの拡散項が走化性項に比べて卓越している場合の方程式で，線形微分方程式系となり，アメーバの密度を表す方程式は **熱方程式**[3] とよばれ，**放物型偏微分方程式** (parabolic partial differential equations) に分類されます．

---

3)　または，**拡散方程式** (diffusion equations) ともいいます．

$$\begin{cases} a_t = \dfrac{1}{\nu} a_{xx} \\ 0 = c_{xx} - kc + fa \end{cases}$$

(10-3) 2次元ケラー–シーゲル方程式 (第9章)： Ω は $\Omega \subset \mathbb{R}^2$ なる有界開集合，$a(t,x,y):(0,\infty)\times\Omega\to\mathbb{R}, c(t,x,y):(0,\infty)\times\Omega\to\mathbb{R}$ として，つぎの非線形偏微分方程式系で表せます．

$$\begin{cases} a_t = \Delta a - \nu \nabla \cdot (a \nabla c) \\ c_t = \Delta c + fa - kc \end{cases}$$

(11) 単振り子の運動方程式 (附録C)： 振り子の鉛直方向からの振れ角を $\theta = \theta(t):(0,\infty)\to\mathbb{R}$ として，つぎの2階非線形常微分方程式で表せます．

$$\ddot{\theta} + \frac{g}{\ell}\sin\theta = 0$$

ここで，g, ℓ はそれぞれ重力加速度，振り子のひもの長さを表します．

(12) ホップ分岐を起こす微分方程式 (附録C)： $x = x(t):\mathbb{R}\to\mathbb{R}$，$y = y(t):\mathbb{R}\to\mathbb{R}$ として，つぎの非線形常微分方程式系はホップ分岐を発生します．

$$\begin{cases} \dot{x} = ax - y + cx(x^2+y^2) \\ \dot{y} = x + ay + cy(x^2+y^2) \end{cases}$$

ここで，$a \not\equiv 0, c \not\equiv 0$ とします．

(13) 2次元熱方程式 (附録C)： 有界開集合 $\Omega \subset \mathbb{R}^2$ とし，時刻 t，場所 (x,y) における温度を $u(t,x,y):(0,\infty)\times\Omega\to\mathbb{R}$ として2次元時間発展型熱方程式はつぎのように表せます．

$$\frac{\partial u}{\partial t} = D\Big(\frac{\partial^2 u}{\partial x^2} + \frac{\partial^2 u}{\partial y^2}\Big)$$

ここで，D は等方性の熱拡散率を表します．

◆**注意 D.1** 微分の表し方は，$\dfrac{\partial u}{\partial x}$ または u_x，あるいは，$\dfrac{\mathrm{d}u}{\mathrm{d}t}$ または $\dot{u}$ などありますが，これにはそれぞれの分野の伝統や著者の好みがあるようです． ◇

おわりに

　有限要素法は開発されて約70年が経過しましたが，コンピュータの発達とともに，その手法や理論も進展著しいものがありました．また，その間適用される対象も変化していき，今日では医療，環境分野などへの応用もさかんになりつつあります．

　本書では，有限要素法に関する理論的な内容を振り返りつつ，最新の応用事例をも解説しました．日頃から業務でCAE (Computer Aided Engineering) ツールとして有限要素法を使って実務をこなしているエンジニアの方々も，いま一度有限要素法の基礎を学び直し，今後の業務に役立てていただきたいと思います．特に，最近では本格的なマルチフィジックス (multi-physics：複数の物理現象を同時に解析する) 機能を備えた有限要素解析ツールである"COMSOL Multiphysics®"が現場で利用できるようになり，従来解析が困難であった複雑な現象をもその解析が可能になってきています．取り扱う現象が複雑であれば，その解析結果の正確な理解が要求されます．そのためにも，有限要素法に関する原理原則を理解しておくことが必須の条件になります．

　本書を手にとる多くの読者の皆さんは，おそらくトラスやシェルなどの構造物を実務で構造解析されているのではないでしょうか．異なった対象に，有限要素法をどのように適用するのか考察するのも，自らの仕事の発展に寄与するのではないかと思います．

　本書の特徴の一つは，微分方程式の有限要素近似解についての解説でしょう．物理学，化学，生物学などに表れる多くの現象を数学的にモデル化しようとすると，それは(偏)微分方程式という形になって現れます．また，流体力学，電磁気学，物性科学，宇宙物理学，経済学，さらには金融モデルなど多くの分野のモデリングに偏微分方程式が使われています．しかしながら，考察すべきこれらの方程式は複雑であり，解を明示的に書いたり，あるいは，(例えば，ラプ

ラス変換やフーリエ変換を使ったり，ベキ級数の形で解を表す) 解析的な手法によって解をみつけることはほとんど不可能であり，同時に実務的ではありません．未知である解析解の数値近似解を探すよう努めるべきです．

　有限要素法の原理を理解することは，微分方程式解法にあると少なくとも著者はそう思っています．微分方程式を解くこと自体が，有限要素法の説明に一番適しているかもしれません．この立場から本書の基礎編ではなるべく手計算で実施できる内容に絞り解説することに努めました．手計算とはいっても，対称の有限要素を数分割するだけでも数値を当てはめた実際の計算は筆算だけでは無理なわけで，汎用プログラム言語などを使いコンピュータで計算する必要があります．ここでの手計算とは，汎用有限要素解析ソフトウエアを使わずに計算するという意味です．発展編では難易度の高い問題を扱い，汎用有限要素解析ソフトウエアの COMSOL Multiphysics を用いました．

謝　辞

　本書を執筆するに際して多くの方々の協力を得ました．すべての方のお名前をあげることはできませんが，特に計測エンジニアリングシステム（株）の岡田求氏には本書の企画段階から多くのご助言やご支援をいただきました．厚く感謝いたします．第 5, 8 章および附録 C の内容に関しては，同社より提供していただいた資料をもとに著者が書き下ろしたものです．また，有本彰雄先生 (大域解析学)，萩原芳彦先生 (材料力学)，郡 逸平先生 (流体力学) には本書の査読を快く引き受けていただき，有用なコメントを頂戴しました．これらの方々に御礼申し上げます．本書が世に出るには，培風館の岩田誠司氏による編集の賜物です．ここに感謝いたします．最後に，私事を許していただけるなら妻に深甚の感謝を表したい．

　本書が実務家であるエンジニアへのよきガイドになり，また，初学者の導入教材になることを祈りつつ．

　　平成 27 年　師走　江ノ島にて

著者しるす

参考文献

[1] 今井 功「流体力学（前編）」裳華房，1973.
[2] 伊藤正美「自動制御概論［下］」昭晃堂，1885.
[3] 神部 勉「流体力学」裳華房，2013.
[4] 児玉慎三・須田信英「システム制御のためのマトリクス理論」社団法人計測自動制御学会，1978.
[5] 儀我美一・儀我美保「非線形偏微分方程式」共立出版，1999.
[6] 高橋陽一郎「力学と微分方程式」岩波書店，2004.
[7] 巽 友正「新物理学シリーズ 21 流体力学」培風館，1982.
[8] 辻 正次「実函数論」槇書店，1962.
[9] 佟立柱，"腐食防食の高等な数値解析ツール——COMSOL Multiphysics"，材料と環境，**62**, 10, 372/376, 2013.
[10] 佟立柱，"COMSOL によるマイクロ波プラズマのカットオフ現象のモデリング"，日本機械学会計算力学講演会，2015 年 10 月.
[11] 中山 司「流れ解析のための有限要素法入門」東京大学出版会，2008.
[12] 日本計算工学会編「続・有限要素法による流れのシミュレーション」丸善出版，2012.
[13] 日本数値流体力学会有限要素法研究委員会編「有限要素法による流れのシミュレーション」シュプリンガー・フェラーク東京，2002.
[14] 野原 勉「応用微分方程式講義——振り子から生態系モデルまで」東京大学出版会，2013.
[15] 野原 勉・矢作由美「理系のための数学リテラシー」日新出版，2015.
[16] 橋口真宜，"COMSOL Multiphysics によるマイクロ波加熱の有限要素解析"，最新マイクロ波エネルギーと応用技術，産業技術センター，169, 2014.
[17] 前田靖男「モデル生物：細胞性粘菌」アイピーシー，2000.
[18] 俣野 博「微分方程式入門——基礎から応用へ」岩波書店，2003.
[19] 三井斌友「数値解析入門」朝倉書店，1985.
[20] 三井斌友「微分方程式による計算科学入門」共立出版，2004.
[21] 矢作由美・福川 真・橋口真宜・野原 勉，"粘性菌の集合体形成モデルにおける数値シミュレーション"，第 28 回バイオエンジニアリング講演会，2016.
[22] 柳田英二編「爆発と凝集」東京大学出版会，2006.
[23] Archer, J. S., "Consistent Matrix Formulations for Structural Analysis Us-

ing Finite Element Techniques", Journal of the American Institute of Aeronautics and Astronautics, **3**, 10, 1910/1918, 1965.

[24] Argyris, J. H., "Energy Theorems and Structure Analysis", Aircraft Engineering, Oct., Nov., Dec., 1954 and Feb., Mar., Apr., May., 1955.

[25] Argyris, J. H. and Kelsey, S., *Energy Theorems and Structure Analysis*, Butterworths, London, 1960.

[26] Argyris, J. H., "Recent Advances in Matrix Methods of Structural Analysis", Progress in Aeronautical Science, **4**, Pergamon Press, New York, 1964.

[27] Belytschko, T., "A Survey of Numerical Methods and Computer Programs for Dynamic Stractural Analysis", Nuclear Engineering and Design, **37**, 1, 23/34, 1976.

[28] Belytschko, T., "Efficient Large-Scale Nonlinear Transient Analysis by Finite Elements", International Journal of Numerical Methods in Engineering, **10**, 3, 579/596, 1976.

[29] Berger, M. J., "Local Adaptive Mesh Refinement for Shock Hydrodynamics", Journal of Computational Physics, **82**, 64/84, 1989.

[30] Biler, P., "Local and Global Solvability of Some Parabolic Systems Modelling Chemotaxis", Adv. Math. Sci. Appl., **8**, 715/743, 1998.

[31] Brenner, S. C. and Scott, L. R., *The Mathematical Theory of Finite Element Methods*, Springer-Verlag, New York, 2008.

[32] Brezis, H. 著／藤田宏監訳／小西芳雄訳「関数解析——その理論と応用に向けて」産業図書，1988.

[33] Chapra, S. C. and Canale, Y. P., *Numerical Methods for Engineers*, McGraw Hill, New York, 2002.

[34] Childress, S. and Percus, J. K., "Nonlinear Aspects of Chemotaxis", Math. Bio., **56**, 3, 217/237, 1981.

[35] Chung, J. and Hulbert, G. M., "A Time Integration Algorithm for Structural Dynamics With Improved Numerical DIssipation: The Generalized-α Method", Journal of Applied Mechanics, **60**, 371/375, 1993.

[36] Ciarlet, P., *The Finite Element Method for Elliptic Problems*, North-Holland, Amsterdam, 1978.

[37] Clough, R. W., "The Finite Element Method in Plane Stress Analysis", Proceedings of American Society of Civil Engineers, 2nd Conference on Electronic Computation, Pittsburgh, PA, 345/378, 1960.

[38] Clough, R. W. and Rashid, Y.,"Finite Element Analysis of Axisymmetric Solids", Journal of the Engineering Mechanics Division, Proceedings of American Society of Civil Engineers, **91**, 71/85, 1965.

[39] Coddington, E. A. and Levinson, N., *Theory of Ordinary Differential Equations*, McGraw-Hill, New York, 1955.

[40] Courant, R., "Variational Methods for the Solution of the Problems of

Equilibrium and Vibrations", Bulletin of the American Mathematical Society, **49**, 1/23, 1943.
[41] Evans, L. C., *Partial Differential Equations*, American Mathematical Society, United States of America, 1998.
[42] Fish, J. and Belytschko, T., *A First Course in Finite Elements*, John Wiley & Sons, Ltd., England, 2007. ［邦訳：山田貴博監訳「有限要素法」丸善出版, 2008.］
[43] Gajewski, H. and Zacharias, K., "Global Behavior of a Reaction-diffusion System Modelling Chemotaxis", Math. Nachr., **195**, 77/114, 1998.
[44] Gallagher, R. H., Padlog, J. and Bijlaard, P. P., "Stress Analysis of Heated Complex Shapes", Journal of the American Rocket Society, **32**, 700/707, 1962.
[45] Gallagher, R. H. and Padlog, J.,"Discrete Element Approach to Structural Stability Analysis", Journal of the American Institute of Aeronautics and Astronautics, **1**, 6, 1437/1439, 1963.
[46] Gans, J. Wolinsky, M. and Dunbar, J., "Computational Improvements Reveal Great Bacterial Diversity and High Metal Toxicity in Soil", Science, **309**, 5739, 1387/1390, 2005.
[47] Ghia, U., Ghia, K. N. and Shin, C. T., "High-Re solutions for incompressible flow using the Navier-Stokes equations and a multigrid method", Journal of Computational Physics, **48**, 3, 387/411, 1982.
[48] Grafton, P. E. and Strome, D. R., "Analysis of Axisymmetric Shells by the Direct Stiffness Method", Journal of the American Institute of Aeronautics and Astronautics, **1**, 10, 2342/2347, 1963.
[49] Hashiguchi, M., "Implicit LES for Two-Dimensional Circular Cylinder Flow by Using COMSOL Mutiphysics", Excerpt from the Proceedings of the 2014 COMSOL Conference in Cambridge, 2014.
[50] Hashiguchi, M.,"Turbulence simulations in the Japanese automobile industry", in Proc. Engineering Turbulence Modelling and Experiments-3 (eds. W. Rodi and G. Bergeles), Elsevier, Amsterdam, 291/308, 1996.
[51] Hashiguchi, M. and Kuwahara, K., "TwoDimensional Study of Flow Past a Circular Cylinder", RIMS Kokyuroku, **974**, 164/169, 1996.
[52] Hashiguchi, M. *et al.*, "Computational Study of the Wake Structure of a Simplified Ground Vehicle Shape with Base Slant", SAE paper 890597, 1989.
[53] Herrero, M. A. and Velázquez, J. J. L., "Chemotaxis Collapse for the Keller-Segel model", J. Math. Biol., **35**, 177/194, 1996.
[54] Herrero, M. A. and Velázquez, J. J. L., "A Blow-up Mechanism for a Chemotactic Model", Ann. Scuola Normale Sup. Pisa **XXIV**, 633/683, 1997.
[55] Horstmann, D., "From 1970 until Present: The Keller-Segel Model in

Chemotaxis and its Consequences. I", Jahresber. Deutsch. Math.-Verein., **105**, 103/165, 2003.

[56] Hrennikoff, A., "Solution of Problems in Elasticity by the Frame Work Method", Journal of Apllied Mechanics, **8**, 4, 169/175, 1941.

[57] Huiskies, R. and Chao, E. Y. S., "A Survey of Finite Element Analysis in Orthopedic Biomechanics: The First Decade", Journal of Biomechanics, **16**, 6, 385/409, 1983.

[58] Inman, D. J., "Engineering Vibration", Prentice Hall, Englewood Cliffs, New Jersey, 1996.

[59] Ishii, K., "Special section on computational fluid dynamics — in memory of Professor Kunio Kuwahara", Fluid Dyn. Res., **43**, 4, 2011.

[60] Jansen, K. E., Whiting, C. H. and Hulbert, G. M., "A Generalized-α Method for Integrating the Filtered Navier-Stokes Equations with a Stabilized Finite Element Method", Computer Methods in Applied Mechanics and Engineering, **190**, 3-4, 305/319, 2000.

[61] John, F., *Partial Differential Equations*, Springer-Verlag, New York, 1971. [邦訳：佐々木徹・示野信一・橋本義武訳「偏微分方程式」シュプリンガー・フェアラーク東京, 2003.]

[62] Johnson, C., *Numerical Solution of Partial Differential Equations by the Finite Element Method*, Dover, New York, 2009.

[63] Journal of Biomechanical Engineering, Transaction of the American Society of Mechanical Engineers.

[64] Kawaguchi, K., Hashiguchi, M. *et al.*, "Computational Study of the Aerodynamic Behavior of a Three-Dimensional Car Configuration", SAE paper 890598, 1989.

[65] Keller, E. F. and Segel, L. A., "Initiation of slime mold aggregation viewed as an instability", J. theor. Biol., **26**, 399/415, 1970.

[66] Keller, E. F. and Segel, L. A., "Travelling bounds of chemotactic bacteria: a theoretical analysis", J. theor. Biol., **30**, 235/248, 1971.

[67] Kreyszig, E., *Advanced Engineering Mathematics*, 8th ed., John Wiley & Sons, Inc., New York, 1999. [邦訳：近藤次郎・堀 素夫監訳／田村義保訳「技術者のための高等数学 5　数値解析 [原書第 8 版]」培風館, 2003.]

[68] Kuwahara, K., "Development of High-Reynolds-Number-Flow Computation", Supercomputers and Fluid Dynamics, Proc. of the First Nobeyama Workshop, 1985.

[69] Lamb, H., *Hydrodynamics*, 6th ed., Cambridge Univ. Press, Cambridge, 1895. [第 6 版の邦訳：今井 功・橋本英典訳「流体力学 1, 2, 3」東京図書, 1978.]

[70] Levy, S., "Computation of Influence Coefficients for Aircraft Structures with Discontinuities and Sweepback", Journal of Aeronautical Sciences, **14**, 10, 547/560, 1947.

[71] Levy, S., "Structural Analysis and Influence Coefficients for Delta Wings",

Journal of Aeronautical Sciences, **20**, 7, 449/454, 1953.
[72] Logan, D. L., *A First Course in the Finite Element Method*, 3rd ed., Brooks/Cole, Pacific Grove, 2002.
[73] Lyness, J. F., Owen, D. R. J. and Zienkiewicz, O. C., "Three-Dimensional Magnetic Field Determination Using a Scalar Potential. A Finite Element Solution", Transactions on Magnetics, Institute of Electrical and Electronics Engineers, 1649/1656, 1977.
[74] Martin, H. C., "Plane Elasticity Problems and the Direct Stiffness Method", The Trend in Engineering, **13**, 5/19, 1961.
[75] Martin, H. C., "Finite Element Analysis of Fluid Flows", Proceedings of the Second Conference on Matrix Methods in Structural Mechanics, Wright-Patterson Air Force Base, Ohio, 517/535, 1968.
[76] McHenry, D., "A Lattice Analogy for the Solution of Plane Stress Problems", Journal of Institution of Civil Engineers, **21**, 59/82, 1943.
[77] Meiss, J. D., *Differential Dynamical Systems*, SIAM, Philadelphia, 2007.
[78] Melosh, R. J., "A Stiffness Matrix for the Analysis of Thin Plates in Bending", Journal of the Aerospace Sciences, **28**, 1, 34/42, 1961.
[79] Melosh, R. J., "Structural Analysis of Solids", Journal of the Structural Division, Proceedings of American Society of Civil Engineers, 205/223, 1963.
[80] Mi, D. and Natsu, W., "Proposal of ECM method for holes with complex internal features by controlling conductive area ratio along tool electrode", Precision Engineering, **42**, 179/186, 2015.
[81] Nagai, T., Senba, T. and Yoshida, K., "Application of the Trudinger-Moser Inequality to a Parabolic System of Chemotaxis", Funkcialaj Ekvacioj, **40**, 411/433, 1997.
[82] Nagai, T., Senba, T. and Suzuki, T., "Chemotactic Collapse in a Parabolic System of Mathematical Biology", Hiroshima Math. J., **30**, 463/497, 2000.
[83] Osaki, K. and Yagi, A., "Finite Dimensional Attractor for one-dimensional Keller-Segel Equations", Funkcialaj Ekvacioj, **44**, 441/469, 2001.
[84] Roshko, A., "Experiments on the flow past a circular cylinder at very high Reynolds number", Journal of Fluid Mechanics, **10**, 3, 345/356, 1961.
[85] Schiesser, W. E., *The Numerical Method of Lines*, Academic Press, San Diego, 1991.
[86] Süli, E., "Lecture Notes on Finite Element Methods for Partial Differential Equations", Preprint, University of Oxford, 2012.
[87] Szabo, B. A. and Lee, G. C., "Derivation of Stiffness Matrices for Problems in Plane Elasticity by Galerkin's Method", International Journal of Numerical Methods in Engineering, **1**, 301/310, 1969.
[88] Tomotika, S. and Aoi, T., "The Steady Flow of Viscous Fluid Past a Sphere and Circler Cylinder at Small Reynolds Numbers", Q. J. Mech. Appl. Math.

3, 2, 141/161, 1950.

[89] Tong, L. Z., "Simulation study of tertiary current distributions on rotating electrodes", Transactions of the Institute of Metal Finishing, **90**, 3, 120/124, 2012.

[90] Tong, L. Z., "Deposition of SiO_2 in a SiH_4/O_2 inductively coupled plasma", Journal of Physics, Conference Series 518, 012006, 2014.

[91] Tong, L. Z., "Effects of gas composition, focus ring and blocking capacitor on capacitively coupled RF Ar/H_2 plasmas", Japanese Journal of Applied Physics, **54**, 06GA01, 2015.

[92] Turner, M. J., Clough, R. W., Martin, H. C. and Topp, L. J., "Stiffness and Deflection Analysis of Complex Structures", Journal of Aeronautical Sciences, **23**, 9, 805/824, 1956.

[93] Turner, M. J., Dill, E. H., Martin, H. C. and Melosh, R. J., "Large Deflections of Structures Subjected to Heating and External Loads", Journal of Aeronautical Sciences, **27**, 2, 97/107, 1960.

[94] Yoshikawa, N., Kashimura, K., Hashiguchi, M., Sato, M., Horikoshi, S., Mitani, T. and Shinohara, N., "Detoxification mechanism of asbestos materials by microwave treatment", Journal of Hazardous Materials, **284**, 201/206, 2015.

[95] Van Dyke, M., *An Album of Fluid Motion*, Parabolic Press, Stanford, 28/31, 1982.

[96] Wilson, E. L., "Structural Analysis of Axisymmetric Solids", Journal of the American Institute of Aeronautics and Astronautics, **3**, 12, 2269/2274, 1965.

[97] Wilson, E. L. and Nickel, R. E., "Application of the Finite Element Method to Heat Conduction Analysis", Nuclear Engineering and Design, **4**, 276/286, 1966.

[98] Yosida, K., *Functional Analysis*, Reprint of the 6th ed., Springer-Verlag, Berlin, 1995.

[99] Zienkiewicz, O. C. and Cheung, Y. K., "Finite Elements in the Solution of Field Problems", The Engineer, 507/510, 1965.

[100] Zienkiewicz, O. C. and Parekh, C. J., "Transient Field Problems: Two-Dimensional and Three-Dimensional Analysis by Isoparametric Finite Elements", International Journal of Numerical Methods in Engineering, **2**, 1, 61/71, 1970.

[101] Zienkiewicz, O. C., Watson, M. and King, I. P., "A Numerical Method of Visco-Elastic Stress Analysis", International Journal of Mechanical Sciences, **10**, 807/827, 1968.

上記の文献中 [3], [7], [12], [33], [58] は本文を書くうえで一般的に参考にしたものです。

索　引

あ　行

アウビン–ニッチェの双対性　140, 147
アダマールの意味　108
圧力場　242
アフィン写像　142
アメーバ　173, 175, 178, 180, 183, 243
亜臨界型ホップ分岐　233
安定集合　201
安定多様体　201, 229
鞍点　229
ECR マイクロ波プラズマ　238
位置エネルギー　228
1 次従属　199
1 次独立　199
一様楕円性　100
一様流　165
一般化 α 法　157, 168
異方性　214
移流　133, 155
　——項　130, 165
移流拡散方程式　242
陰解法　180
陰的 LES 法　171
ウイグル　134
渦　163, 168, 170
渦度　67
運動エネルギー　228
エイリアス誤差　171

SUPG 法　134
エネルギーノルム　131, 133, 136
FFT　170
MAC 法　160
LU 分解　84
オイラー法　92, 94
オイラー–ラグランジェ方程式　228
応力　153
オセーン近似　166, 168
オセーン近似方程式　243
重み関数　78
重み付き残差法　iii, 78

か　行

解軌跡　201
解空間　109
階数　199
回転　229
解の連続依存性　108
外力　153
ガウスの定理　70
拡散　133
　——係数　175, 178, 243
　——項　184
拡散方程式　243
拡散問題　130
風上差分　134
　——法　172
風上有限要素法　131, 134
重ね合わせの原理　29
硬い系　157

片持ちはり　45
滑節　51
ガラーキンの直交性　128, 132, 149
ガラーキン法　79, 90
カルマン渦列　168, 170
完結問題　170
還元　235
関数空間　102, 203, 205, 206
慣性項　155
完全流体　153
疑似圧縮性法　160
奇置換　197
基底関数　78, 109, 112, 114, 116, 122, 136, 137, 141, 157, 179, 180
逆行列　198
逆テーパー孔　236
キャビティ　161, 163
求積法　226
球対称　189
境界条件　28, 76
境界層　163
境界層理論　155
境界値問題　76, 99, 103, 106, 108, 110, 118, 130, 134, 144, 146, 147
行による展開　198
行ベクトル　195
共役勾配法　84
行列　195, 196
局所基底　123
局所剛性行列　24
局所座標系　123
局所質量行列　24
局所節点変位　52
局所不安定　178
　──性　179
近似解　109
近似関数　77, 90
近似方程式　80, 84–86, 91
空間–時間有限要素法　92, 157
偶置換　197
クロージャー問題　170

形状関数　15, 77
係数行列　115
結合法則　196
ケラー–シーゲル方程式　174, 243, 244
減衰係数　178
交換法則　196
剛性行列　18, 115, 124
硬性バネ　9
剛節　51
後退オイラー法　95, 160, 179
後退微分公式 (BDF)　92, 95
抗力　166, 169
　──係数　166–168, 172
互換　197
誤差解析　128, 133, 148
誤差評価　99, 145
コーシー–シュワルツの不等式　105, 106, 132, 146, 150, 207, 208, 213
コーシー列　208
古典解　80, 99, 101, 107, 184, 191
5 点有限差分スキーム　118
COMSOL Desktop　215
COMSOL Multiphysics　154, 161, 214, 215
固有振動数　90
固有値　200
固有ベクトル　200
コレスキー分解　84

さ　行

差　196
cAMP　174, 175, 178, 180, 183, 243
最小 2 乗法　79
細胞性粘菌　173, 183, 243
最良近似　133
座屈　ii
サドル結合　229
差分近似解　133
酸化　234

索引

酸化還元反応　235
三角不等式　208
残差　78
3次精度風上差分法　171
3重対角行列　91, 113
3点有限差分スキーム　113
ジオメトリ　216–218
時間極限　184
時間大域的古典解　186
時間発展　226
時間離散化　179
自己共役　132
自己共役型　121
　——楕円境界値問題　121
事後誤差　147
　——解析　141
事後上限誤差　89, 129, 152
事前誤差　147
事前上限誤差　129
実質微分　154
実周期　169
実周波数　169
実ヒルベルト空間　104
質量行列　16
質量保存則　165, 184
弱解　80, 99, 102, 104, 107, 108, 118, 122, 129, 144, 146
　——の存在性と一意性　99, 103, 108
弱形式　80, 109, 110, 114, 118, 121, 136, 139, 141, 156, 179, 180
弱微分　208, 209
斜交微分境界条件　100
写像　105
Java　220
集中質量行列　56
準正定値　202
準負定値　202
小行列式　197
常微分方程式　226
初期条件　28

初等解法　226
ジョルダン標準形式　200
自励系　227
随伴問題　148
数値拡散　171
ストークス近似　165
ストークスの定理　68
ストークスのパラドックス　165
ストークス方程式　165, 243
ストローハル数　169
スパース行列　109
すべりなし条件　155, 156
セアの補題　129, 133, 136, 137, 140, 142
整合質量行列　56
正則　198
　——性　140
正則関数　67
正値球対称解　189
正定値　202
正方行列　195
積　196
積分　197
　——可能　205
節点　4, 77
節点基底　123
節点変位　14
セルペクレ数　133
遷移　170, 172
線形　226
線形解析　176
線形渦心点　229
線形多段解法　94
線形汎関数　103, 104, 109, 118, 127
全体剛性行列　6, 23, 84, 126, 241
全体質量行列　23, 241
全体負荷ベクトル　126
せん断応力　12
せん断流　162
選点法　79
線の方法　157

全微分　67
疎　109
双1次汎関数　103–105, 109, 118, 119, 127, 131, 136, 137
走化性　174, 175, 183, 243
　——項　184
双曲型　240
　——偏微分方程式　240
相図　227, 228
双対問題　148
増分　32
層流　170, 172
速度–圧力法　160
速度場　242
速度ベクトル　153, 154, 242
速度ポテンシャル　68, 241
ソボレフ空間　107, 208, 210, 212
ソボレフセミノルム　211
ソボレフノルム　210

た　行

台　109, 204
大域剛性行列　123, 126
大域誤差　129, 130, 140, 148
大域節点変位　52
大域負荷ベクトル　123, 127
大域リプシッツ条件　93
対角化　200
対角行列　195
対称行列　196
体積力　153, 242
代表速度　155
代表長さ　155
楕円型　240
　——境界値問題　118, 127, 133, 141
　——偏微分方程式　99, 157, 241
　——偏微分方程式問題　109
楕円方程式　100
多重指数　203
縦振動　12

多様体　201
たわみ　37
　——角　37
単位行列　195
断熱　215
単振り子　227
断面2次モーメント　38
置換　197
中心差分近似　133
中点則　94
稠密　145
超臨界型ホップ分岐　233
調和振動子　90
直接剛性法　ii
直接法　160
直交行列　198
チルドレス–パーカスの予想　188, 189
沈点　232
低温・非平衡プラズマ　238
抵抗係数　166
抵抗崩壊　172
定常移流拡散方程式　133
定常解析　161
ディラックのデルタ関数　79
ディリクレ境界条件　100
ディリクレ境界値問題　84, 107, 109
ディリクレ条件　126
ディリクレ–ノイマン混合境界値問題　107
停留点　121
適合細分化格子法　152, 239
デルタ関数　189
電気二重層　235
転置行列　196
同次ディリクレ境界値問題　110
動粘性係数　154, 165
等方性　214
特異摂動　155
　——系　155
特性多項式　200

索引　　　　　　　　　　　　　　　　　　　　　257

特性方程式　200
トラス構造　51

な 行

内積　104, 206
長さ　203
ナビエ–ストークス解　167
ナビエ–ストークス方程式　101, 153–155, 161, 165, 167, 170, 171, 242, 243
なめらか　108, 129, 140, 183, 191, 209
軟性バネ　9
2次形式　202
2次元キャビティ問題　161
2重湧出し　73
ニュートンの運動の第2法則　89, 228
ニューマークβ法　157
熱拡散率　214, 244
熱伝導率　214
熱方程式　186, 214, 243, 244
粘性　153
　──項　155, 165
ノイマン境界条件　100, 176, 183
ノイマン条件　87
ノルム　204, 205

は 行

爆発　188, 189
はく離　155, 156, 172
波動方程式　240
ハートマン–グロブマンの定理　229
バナッハ空間　208
バネ定数　89
バネ–マス系　89
ハミルトニアン　228, 231
汎関数　32, 103, 119, 122
半離散化　159
　──方法　157
非圧縮渦なしの流れ　153

非圧縮性流体　154
非圧縮粘性流体　153
BDF　92, 179, 180, 231
　──法　160
ピカールの逐次近似法　93
非自励系　227
歪み　13
歪対称行列　196
非線形　226
非定常解析　161
非粘性流体　155
微分　196
　──可能　66
　──係数　66
秤動　229
ヒルベルト空間　208
ヒルベルト–ソボレフ空間　211
不安定集合　201
不安定多様体　201, 229
フィックの第1法則　175
フィッツフー–南雲方程式　231
複素関数　66
複素速度ポテンシャル　71
フックの法則　4, 90
負定値　202
不等間隔格子　162
不動点定理　93
プラズマ　237
プラントル　155
フーリエ級数展開　186
フーリエサイン級数　138
ブール行列　126
分割　111
分岐理論　168
平衡解　176
閉包　204
ペクレ数　130, 155
ヘテロクリニック軌道　229
ペトロフ–ガラーキン法　134
ペナルティ関数法　160
ヘルダーの不等式　206

ベルヌーイの定理　74
変位　89
　──法　i
偏微分方程式　101, 226
変分　32, 121
ポアソン方程式　76, 84, 99, 110, 122, 241
ポアンカレ–フリードリヒの不等式　105, 144, 151
棒　12
放物型　240
　──偏微分方程式　243
補間関数　78, 79, 90, 111, 137, 142, 149
補間誤差　140
ホップ分岐　168, 227, 231, 244
ポテンシャル場　228
ほとんどいたるところ　205
本質的上限　206

ま 行

マップメッシュ　163
無次元時間　168
無次元周期　169
無次元周波数　169
無次元量　155
メッシュ　156, 163, 171, 216, 239
　──サイズ　130
　──を切る　111
モデルウィザード　216
モデルビルダ　216, 217
モード行列　200

や 行

ヤコビ行列　124, 232
ヤコビ行列式　124, 143
ヤング率　13
有界　66
有限次元部分空間　128
有限要素　ii
有限要素解　85, 122, 129, 139, 167

有限要素近似　111, 112, 115, 117, 118, 121, 122, 128, 132, 133, 136, 141, 144–146, 148
有限要素近似解　85, 86, 88, 90, 148
有限要素空間　110, 148
有限要素残差　150
有限要素数　163
有限要素法　99, 109–111, 115, 128, 133, 137, 141, 153, 157, 171, 172, 179, 187, 216
湧点　232
余因子　197
　──行列　198
要素　111
要素剛性行列　5, 80, 126
要素方程式　79–81
要素領域　111
揚力　166, 169
　──係数　168
横風拡散　135, 171
横方向の振動　37
よどみ点　74

ら 行

ラグランジアン　18, 228
ラグランジェの第1次補間多項式　77
ラックス–ミルグラム定理　104, 107, 108, 128
　──の仮定　106
ラプラス展開　198
ラプラスの方程式　69
ラプラス変換　226
ラプラス方程式　99, 241
ラーメン構造　51
乱流　170, 172
　──モデル　170, 171
力学的粘性係数　154
離散化　157, 159
離散変数法　92
リーマン予想　65
流線　71, 168, 170

索　引

流線拡散　　134, 135, 171
流線風上手法　　134
流線関数　　71
流線図　　163, 230
両端自由はり　　37
両端単純支持はり　　40
ルベーグ　　205
ルンゲ–クッタ法　　157
零行列　　195
零ディリクレ境界条件　　101, 102
レイノルズ数 (Re 数)　　155, 170, 172, 243

レイモンドの補題　　209
零流速境界条件　　176, 178
列による展開　　198
列ベクトル　　195
連続の式　　154, 165
ローゼンツバイグ–マッカーサーモデル　　231
ロビン境界条件　　100

わ

和　　196

著 者 略 歴

野 原　勉
（のはら　べん）

1988年	名古屋大学大学院博士課程満期退学，同年 工学博士 三菱重工業(株)技術本部にて火力発電プラント，HIIAロケット，飛翔体などの研究開発に従事
2000年	米国ヴァージニア州立工科大学客員教授(～2003年)
2001年	武蔵工業大学(現 東京都市大学)教授
2012年	東京大学大学院数理科学研究科連携併任講座教授(～2014年)
2015年	東京都市大学名誉教授 兼客員教授
専 門	大域解析学

主要著書

応用微分方程式講義
　振り子から生態系モデルまで
　　　　　　　　　（東京大学出版会，2013）
例題で学ぶ微分方程式
　　　　　　　　（オライリー・ジャパン，2013）
Mathematicaと微分方程式
　　　　　　　　　　　　（日新出版，2014）
エンジニアのための
フィードバック制御入門
　　　　（監訳，オライリー・ジャパン，2014）
理系のための数学リテラシー
　　　　　　　（共著，日新出版，2015）

© 野原 勉 2016

2016年5月16日　初版発行

エンジニアのための
有限要素法入門

著　者　野　原　　勉
発行者　山　本　　格

発行所　株式会社　培風館

東京都千代田区九段南 4-3-12・郵便番号 102-8260
電　話 (03) 3262-5256(代表)・振 替 00140-7-44725

寿 印刷・三水舎製本

PRINTED IN JAPAN

ISBN 978-4-563-06791-5　C3053